乔亚飞　丁文其　著

# 软土本构关系新进展：
## 粘塑性与双孔隙结构

同济大学 出版社
TONGJI UNIVERSITY PRESS
·上海·

## 内 容 提 要

本书汇集了作者在软土粘塑性本构模型和双孔隙结构水力耦合模型两个方面的最新进展和成果，包含非稳定屈服面理论，软土的粘塑性本构模型 ACMEG-VP，软土的热粘塑性本构模型 ACMEG-TVP，双孔隙结构软土建模理论，同时考虑双孔隙结构的土水特征曲线模型，双孔隙结构的膨润土膨胀模型等内容。

本书可作为从事土木工程、岩土工程、隧道及地下工程和水利工程等相关行业的研究人员和专业技术人员的参考资料。

**图书在版编目(CIP)数据**

软土本构关系新进展：粘塑性与双孔隙结构/乔亚飞，丁文其著. --上海：同济大学出版社，2024. 10. -- ISBN 978-7-5765-1271-7

Ⅰ. TU43

中国国家版本馆 CIP 数据核字第 202426N9Z0 号

## 软土本构关系新进展：粘塑性与双孔隙结构

乔亚飞　丁文其　著

| **责任编辑** 宋　立 | **助理编辑** 陈妮莉 | **责任校对** 徐逢乔 | **封面设计** 陈益平 |

| | |
|---|---|
| 出版发行 | 同济大学出版社　　　www.tongjipress.com.cn |
| | （地址：上海市四平路 1239 号　邮编：200092　电话：021-65985622） |
| 经　销 | 全国各地新华书店 |
| 排　版 | 北京华艺世纪缘科技发展有限公司 |
| 印　刷 | 苏州市古得堡数码印刷有限公司 |
| 开　本 | 787 mm×1092 mm　1/16 |
| 印　张 | 13 |
| 字　数 | 316 000 |
| 版　次 | 2024 年 10 月第 1 版 |
| 印　次 | 2024 年 10 月第 1 次印刷 |
| 书　号 | ISBN 978-7-5765-1271-7 |

| | |
|---|---|
| 定　价 | 78.00 元 |

# 前　　言

本书主要介绍了软土粘塑性本构关系和双孔隙结构膨胀模型两方面的内容。本构关系是描述软土宏观力学特性的数学模型,它是数值分析的核心,也是岩土工程数字化的基座。软土的应力-应变曲线特征具有显著的非线性、不可恢复性和时间依赖性,且受软土宏微观结构的影响较大。建立能够综合反映上述特征的本构模型是实现软土力学和工程精准分析的前提,是软土地下工程数字化转型的重要一环,也是数字-数值一体化的核心要素,更是众多岩土工作者的追求。

软土的粘塑性对于许多工程问题至关重要,如路基的长期沉降、边坡的长期稳定和盾构隧道的工后沉降等。本书在回顾既有粘塑性本构模型的基础上,通过文献统计分析了时间的软化效应,构建了基于应变速率效应的非稳定屈服面理论,并拓展至非等温条件下;提出了最终稳定状态的概念,简化了非稳定屈服面理论的加载准则,并采用修正剑桥模型的屈服面,建立并验证了粘塑性本构模型 ACMEG-VP 和 ACMEG-TVP。

软土的孔隙结构对其水-力耦合特性具有显著影响,构建考虑不同尺度孔隙影响的本构关系,是软土精细分析的基础。本书首先通过热力学推导,构建了考虑宏观结构、微观结构以及它们之间相互作用的水-力耦合模型框架,讨论并验证了新构建的有效应力形式;通过微观结构土体单元的分析提出了双孔隙结构的显式土水特征曲线模型,基于试验数据分析建立了双孔隙结构的力学模型,并最终构建和验证了适合膨润土的膨胀模型 STJ-DS。

本书分为三个部分,共 7 章。第一部分为绪论,包括第 1 章,主要介绍本构关系的基本概念、软土粘塑性本构关系和非饱和土本构关系的研究现状。第二部分介绍软土粘塑性本构模型的新进展,包括第 2、第 3 和第 4 章。其中,第 2 章为软土的非稳定屈服面理论,介绍软土的粘塑性、粘塑性本构模型和非稳定屈服面理论;第 3 章为软土的粘塑性本构模型,介绍 ACMEG-VP 模型的基本假定、推导过程、参数选取方法、模型响应和验证;第 4 章为软土的热粘塑性本构模型,介绍 ACMEG-TVP 模型的推导过程、参数选取方法、模型响应和验证。第三部分介绍软土双孔隙结构膨胀模型的研究进展,包括第 5、第 6 和第 7 章。其中,第 5 章为双孔隙结构软土建模理论,介绍基于热力学的双孔隙本构建模框架和有效应力定义;第 6 章为考虑双孔隙结构的土水特征曲线模型,介绍区分宏细观孔隙的微观模型、宏观孔隙和微观孔隙的土水特征曲线,以及双孔隙结构的土水特征曲线模型;第 7 章为膨润土的双孔隙结构膨胀模型,介绍膨润土的膨胀特征、机理和 STJ-DS 模型的推导、响应和验证。

本书相关研究工作相继得到了国家自然科学基金(52090083)、国家留学基金委、上海市教育委员会、瑞士 Nagra 公司等的资助。在本书的撰写过程中,还得到了 Lyesse Laloui、Alessio Ferrari、李超的鼎力相助,在此表示衷心的感谢。在本书编辑过程中,同济大学博士生肖颖鸣、程泰、彭梦龙和李亮金对书稿做了认真校对工作,在此表示深深的谢意! 同时,对所有支持和鼓励本书出版的各位专家和同行表示诚挚的感谢!

本书出版得到了同济大学学术专著(自然科学类)出版基金资助。在本书写作与成稿期间,感谢家人无私的奉献、关爱和支持!

由于作者水平有限,书中难免存在不足之处,敬请读者批评指正。

乔亚飞　丁文其

2024 年 4 月

# 目　　录

# 1 绪 论

本构关系反映了材料的应力、应力变化率等和应变、应变率等之间的关系,它表征了材料的力学特性。为了描述材料本构关系而建立的数学模型称为本构模型。

由于材料性质的复杂性和不确定性,要建立一套适合任何连续介质的本构模型是不可能的,甚至要建立同一种材料在任意变形情况下的本构模型也是几乎不可能的。因此,在研究或建立本构模型时,应首先明确模型的适用范围和假设条件,以便模型的推广和正确应用。事实上,在既有研究中,多是构建一些理想的本构关系或本构模型。本书只讨论小变形假定下的连续介质本构模型。

根据所考虑变形的性质划分,本构模型可分为弹性本构模型、理想弹塑性本构模型、弹塑性本构模型、粘弹塑性本构模型、弹粘塑性本构模型等。本书主要聚焦粘塑性本构模型的基本计算理论,拓展了非稳定屈服面理论,讨论了温度效应和粘塑性的关系,构建了岩土体的粘塑性和热粘塑性本构模型。

根据多孔介质的水饱和度划分,可以分为饱和介质本构模型和非饱和介质本构模型。就岩土体而言,一般为饱和(岩)土力学和非饱和(岩)土力学,其关键在于如何计算孔隙水对变形的影响。本书针对双孔隙结构的岩土体开展研究,完善了孔隙水的计算方法和理论,形成了双孔隙结构水力耦合弹塑性本构模型。

## 1.1 粘塑性本构模型

岩土体的粘塑性是指其力学特征(如强度、刚度、粘聚力等)在固定的力学边界和环境条件下随时间发展而变化的特性。理解并应用好岩土体的粘塑性对许多岩土工程都很重要,尤其是在软土和软岩地区。具体的工程应用包括路基的长期沉降预测、边坡的长期稳定性分析、工后沉降等。常用的岩土体粘塑性本构模型包括经验性本构模型、元件模型、基于 Perzyna 超应力理论的模型和采用非稳定屈服面(Non Stationary Flow Surface, NSFS)的模型等。

经验性本构模型是基于试验结果的拟合公式建立起来的本构模型。一维压缩情况下的经验公式包括恒定斜率模型(Bjerrum,1967;Garlanger,1972)、应力依赖性模型(Mesri 和 Godlewsji,1977)、时间依赖性模型(Yin,1999;殷建华和朱俊高,1999)。在三维剪切情况下,常采用应变速率模型预测蠕变变形(Singh 和 Mitchell,1968)。假定体积应变和剪应变的发展规律是独立的(Kavazanjian 和 Mitchell,1977)或相关的(Tavenas 等,1978),可以构建三维空间下的粘塑性模型。因为经验性本构模型是由试验结果直接拟合而得,所以其参数很容易从相对应的室内试验中获取。经验性本构模型的最大缺点是其成立的边界条件必须与试验的边界条件保持一致,由于实际工程问题的边界条件往往比较复杂,所以限制了经验性本构模型的应用。

元件模型原先常用于描述金属和液体的粘性特征,后来才被推广到模拟岩土体的粘塑性特征。常用的基本元件有三种:弹性弹簧元件、塑性滑块元件和粘壶元件(Feda,1992)。将这三种元件通过串联或(和)并联的形式组合起来,可以形成多种具有不同特性的粘塑性模型。比较常用的有 Maxwell 模型、Kelvin-Voigt 模型和 Binghan 模型。基于元件组合的本构模型具有形式简单、便于理解的优点。但是,一种特定的模型只能较好地模拟一种粘塑性特征,而对其他粘塑性特征的预测能力较差。另外,元件模型是基于一维情况下建立的,很难拓展到三维应力空间。

Perzyna 超应力理论(Perzyna,1966)是目前大多数三维应力状态下粘塑性本构模型的基础,其假定应力状态可以位于静止屈服面之外。基于超应力理论的模型有两个基本要素:超应力指标 $F$ 和超应力函数。常用的 $F$ 定义方式有两种:一种是利用动态屈服面的概念,将静止屈服函数的函数值作为 $F$ 值;另一种是利用投影的方法,将应力状态投射到静止屈服面上,$F$ 为真实应力状态与其在静止屈服面上投影状态之间的距离。常用的超应力函数也有两种:一种是幂函数(Shahrour 和 Meimon,1995;Hinchberger 和 Rowe,2005;Yin 等,2010a),另一种是指数函数(Adachi 和 Okano,1974;Adachi 和 Oka,1982;Fodil 等,1997;廖红建 等,1998)。基于 Perzyna 超应力理论的模型能够模拟应力状态位于静止屈服面以外的蠕变和应力松弛现象,也能够反映应变速率效应。但是,其假定模型的响应只依赖于当前的应力状态,而与应力历史无关。另外,静止屈服面的位置以及其对应的参数很难被确定。并且,Perzyna 超应力理论不满足加载连续性准则。

非稳定屈服面(NSFS)理论是经典弹塑性理论的拓展,其假定屈服面可以随时间移动(Naghdi 和 Murch,1963;Olszak 和 Perzyna,1970;Sekiguchi,1977,1984),该理论也可以用来模拟岩土体的粘塑性特征。但是,Liingaard 等(2004)以及 Karim 和 Gnanendran(2014)总结 NSFS 理论的缺点有:① NSFS 理论不能够描述初始应力状态位于屈服面以内的蠕变和应力松弛现象;② 未发现关于 NSFS 理论是否能够描述初始应力状态位于屈服面上的应力松弛现象的相关研究(理论上讲,它能够描述);③ NSFS 理论能够描述初始应力状态位于屈服面上的蠕变现象,但是需要附加特殊的假定,即一旦位于屈服面上的蠕变变形被激活,即使应力状态位于新的屈服面以内,蠕变也会持续发生,这个假定与加载连续性准则相悖;④ NSFS 理论只能够描述一定范围内的应变速率效应。因此,目前基于 NSFS 理论的模型应用还较少,比如 Sekiguchi(1977,1984),Qiao 等(2016)等。

除了上述常用的模型框架之外,Puzrin 和 Houlsby(2001)基于热动力学理论提出了一个描述应变速率效应的模型;Kuhn 和 Mitchell(1993)建立了离散元模型来模拟蠕变现象;Murad 等(2001)假定土体的粘塑性是由宏观孔隙与微观孔隙间的水势平衡引起的,建立了一个水-力耦合的本构模型,用于描述饱和土的粘塑性特征。

温度变化会改变岩土体的力学特性,进而影响岩土工程和地下结构的稳定性。同样,温度也会影响岩土体的粘塑性特性。通过考虑粘塑性本构模型参数的温度依赖性,一些学者建立了热-粘塑性本构模型(Modaressi 和 Laloui,1997;Yashima 等,1998)。但是,这些模型不能避免其对应粘塑性本构模型的缺陷。另外,模型参数或硬化函数的温度依赖性大多是基于经验的,不能全面反映温度效应对岩土体力学性能的影响规律。

综上可知,虽然目前已经建立了很多粘塑性本构模型,但是每个模型都存在一定的缺陷,均有改进的空间。另外,考虑温度对粘塑性影响的本构模型还不多,并且温度效应不能够很好地被模拟。

## 1.2  非饱和土本构模型

为了描述非饱和土的力学状态,常采用两种框架:双应力变量框架(如净应力和吸力)和有效应力框架。同样,基于两种不同的框架,也可建立相应的本构模型。非饱和土的力学响应与其饱水状态密切相关,因此为了完整地描述非饱和土的状态,除了力学的本构关系外,还需要描述储排水过程的土水特征曲线模型。

最著名的非饱和土模型之一(巴塞罗那基本模型,BBM)是基于双应力变量框架建立的(Alonso 等,1990)。该模型除了采用修正剑桥模型的屈服面外,还额外定义了加载湿陷曲线和吸力增量屈服线,用于反映吸力对应变的影响。同时,模型假定非饱和土的压缩系数随吸力的变化而发生变化。类似的模型还包括 Wheeler 和 Sivakumar(1995)提出的模型等。基于净应力和吸力的非饱和土模型虽然能够模拟一些非饱和土的特性,但是不能实现饱和土与非饱和土的自由过渡,并且没有充分考虑水-力之间的耦合作用。

基于有效应力概念的非饱和本构模型能够实现饱和土和非饱和土之间的自由过渡,并且便于反映水-力之间的耦合作用。因此,很多学者建立了基于有效应力的非饱和土模型(Sun 和 Matsuoka,2000;Wheeler 等,2003;François,2008;殷宗泽 等,2006;廖林昌,2007)。但是,该类模型的响应依赖于两个因子:有效应力的形式和土水特征曲线的模型。有效应力的基本形式即 Bishop 有效应力公式。热力学推导表明有效应力系数与土体的饱和度有关(Houlsby,1997;Laloui 和 Cekerevac,2003)。Nuth 和 Laloui(2008b)比较了不同有效应力公式的优缺点,总结了广义有效应力的概念,并认为有效应力概念与土水特征曲线是不可分割的整体。土水特征曲线模型是描述土体储水过程中含水量与吸力大小的关系曲线,常用的土水特征曲线模型有:幂函数模型(Brooks 和 Corey,1964;Van Genuchten,1980)、对数模型(Williams 等,1983;包承纲,2004)和指数模型(McKee 和 Bumb,1984)。上述土水特征曲线模型均能较好地模拟过渡段的土水特征曲线,但在描述高吸力范围内的土水特征曲线时,均存在不同的缺陷。其原因是目前的土水特征曲线模型均是基于毛细管作用建立起来的模型,未考虑吸附水的影响。因此,采用现有的土水特征曲线预测的非饱和渗流过程和有效应力大小常常与实际情况存在差异。Alonso 等(2010)假定土体内的吸附水含量为定值,提出了有效饱和度的概念,虽然避免了上述问题,但是不能描述吸附水的存储过程。Navarro 等(2015)考虑毛细水和吸附水物理性质的不同,构建了各自对应的渗流方程,从而很好地模拟了非饱和土的渗流。综上所述,要构建基于有效应力的非饱和土模型,首先必须解决土水特征曲线模型和有效应力模型的问题。

除了上述两类经典的非饱和土模型构建框架外,很多学者还提出了其他类型的模型,例如,基于损伤力学的模型(苗天德和王正贵,1990;沈珠江,1996),基于热力学的孔隙介质理论的模型(Laloui 和 Cekerevac,2003;Li,2007;黄义和张引科,2003)等。

膨润土是一种特殊的非饱和土,具有很强的膨胀特性,因此,常规的非饱和土模型并不能很好地模拟其膨胀特性。为此,很多学者基于常规的非饱和土模型,考虑新的屈服机理,构建了不同的膨润土膨胀模型。Gens 和 Alonso(1992)基于 BBM 模型,考虑宏观结构和微观结构的相互作用,构建了可以考虑膨胀性的非饱和土模型框架。Alonso 等(1999)对该框架进行了进一步完善,构建了显式的 BExM 模型,并对模型进行了试验验证。Sánchez 等

(2005)对该模型进行了进一步的改进,并嵌入有限元中进行了验证。BExM 模型采用净应力和吸力双应力变量,不能考虑水-力之间的耦合作用。然而,其考虑了膨润土宏观结构和微观结构的双重结构形式,并且认为二者之间是相互作用的。模型假定微观结构始终处于饱和状态,并且其变形是弹性的。

结合基于有效应力的非饱和土模型,很多学者构建了可以考虑膨胀性的膨胀模型,其主要包括两类:一类是采用全局变量进行描述的模型(Sun 和 Sun,2012),另一类是考虑宏观结构和微观结构的独立性,以及它们之间相互作用的模型(Vecchia 和 Romero,2013;Mašín,2013)。以上模型能够很好地考虑力学和水力学之间的耦合作用,但是其数值算法较为复杂,并且常采用一些仍需要进一步验证的假定。

除了上述模型外,膨润土的膨胀模型还有体积改变模型(Shuai 和 Fredlund,1998;Fredlund 和 Rahardjo,1993)和非线性弹性模型(Cui 等,2002)。

## 1.3　本书的主要价值

本书主要在粘塑性本构模型和考虑双孔隙结构的非饱和土本构模型两个方面作了改进性工作。在粘塑性方面,主要完善了非稳定屈服面理论,并结合软土的应变速率效应,形成了一套基于应变速率效应的粘塑性本构模型建模框架,并据此建立了两个粘塑性本构模型。在双孔隙结构方面,基于热力学推导提出了双孔隙结构水力耦合的建模架构,并分别建立了双孔隙结构的土水特征曲线模型和力学模型,采用新的有效应力定义方式,形成了适合膨润土的双孔隙结构膨胀模型。主要的理论价值具体如下:

(1)澄清了时间对岩土体性质的软化效应,提出了岩土体的最终稳定状态概念,建立了基于应变速率效应的非稳定屈服面理论,并拓展到非等温条件。基于此,构建了粘塑性本构模型 ACMEG-VP 和热粘塑性本构模型 ACMEG-TVP,并进行了试验验证。建立的本构模型可以很好地模拟各种粘塑性特征,包括应变速率效应、蠕变现象、不排水蠕变破坏现象、应力松弛现象等。

(2)基于不同孔隙尺度内孔隙水性质的不同,通过热力学推导,得到了区分毛细作用和吸附作用的双孔隙结构水-力耦合建模框架;构建了考虑孔隙结构演变的土水特征曲线模型,并给出了全吸力范围内的有效应力模型;结合膨润土的膨胀机理,构建了考虑双孔隙结构的水-力耦合模型 STJ-DS,并进行了验证。STJ-DS 模型能够很好地重现膨润土在等压和等体积条件下的膨胀变形、膨胀压力,以及土水特征曲线的演变规律。

# 2  非稳定屈服面理论

本章主要从蠕变、应力松弛、应变速率效应三个方面总结软土的粘塑性特征,并从宏观尺度和微观结构两个角度解释粘塑性发生的原因和机理。然后,回顾既有的粘塑性本构模型并分析它们的利弊。基于理论分析并结合试验数据,澄清时间的软化效应,完整论述基于应变速率效应的非稳定屈服面理论。同时,为了简化非稳定屈服面理论的加载准则,基于多孔介质理论提出最终稳定状态的概念。

## 2.1  软土的粘塑性特征

首先,本节从蠕变特性、应力松弛特性和应变速率效应三个方面论述软粘土的粘塑性特性。其次,针对每种特性,又分别分析总结了固结试验、三轴排水剪切试验和三轴不排水剪切试验的试验结果。最后,从宏观和微观两个角度解释了粘塑性发生的机理。

### 2.1.1  蠕变特性

#### 1. 固结试验中的蠕变现象

固结试验中,竖向位移在孔隙水压力完全消散后仍然继续增加的现象被定义为次固结现象,它是软土在侧限条件下的蠕变现象。影响次固结的因素很多,包括竖向荷载、加载步增量、温度、岩土体的结构和矿物质含量等。对于一种特定的岩土体,其固结状态决定了固结沉降曲线的形状(图 2-1)。Leroueil 等(1985)获得的固结试验结果验证了图 2-1 所示的分布规律。

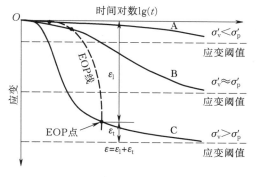

图 2-1　排水条件下的土体固结沉降曲线

快速加载会使土体内产生一定的超孔隙水压力。在排水条件下,孔隙水压力不断消散,并在主固结完成时减小为 0。孔隙水压力完全消散所需的时间与外部施加荷载的大小成正相关关系,如图 2-1 中 EOP 虚线所示。在主固结过程中,竖向应变随着孔隙水的排出而不断增大。当竖向加载应力 $\sigma_v'$ 小于或等于土体的初始固结应力 $\sigma_p'$ 时,主固结引起的应变量较小,且大部分为弹性应变(A、B 情况)。当 $\sigma_v' > \sigma_p'$ 时,主固结引起较大的应变增量,其原因是当加载应力超过初始固结应力时,土体会产生塑性变形(C 情况)。

次固结过程中的沉降发展趋势也取决于竖向施加荷载的大小。当 $\sigma_v' < \sigma_p'$ 时,主固结几乎不引起应变,大部分的应变增量发生在次固结过程,并且应变值随着 $\lg(t)$ 近似呈线性增长。当 $\sigma_v' \approx \sigma_p'$ 时,主固结与次固结过程中均产生可观的应变增量。当 $\sigma_v' > \sigma_p'$ 时,大部分的应变增量发生在主固结过程中,弱化了次固结的贡献值。在各级荷载作用下,应变值均随着时间的增加而不断增大,并最终趋向于一个最大值(图 2-1 水平虚线)。

软土是一种典型的多孔介质,并且其压缩变形主要是由土体骨架间的孔隙压缩引起的。因此,当所有的孔隙均被压缩后,土体就达到了其变形的极限值。正常固结压缩曲线(NCL)和最终稳定状态压缩曲线(FSSL)都随着竖向有效应力的增加而不断趋近于变形极限值,并在某一应力值达到变形最大值,随后土体的变形不再随应力的增加而变化(图 2-2)。由于 FSSL 包含了次固结变形,所以,FSSL 位于 NCL 下侧并且它与变形极限值相交于一个较小的应力值,如图 2-2 所示。

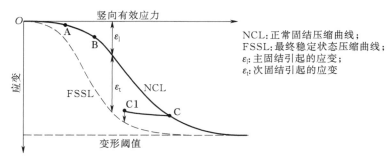

图 2-2 正常固结压缩曲线和最终稳定状态压缩曲线

由图 2-2 可知,当 $\sigma_v' < \sigma_p'$ 时,次固结引起的应变 $\varepsilon_t$ 随着竖向有效应力的增大而增大;当 $\sigma_v' \approx \sigma_p'$ 时,$\varepsilon_t$ 达到最大值并在随后一段应力范围内保持不变。当竖向有效应力过大时,由于变形极限值的存在,次固结引起的应变 $\varepsilon_t$ 逐渐减小,并在 NCL 与变形极限值的交点处变为 0。因此,图 2-2 中 A、B 和 C 三点所对应的固结沉降曲线分别如图 2-1 中的曲线 A、B 和 C 所示。另外,从 C 处卸载到 C1 会引起 C1 应力状态下的次固结变形减少,这就是超载法控制长期沉降的原理。

图 2-1 中的三种固结沉降曲线对应三种不同的应变速率-时间曲线,如图 2-3 所示。当 $\sigma_v' < \sigma_p'$ 时,应变速率的对数 $\lg(\dot{\varepsilon})$ 与时间的对数 $\lg(t)$ 呈线性关系,且斜率在 0.8 左右(类型 A)。当 $\sigma_v' > \sigma_p'$ 时,加载会导致很大的超孔隙水压力,而超孔隙水压力的消散则需要消耗一定时间。因此,应变速率-时间曲线 $[\lg(\dot{\varepsilon})\text{-}\lg(t)$ 曲线] 在加载后的一段时间内都受孔隙水压力消散的影响。竖向有效应力随着超孔隙水压力的消散而不断增加,进而引起竖向变形的快速增大。因此,$\lg(\dot{\varepsilon})\text{-}\lg(t)$ 曲线会由原先的线性减小(粘性引起)变为较缓慢的非线性减小,如图 2-4 所示。图 2-4 中阴影部分就是由于超孔隙水压力消散而引起的应变速率增加。在超孔隙水压力完全消散后,$\lg(\dot{\varepsilon})$ 与 $\lg(t)$ 呈线性减小关系,且斜率在 1.0 左右(类型 B)。当 $\sigma_v' \approx \sigma_p'$ 时,$\lg(\dot{\varepsilon})\text{-}\lg(t)$ 曲线处于类型 A 与类型 B 之间(图 2-3)。加载结束后,$\lg(\dot{\varepsilon})\text{-}\lg(t)$

曲线首先与类型 A 近似平行,随后一段时间应变速率 $\dot{\varepsilon}$ 保持不变,最后它与类型 C 相交,并以 1.0 左右的斜率线性减小。其中,应变速率恒定段也是超孔隙水压力消散与次固结共同作用的结果。图 2-3 说明了在主固结过程中也存在粘塑性变形,但是其量值远小于由于有效应力增加而引起的压缩变形。这也是粘塑性变形在主固结分析过程中常常被忽略的原因。

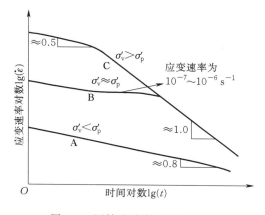

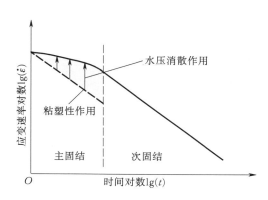

图 2-3  固结试验中不同类型的
应变速率-时间曲线

图 2-4  孔隙水压力消散与粘性特征的
相互作用示意图

### 2. 三轴排水剪切试验中的蠕变现象

图 2-5 总结了三轴排水剪切试验中的蠕变现象。由于岩土体的结构效应或者其初始的超固结状态,剪切过程中会出现一个峰值强度[图 2-5(a)]。在峰值过后,剪切强度随着轴向应变的增加而逐渐减小,最后稳定于峰后强度(临界状态强度)。连接不同平均有效应力下的峰值强度和临界状态强度,可得到峰值强度线(PSL)和临界状态强度线(CSL)[图 2-5(b)]。图 2-5(b)中还显示了粘塑性理论中的屈服面和最终稳定状态(FSS)的屈服面。最终稳定状态是指岩土体不再具有粘塑性的状态,该状态下的粘塑性应变速率为零。具体关于最终稳定状态的定义和论证请参见第 2.3.3 节。

两个不同剪应力 A 和 B 作用下的蠕变结果如图 2-5(a),图 2-5(c)和图 2-5(d)所示。应力状态 A 位于 CSL 以下,而应力状态 B 位于 CSL 与 PSL 之间[图 2-5(b)]。在应力状态 A 的作用下,轴向应变 $\varepsilon_a$ 与时间对数 $\lg(t)$ 呈线性增加关系,$\lg(\dot{\varepsilon}_a)$ 随 $\lg(t)$ 的增加而线性减小,斜率为 0.8~1.0。因此,该蠕变过程中仅发生了蠕变的第一阶段[图 2-5(d)],并未发生蠕变破坏。应力状态 B 下的蠕变结果则与之完全不同。轴向应变 $\varepsilon_a$ 首先随着 $\lg(t)$ 的增加而线性增加,随后在某一时刻,$\varepsilon_a$ 开始快速增加直至破坏[图 2-5(c)]。因此,该蠕变过程包含了蠕变的三个阶段[图 2-5(d)]:首先,$\lg(\dot{\varepsilon}_a)$ 随 $\lg(t)$ 线性减少(第一阶段);其次,在某一时刻 $\dot{\varepsilon}_a$ 减少至最小值并基本保持不变(第二阶段);最后,$\dot{\varepsilon}_a$ 快速增加直至破坏(第三阶段)。作者认为,蠕变破坏是由于土体结构的破坏引起的。随着蠕变的进行,土体结构不断重排,当应变达到一定值后,土体颗粒间的连接键就会发生断裂,从而引起土体结构的降格,进而引起变形的快速增加。

应力状态 A 与 B 下的不同蠕变结果是由于其应力状态不同而引起的。当应力状态位于 CSL 以下时(应力状态 A),蠕变应力小于临界状态应力,因此蠕变过程是稳定的,并且只有蠕变第一阶段发生。当应力状态位于 CSL 和 PSL 之间时(应力状态 B),蠕变应力大于临界状态应力,因而会发生蠕变破坏。综上所述,临界状态强度线(CSL)可以作为判断三轴排水剪切蠕变过程中是否发生破坏的标准。

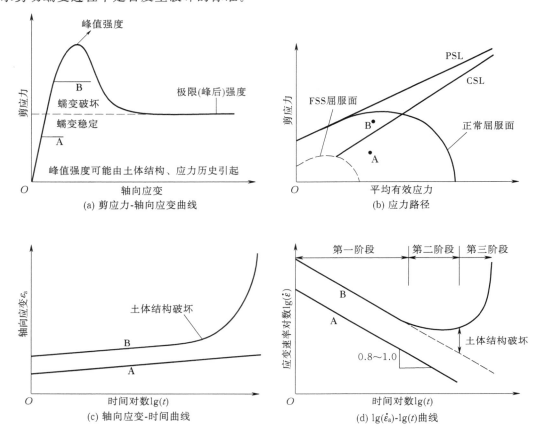

图 2-5　三轴排水剪切蠕变试验中的现象总结

**3. 三轴不排水剪切试验中的蠕变现象**

分析整理三个不同应力状态下的三轴不排水剪切蠕变试验,它们对应的应力路径和试验结果如图 2-6 所示。在不排水条件下,蠕变会导致超孔隙水压力的产生。因为剪应力在蠕变试验过程中保持不变,所以不排水蠕变试验的应力路径将由初始应力状态平衡向左移动[图 2-6(a)]。当初始剪应力较小时(应力状态 A),应力路径先与最终稳定状态所对应的屈服面相交,说明岩土体在达到临界状态之前,已经趋于稳定并不再具有粘塑性。因此,在应力状态 A 下的蠕变是稳定的,其轴向应变 $\varepsilon_a$ 随时间对数 $\lg(t)$ 的增加而线性增加[图 2-6(b)],轴向应变速率的对数 $\lg(\dot{\varepsilon}_a)$ 随 $\lg(t)$ 的增加而线性减小,且斜率在 0.8 左右。当初始剪应力增大时(应力状态 B),应力路径会先交于临界状态强度线(CSL),而不能达到最终稳定状态。随着应力路径靠近 CSL,$\dot{\varepsilon}_a$ 由减小的趋势逐渐变为增加的趋势,并且中间会有一段时间基本保持不变(对应蠕变第二阶段)[图 2-6(c)]。因此,轴向应变也会由原来的线性增加逐渐变为非线性的快速增加,直至破坏[图 2-6(b)]。如果初始剪应力进一步增加(应力状态 C),较小的超孔隙水压力就能将应力状态移动到 CSL 上。即蠕变破坏将发生得更早,最小蠕变速率出现的时间也更早,并且蠕变速率保持恒定的时间也将缩短[图 2-6(c)]。

因此,在不排水条件下,蠕变发生时的应力状态决定了蠕变的过程和结果。当蠕变时的剪应力较小时,蠕变是稳定的且最终岩土体会达到最终稳定状态;当蠕变时的剪应力较大时,蠕变过程中的应力路径会与 CSL 相交,进而引起蠕变破坏。综上所述,CSL 和最终稳定状态的假定在解释不排水蠕变试验现象时具有至关重要的作用。

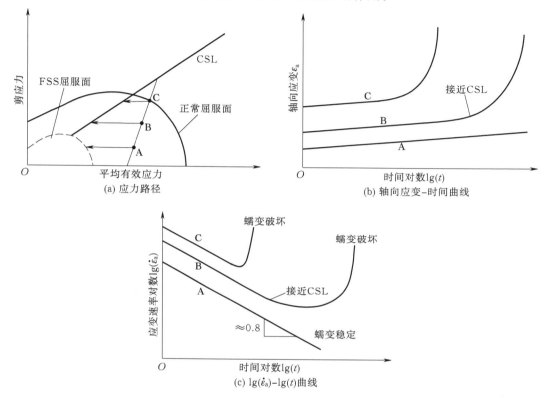

(a) 应力路径

(b) 轴向应变–时间曲线

(c) lg($\dot{\varepsilon}_a$)–lg($t$)曲线

图 2-6　三轴不排水剪切蠕变试验中的现象总结

**4. 蠕变破坏**

应变(Mitchell,1970;Tavenas 和 Leroueil,1977;Lefebvre,1981)和应变能(Tavenas等,1979)通常作为判断蠕变破坏是否发生的指标。当应变或应变能达到一定阈值时,蠕变破坏就会发生。其原因是当应变足够大时,粘颗粒间的连接键或胶结会发生断裂,从而引起岩土体结构的崩塌,发生破坏。然而,根据前文论述可知蠕变发生时的应力状态也可以作为判断蠕变破坏是否发生的指标。因此,对 8 组 Nicolet 粘土和 15 组 Saint-Alban 粘土的蠕变试验结果进行分析(图 2-7)。在排水条件下,当应力状态位于 CSL 以下时,蠕变是稳定的,不会发生破坏(空心三角形);当应力状态位于 CSL 和 PSL 之间时,蠕变过程会发生破坏(实心三角形)。在不排水条件下,当应力状态接近 CSL 时,会发生蠕变破坏(实心矩形);当应力状态远离 CSL 时,蠕变过程是稳定的(空心矩形)。

因此,应力空间可以划分为 4 个区域,如图 2-8 所示。区域 A 位于最稳定状态(FSS)所对应的屈服面以内,在该区域内的应力状态作用下,岩土体不具有粘塑性。区域 B 位于CSL 的下侧和 FSS 屈服面的外侧,且具有较小的剪应力。在该区域内应力状态作用下的蠕

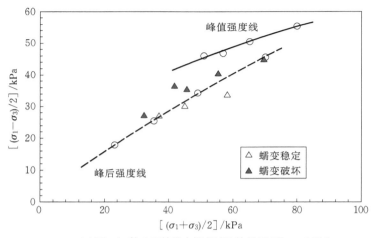

(a) Nicolet粘土三轴排水蠕变试验结果(Philibert,1976)

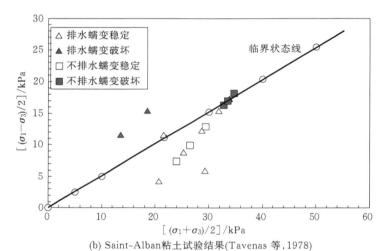

(b) Saint-Alban粘土试验结果(Tavenas 等,1978)

图 2-7 蠕变破坏与应力状态的关系

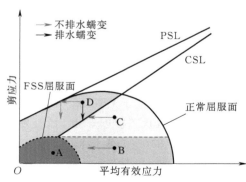

图 2-8 不同应力状态下的蠕变试验所对应的应力路径示意图

变过程是稳定的,其不排水蠕变的应力路径如图 2-8 所示。区域 C 位于 CSL 的下侧和区域 B 的上侧,该区域内的剪应力较大,在不排水条件下,会发生蠕变破坏,其应力路径如图 2-8 所示。但在排水条件下,该区域内的蠕变是稳定的。区域 D 位于 CSL 和 PSL 之间,且在 FSS 屈服面以外。不论是在排水条件还是不排水条件下,该区域应力状态作用下的蠕变过程都是不稳定的,均会发生破坏。

蠕变破坏前,存在一个最小的应变速率 $\dot{\varepsilon}_{\min}$,如图 2-5(d)和图 2-6(c)所示。该应变速率和它发生的时间 $t_f$ 常被用来描述蠕变破坏的发生。针对一种特定的岩土体,$\dot{\varepsilon}_{\min} \cdot t_f$ 的值近似为定值且不依赖于蠕变发生时的应力状态(Campanella 和 Vaid,1972;Mitchell 和 Soga,2005)。但是 Saint-Alban 粘土的试验结果却与此相悖,$\dot{\varepsilon}_{\min} \cdot t_f$ 的值不依赖于轴向应力的大小,却随着试验围压的增加而增大[图 2-9(a)]。其原因可能是随着围压的增大,应力状态远离 CSL,进而延缓了蠕变破坏发生的时间。另外,$\dot{\varepsilon} \cdot t_f$ 在排水条件下的值大于其在不排水条件的值。排水条件对 $\lg(\dot{\varepsilon}_a)$-$\lg(t)$ 曲线的斜率也有影响[图 2-9(b)]。在排水条件下,$\lg(\dot{\varepsilon}_a)$-$\lg(t)$ 的斜率为 0.8~1.0;在不排水条件下,其斜率变为 0.8 左右。

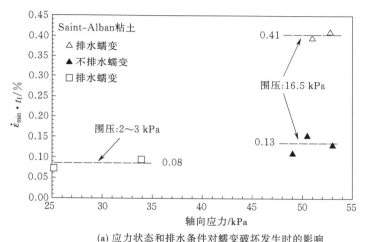

(a) 应力状态和排水条件对蠕变破坏发生时的影响

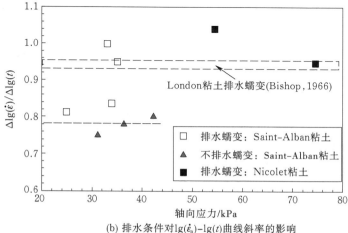

(b) 排水条件对 $\lg(\dot{\varepsilon}_a)$-$\lg(t)$ 曲线斜率的影响

图 2-9 排水情况对蠕变的影响(Tavenas 等,1978)

**5. 蠕变的累积效应**

蠕变的累积效应是指蠕变过程对后续再加载过程的影响。一维压缩情况下,存在两种不同的蠕变累积效应,如图 2-10(a)所示。类型 1 表现为:蠕变过程后的加载首先引起弹性变形,然后屈服并与 NCL 相交后重合(OABCE)。屈服应力的增加是由于蠕变过程中产生了粘塑性应变,进而导致了土体的硬化。Leonards 和 Ramiah(1960)以及 Bjerrum(1967)均研究过这种类型的蠕变累积效应。与类型 1 不同,类型 2 中的再加载曲线超过了 NCL,并且在屈服后,应变快速增加,与 NCL 相交后沿 NCL 变化(OABDE)。Leonards 和 Altshaeffl(1964)以及 Leroueil 等(1996)做过该类型的试验研究。在类型 2 中,蠕变过程导致的屈服应力增量大于由蠕变过程中的粘塑性变形引起的屈服应力增量。这是由于在蠕变过程中,土体颗粒间形成了新的胶结或新的结构,进而导致土体屈服应力和土体剪切强度的增加。Augustesen 等(2004)定义这种现象为结构化效应。Nakagawa 等(1995)通过测量土体的电阻率和孔隙水的导电系数发现:在蠕变过程中,土颗粒间的粘结强度由于沉淀等因素而增加,从而佐证了蠕变过程中结构化效应的存在。然而,蠕变过程中形成的结构会在土体屈服后快速破坏,进而引起土体应变的快速增加,如图 2-10(a)中 DE 段所示。随着土体结构的破坏,压缩曲线不断趋近于 NCL,最后与之重合。

Tatsuoka 等(2002)总结了三轴剪切情况下的不同累积效应,发现其与一维压缩情况下的蠕变累积效应相似。如图 2-10(b)所示,共有三种不同的蠕变累积效应。类型 1 中,再加载的应力-应变曲线与初始的应力-应变曲线重合(OABD),这说明了蠕变过程中几乎不存在结构化效应。类型 2 中,再加载的应力-应变曲线首先超越初始的应力-应变曲线,在峰值强度后又回归到初始的应力-应变曲线(OACD)。因此,类型 2 中存在短暂的结构化效应。与类型 2 不同,类型 3 中的再加载应力-应变曲线在超越初始的应力-应变曲线后不再回归(OACE,OFG),这表明存在永久的结构化效应。并且,随着蠕变时间的增加,结构化效应越强,因此 OFG 表现出了更高的剪切屈服强度。Vaid 和 Campanella(1977)以及 Tatsuoka 等(2002)研究获得过类型 3 的试验结果。类型 2 中的短暂性结构化效应常发生在砂土的蠕变试验中(Augustesen 等,2004)。

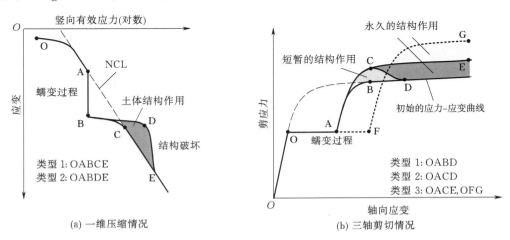

(a) 一维压缩情况　　　　　　　　(b) 三轴剪切情况

图 2-10　不同类型的蠕变累积效应

### 2.1.2  应力松弛特性

应力松弛是指在固定应变情况下,应力随时间逐渐减小的现象。与蠕变试验相比,应力松弛试验的实施难度较大,要求更苛刻,因此,已开展的岩土体应力松弛试验研究比蠕变试验少得多(Martins,1992;Alexandre,2006)。Sheahan 等(1994)和 Zhu(1999)采用三轴仪,Garcia(1996)采用固结仪分别开展了岩土体的应力松弛试验。但由于已知的试验数据有限,本节重点强调应力松弛的理论特征,只对少量的试验数据进行分析。

**1. 固结试验中的应力松弛现象**

固结试验中,如果关闭排水阀门,竖向位移将不再增加且保持不变,而孔隙水压力将随时间不断增大。由太沙基有效应力原理可知,有效应力随着孔隙水压力的增大而不断减小。因此,不排水的固结试验可以近似认为是一种应力松弛试验。但在试验过程中,可能会因漏水或土体结构的破坏而出现少量竖向位移增加的情况,本书的讨论忽略该种情况。

孔隙水压力的发展趋势依赖关闭排水阀门的时刻和土体的类型(Holzer 等,1973;Yoshikuni 等,1994,1995)。已有文献中研究了两种不同的孔隙水压力发展趋势(图 2-11)。一种类型是,在关闭阀门后孔隙水压力不立即增加,而是在 $t_0$ 时刻以后随时间对数 $\lg(t)$ 呈线性增加,并最终趋于一个最大的孔隙水压力(类型 A)。另一种类型是,在关闭阀门后孔隙水压力立即快速增加,随后沿 $\lg(t)$ 线性增加,在趋于最大孔隙水压力前会存在一个水压力跳跃发展阶段(类型 B)。类型 A 和 B 所对应的孔隙水压力产生速率对数 $\lg(\dot{p}_w)$ 的发展趋势如图 2-11(b)所示。类型 A 中,$\lg(\dot{p}_w)$ 与 $\lg(t)$ 呈线性关系,且斜率在 0.8~1.0 之间。类

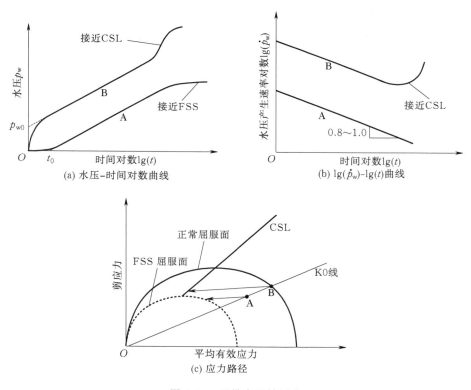

(a) 水压-时间对数曲线

(b) $\lg(\dot{p}_w)$-$\lg(t)$曲线

(c) 应力路径

图 2-11  不排水固结试验

型 B 中,$\lg(\dot{p}_w)$ 首先随 $\lg(t)$ 增加而线性减小,达到最小值后开始增加。类型 A 常出现在固结度较大的土体试验中,而类型 B 则多发生在正常固结土的试验中。

两种不同类型试验结果的应力路径如图 2-11(c)所示。固结试验过程中,岩土体的应力位于 K0 线上。A 点位于正常固结屈服面以内,表明其处于超固结状态。B 点处于正常固结状态。当关闭排水阀门时,孔隙水压力的产生使试验应力路径向左下方移动。同时,最终稳定状态(FSS)屈服面也会随着塑性应变的产生而不断向外扩展。如果应力路径首先与 FSS 屈服面相交,则出现类型 A 的孔隙水压力发展趋势;如果应力路径首先与 CSL 相交,则出现类型 B 的孔隙水压力发展趋势。

**2. 三轴剪切试验的应力松弛现象**

Sheahan 等(1994)进行了三轴剪切的应力松弛试验,其结果被重新整理分析,如图 2-12 所示。归一化剪应力定义为当前剪应力与应力松弛试验开始时剪应力的比值。由图 2-12(a)可知,归一化剪应力随着 $\lg(t)$ 增加而逐渐减小,其斜率大小与应力松弛前的加载

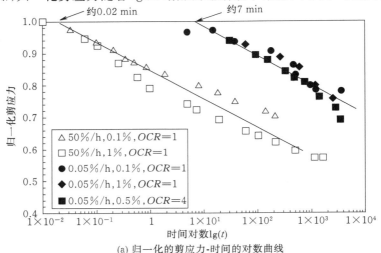

(a) 归一化的剪应力-时间的对数曲线

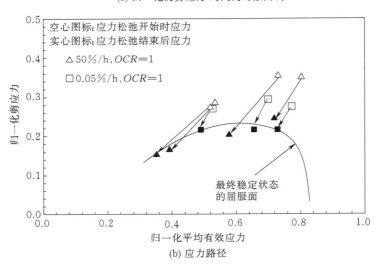

(b) 应力路径

图 2-12 三轴剪切试验中的应力松弛现象(Sheahan 等,1994)

速率、应力松弛开始时的轴向应变和超固结比(*OCR*)无关。剪应力开始减小的时刻与应力松弛开始时的轴向应变和 *OCR* 无关。但是,应力松弛前的加载速率影响剪应力开始减小的时刻,其值越大,剪应力越早开始减小。Lacerda 和 Houston(1973)发现应力松弛前的加载速率与剪应力开始减小时的时间的乘积近似为定值。

如果岩土体存在最终的稳定状态,则在应力松弛结束后,其应力状态将处于一个平衡状态,并且无论岩土体的应力历史如何,以及应力松弛前的加载状态如何,该平衡状态均能达到。连接不同应力状态下的最终平衡状态,将形成一个屈服面,如图 2-12(b)所示。该屈服面就是前述的最终稳定状态(FSS)屈服面,它和 Perzyna(1966)以及 Adachi 和 Oka(1982)定义的静止屈服面相类似。FSS 屈服面将应力空间划分为弹性区域(FSS 以内)和粘塑性区域(FSS 以外)。Vialov 和 Skibisky(1961)以及 Silvestri 等(1988)都发现了最终平衡状态的存在。但是,在 Zhu 等(1999)进行的应力松弛试验中,剪应力在 1 000 min 后仍未达到最终的平衡状态。因此,关于是否存在最终的平衡应力状态,至今还存在争议。作者认为最终平衡应力状态是存在的,并将在第 2.3.3 节进行论证。

### 2.1.3　应变速率效应

岩土体的力学性质具有应变速率依赖性。一般情况下,随着应变速率的增加,岩土体的强度和刚度均会增强。Leroueil 等(1985)指出土体的任何一个力学状态均可以通过一个统一的有效应力、应变和应变速率关系式来表述。为了进一步总结岩土体的应变速率效应,本节分析总结了许多恒定应变速率加载的试验,包括固结试验(Lerouiel 等,1985;Sheahan 和 Watters,1997;Marques 等,2004)和三轴剪切试验(Tavenas 等,1978;Graham 等,1983)。

#### 1. 固结试验中的应变速率效应

根据初始固结压力 $p'_c$ 和压缩指数 $C_c$ 随应变速率的变化规律,可将固结试验中的应变速率效应划分为 4 类,如图 2-13 所示。每种类型的特征总结如下。

类型 1(OAC):压缩曲线不随应变速率的变化而变化,岩土体的力学性质与应变速率无关。Sheahan 和 Watters(1997)研究获得了该类型的试验现象[图 2-14(a)]。

类型 2(OAD):初始固结压力不随应变速率变化,而压缩指数随应变速率的增大而减小。

类型 3(OBE):初始固结压力随着应变速率的增加而增大,但压缩指数的大小与应变速率无关。因此,不同应变速率加载下的压缩曲线相互平行[图 2-14(b)]。该类型的应变速率效应常被称为等高线效应(Suklje,1957)。

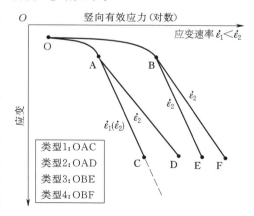

图 2-13　固结试验中不同类型的应变速率效应

类型 4(OBF):初始固结压力和压缩指数都随着应变速率的增加而发生变化。其中,初始固结压力增大,压缩指数减小。

目前,对弹性压缩阶段的应变速率效应研究尚少,还需要做进一步的探索。但是超固结土的蠕变现象表明了回弹系数 $C_s$ 应随着应变速率的增大而减小。

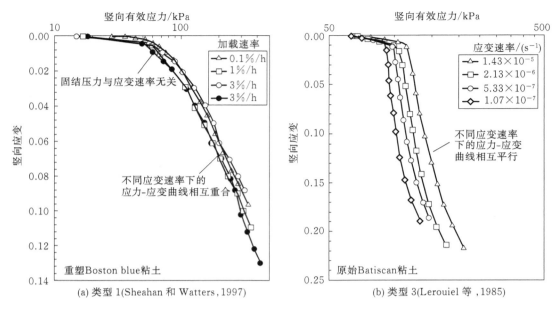

图 2-14　固结试验中的应变速率效应

不同类型的应变速率效应与岩土体的结构有关。一般情况下,具有结构性的岩土体常表现出较强的应变速率效应,而结构性差的岩土体的应变速率依赖性则较弱或者不表现出应变速率效应(图 2-14)。Sheahan(2005)提出了一个结构参数 $SN$,用来衡量土体的自然结构状态与其重塑状态和原始固结状态的差异。通过对 5 种不同土体试验结果的分析表明:$SN$ 的大小与应变速率效应的大小具有较好的正相关关系。

大部分粘性土均表现为类型 3 的应变速率效应(等高线效应)。Lerouiel 等(1985)分析总结了 4 种不同的固结试验,发现任何应变速率下的压缩曲线都可以用 2 条曲线进行描述:1 条是归一化的压缩曲线,另 1 条是初始固结压力随应变速率变化的曲线。该结论得到了 Kabbaj 等(1988)和 Edil 等(1994)的进一步验证。

图 2-15 总结了不同岩土体的初始固结压力 $p_c'$ 随应变速率 $\dot{\varepsilon}$ 变化的规律。$\lg(p_c')$-$\lg(\dot{\varepsilon})$ 呈线性关系,其斜率因岩土体类型的不同而变化。通常可以用幂函数来描述这种趋势(Laloui 等,2008;Qiao 等,2016)。

$$\frac{p_c'}{p_{c,\mathrm{ref}}'} = \left(\frac{\dot{\varepsilon}}{\dot{\varepsilon}_{\mathrm{ref}}}\right)^{C_A} \tag{2-1}$$

式中　$p_{c,\mathrm{ref}}'$——参考应变速率 $\dot{\varepsilon}_{\mathrm{ref}}$ 所对应的初始固结压力;

　　　$C_A$——一个与岩土体结构和应力历史有关的固有参数,一般情况下,其值在 0.011 到 0.104 之间。

$C_A$ 的值越大,表明岩土体的应变速率效应越强。另外,$C_A$ 的值也可以通过压缩指数 $C_c$ 和次固结系数 $C_a$ 进行估计,它们之间的关系如下:

$$C_A = \frac{C_c}{C_a} \tag{2-2}$$

考虑到岩土体固结压力的应变速率依赖性,岩土体的固结状态评价应该在特定的应变速率下进行。一般情况下,实验室得到的固结压力不能够直接应用到实际工程。因为实验室固结试验所对应的应变速率常在 $1 \times 10^{-5}$ $min^{-1}$ 左右,而工程实际中的应变速率变化较大。因此,室内试验结果应该经过式(2-1)的转化后,才能应用到实际工程中。

当岩土体达到最终稳定状态时,其应变速率效应将会消失,这意味着,岩土体的固结压力在最终稳定状态时是一个定值。试验结果证明了上述结论,如图 2-15(b)所示。将固结压力恒定段的最大应变速率定义为应变速率阈值,它可以用来判断岩土体是否达到最终稳定状态。当应变速率大于应变速率阈值时,岩土体未达到最终稳定状态,表现出应变速率依赖性;当应变速率小于或等于应变速率阈值时,岩土体达到最终稳定状态,其力学性质不再随应变速率的变化而变化。应变速率阈值的存在也证明了最终稳定状态假定的正确性。

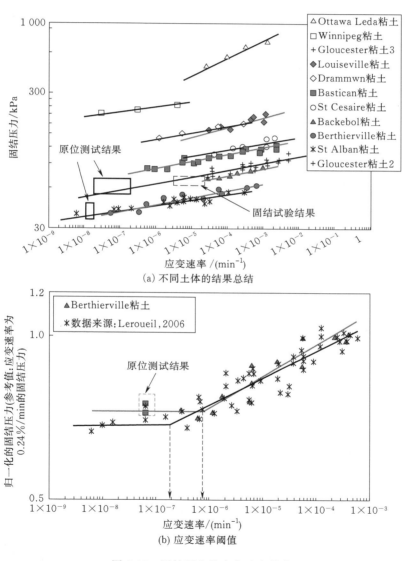

(a) 不同土体的结果总结

(b) 应变速率阈值

图 2-15　固结压力的应变速率效应

### 2. 三轴剪切试验中的应变速率效应

三轴剪切试验中也存在着应变速率效应，它的大小与岩土体的应力历史、矿物质含量、岩土体结构和加载速率有关。针对一种特定的岩土体，其应力历史决定了应变速率效应的大小。为了说明这种现象，本书分析整理了 Sheahan 等(1996)所做的等应变速率加载的三轴剪切试验。试验共包括 9 种不同的加载路径，测试了三个不同应变速率($\dot{\varepsilon}_1 > \dot{\varepsilon}_2 > \dot{\varepsilon}_3$)下的剪切响应，而每个应变速率的加载又包括了三个不同应力加载历史的试样。试验结果如图 2-16 所示。

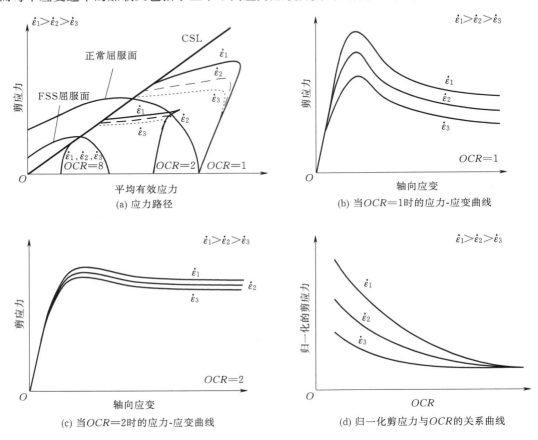

图 2-16    土体应力历史对三轴剪切试验中应变速率效应的影响规律

图 2-16(a)总结了 9 个试样的加载应力路径以及对应的应力屈服面和最终稳定状态(FSS)屈服面。随着土体超固结比($OCR$)的增大，应变速率对应力路径的影响越来越小。当 $OCR=8$ 时，三个不同应变速率加载下的应力路径相互重合，表明此时已不存在应变速率效应。其原因是，$OCR$ 过大使土体的初始应力状态位于 FSS 屈服面以内[图 2-16(a)]。当 $OCR=1$ 或 $OCR=2$ 时，土体的应力状态位于 FSS 屈服面以外，因此其加载应力路径表现出了应变速率效应。剪应力-轴向应变曲线可以更好地描述应变速率效应[图 2-16(b)和图 2-16(c)]。应变速率对初始加载段的影响较小。不排水剪切强度随着应变速率的增加而增大，但是其变化趋势为随着 $OCR$ 的增大而逐渐减小，并且当 $OCR$ 足够大时，剪切强度不再随应变速率的变化而变化[图 2-16(d)]。另外，应变速率对峰值后的软化阶段也有影响，且其影响也随着 $OCR$ 的增大而减小。如果在加载过程中改变加载的应变速率，剪应力-轴向应变曲线会立刻移动到新的加

载速率对应的剪应力-轴向应变曲线上。因此,等高线效应似乎在三轴剪切情况下也适用。但考虑到图 2-16 所示的结果,等高线效应必须考虑应力历史的影响。

一般情况下,不排水剪切强度的对数 $\lg(s_u)$ 随着应变速率的对数 $\lg(\dot\epsilon)$ 呈线性增长趋势[图 2-17(a)],并且可以通过式(2-3)描述。

$$\frac{s_u}{s_{u,\mathrm{ref}}} = \left(\frac{\dot\epsilon}{\dot\epsilon_{\mathrm{ref}}}\right)^{C_B} \tag{2-3}$$

式中  $s_{u,\mathrm{ref}}$——参考应变速率 $\dot\epsilon_{\mathrm{ref}}$ 作用下的不排水剪切强度;

$C_B$——一个与土体结构和应力历史有关的土体固有参数,其值常在 0.015~0.090 之间。

与固结压力随应变速率的变化趋势相同,当应变速率足够小时,不排水剪切强度不再随应变速率的变化而变化[图 2-17(b)]。因此,针对不排水剪切强度,也存在一个应变速率阈值。

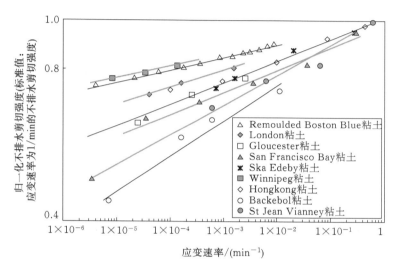

(a) 不同岩土体的结果总结

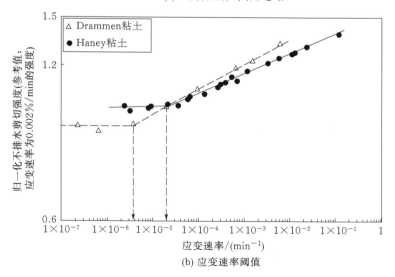

(b) 应变速率阈值

图 2-17  不排水剪切强度的应变速率效应

　　然而,对于扰动破坏后的土体(应力历史中,剪应力超过了峰值强度),应变速率常常表现为软化效应,如图 2-18 所示。随着剪切速率的减小,剪切强度不断增大。对于扰动破坏后的岩土体,其粘颗粒间的连接已经被破坏,在加载前,粘颗粒间正发生物理化学反应以形成新的连接,从而形成新的抗剪强度。但是,加载阻碍并抵消了新的岩土体结构的形成,并且,加载速率越大,形成新结构的时间就越短,形成的结构就越容易被破坏,因而其抗剪强度较低。岩土体中的粘颗粒含量、加载时的围压大小对应变速率的软化效应有着重要影响。

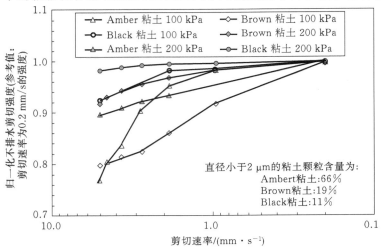

图 2-18　应变软化效应(Gratchev 和 Sassa,2015)

## 2.1.4　三维应力空间下的粘塑性特征

　　前文论述的粘塑性特征都是基于特定应力路径下的试验结果,不能够很好地描绘三维应力空间下的粘塑性特征。因此,本节总结了不同应力路径下的试验结果,重点论述了描述三维应力空间下粘塑性的两个重要组成部分:应力屈服面的形状和流动法则的特征。

　　很多试验结果表明等高线效应可以拓展到三维应力空间的情况(Sällfors,1975;Tavenas 和 Leroueil,1977),如图 2-19 所示。沿不同应力路径(K 线,K 表示试验中围压与轴压

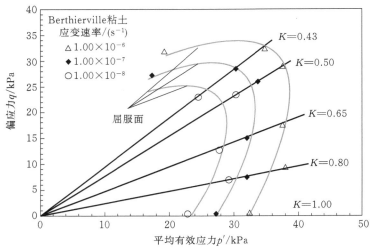

图 2-19　屈服面随应变速率的变化规律(Boudali,1995)

之比)的屈服平均有效应力随体应变速率的变化规律与各向等压条件下的固结压力随体应变速率的变化规律相同。连接所有的屈服点,可以形成屈服面,它随着体应变速率的增大而不断向外扩张。另外,超固结状态下的强度包络线也表现出类似的应变速率效应(Lo 和 Morin,1972)。因此,等高线效应在三维应力空间下也是适用的,它可以用来描述三维应力空间下的粘塑性特性。依据三轴剪切蠕变试验和次固结试验的试验结果得到的屈服面也遵循等高线效应。

粘塑性应变的方向依赖于发生粘塑性应变时的应力状态。Walker(1969)计算分析了三轴排水剪切蠕变试验中体应变 $\varepsilon_v$ 和剪应变 $\varepsilon_d$ 的发展趋势,如图 2-20 所示。在主固结阶段,$(\varepsilon_d\text{-}\varepsilon_v)$ 曲线的斜率随着孔隙水压力的消散而不断减小。当试样进入蠕变阶段后,$(\varepsilon_d\text{-}\varepsilon_v)$ 曲线的斜率降为最小值并保持不变[图 2-20(a)]。随着剪应力与平均有效应力比值 $(q/p')$ 的增大,蠕变阶段中 $(\varepsilon_d\text{-}\varepsilon_v)$ 曲线的斜率也不断增大[图 2-20(b)]。Sekiguchi(1985) 指出蠕变过程中体应变速率与剪应变速率的比值是外界施加有效应力的函数。因此,与经

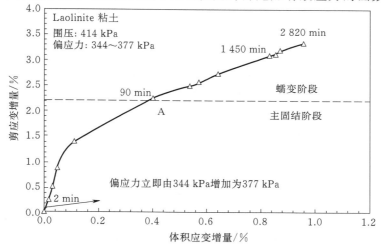

(a) 三轴剪切蠕变试验中的体应变和剪应变的关系曲线

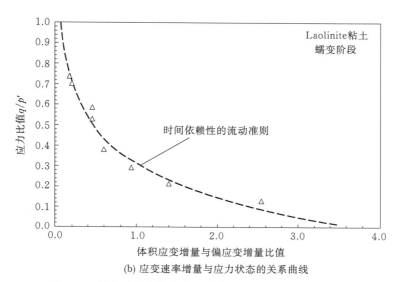

(b) 应变速率增量与应力状态的关系曲线

图 2-20　蠕变过程中体应变和剪应变的关系(Walker,1969)

典的弹塑性理论相类似,粘塑性的势函数可以表示为当前施加有效应力的函数。并且,不论加载是否继续,该势函数的形式保持不变(Walker,1969;Sekiguchi,1985)。

### 2.1.5　粘塑性的诱导机理

虽然已经有很多对岩土体粘塑性发生的机理和假定的论述,但是没有任何一个机理或假定可以完整地解释所有的粘塑性现象(Le 等,2012)。因此,本节对已有的机理和假定进行综合分析,以便更好地理解和解释软粘土粘塑性发生的原因。土体的结构构造是已有各种理论的出发点,因此,本节首先简单回顾土体的结构构造。

**1. 土体的结构构造**

硅氧四面体和铝氢氧八面体是两种最基本的粘土矿物单元,它们可以进一步形成硅氧晶片和铝氢氧晶片。这两种晶片通过不同的连接键可以形成三种基本的粘土矿物:高岭石、伊利石和蒙脱石。粘土矿物表面带负电,因此会吸附孔隙水中的阳离子。粘土矿物表面的电层,被吸附的阳离子和吸附水统称为双吸附层(Mitchell,1956)。吸附水可以沿矿物质表面自由移动,而不能在矿物质表面的垂直方向移动。双吸附层的存在影响了土颗粒间的相互作用以及土颗粒间的滑移。不同的粘土矿物相互组合可进一步形成粘土颗粒[图 2-21(b)],粘土颗粒与砂颗粒相互作用进一步形成土体结构[图 2-21(a)]。

土体的结构构造包括粘土颗粒/砂颗粒的排列方式、颗粒方向、颗粒大小以及颗粒间的连接方式等。随着粘土颗粒含量的变化,土体的结构构造也发生变化,从而改变土体的工程力学性质,如弹性模量、粘塑性等(Mitchell,1956;Rao 和 Matthew,1995)。

两个颗粒/晶片之间的连接可以是面-面连接,也可以是端-面连接[图 2-21(c)],其连接方式取决于矿物质成分和土体的加载历史。当有荷载作用在上述连接时,会在接点处形成剪应力和法向应力。在法向应力的压缩作用下,两个颗粒/晶片间的距离减小,其抵抗滑移的能力增强。在剪应力的作用下,两个颗粒/晶片之间产生滑移。由于吸附水具有很大的粘性,颗粒/晶片间的滑移不能够立即完成,而是随时间不断积累。因此,接触处的力学模型如图 2-21(d)所示。法向方向由两个串联的弹簧模拟,剪切方向由一个弹簧和一个粘壶串联模拟。

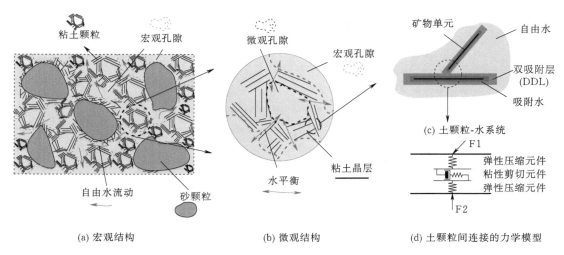

(a) 宏观结构　　　　　　　(b) 微观结构　　　　　　　(d) 土颗粒间连接的力学模型

图 2-21　土体结构的概念示意图

土颗粒间的孔隙尺寸变化较大,小到几纳米,大到几厘米。根据孔隙的尺寸和连通方式,可以将土颗粒间的孔隙划分为两个等级:微观孔隙和宏观孔隙(Yong 等,2009)。宏观孔隙内的水是自由水,它可以在孔隙水压力的作用下自由移动[图 2-21(a)]。微观孔隙内的水大多为吸附水,其移动性受到了限制。微观孔隙水和宏观孔隙水的水势平衡受渗透吸力以及离子交换系数的影响[图 2-21(b)],并且该过程是很耗时的。随着孔隙水的排出,土体的结构构造也将不断发生变化。

**2. 基于应力平衡的机理**

在外力作用下,土体结构将通过土颗粒间的相互滑动来实现其结构的重排,以达到与外力的平衡。由于吸附水的粘性很大,导致了上述滑移过程不能立即完成,而需要随时间逐步完成。因此,土体的变形表现出了粘塑性(Gupta,1964;Kuhn 和 Mitchell,1993)。土颗粒的方向以及颗粒间的接触面积也会随着滑移而不断变化。当颗粒间的接触面积太小,而剪应力过大时,土颗粒间的连接就会发生破坏。相较于土颗粒间的滑移,土颗粒间的连接破坏是快速的,并且引起的土体结构变化较大。因此,在宏观上会观察到一个蠕变变形的跳跃。Martins(1992)和 Andrade(2009)研究了蠕变过程中的位移跳跃现象。

另外,土体结构的结构抵抗力可起到平衡外力的作用。在加载过程中,土体结构不断发生变化,并逐渐趋于当前外力作用下的最稳定状态。在土体结构变化的过程中,土体颗粒间的吸附水势必会移动或排出,进而导致土体结构变化的时间依赖性。这种时间依赖性被定义为土体的结构粘性(Taylor,1942;Bjerrum,1967;Graham 和 Yin,2001)。结构粘性是土体结构整体响应的结果,不同于土颗粒间的滑动粘性。土体结构的调整依赖于外加荷载的方向。一般情况下,在外力作用方向上,土体结构会发生较大的调整,进而引起较大的变形,而在外力法向方向上则变化较小。因此,在外力作用方向上的蠕变硬化效应要强于外力法向方向上的蠕变硬化效应。

Sridharan 和 Rao(1979)用粘土颗粒的电化学性质解释了土体的粘塑性。他们的主要假定是土体的有效应力应该考虑土颗粒间的吸附力和排斥力。因此,土体的强度依赖于土颗粒间的电场,从而影响了蠕变变形的大小。在外界荷载作用下,土颗粒间的电场随土体结构的重排而不断变化,导致了有效应力随时间不断变化,进而引起了变形随时间的不断发展。

上述的各种机理均被单独地用于解释土体的粘塑性,比如土颗粒间的滑移机理(Gupta,1964;Kuhn 和 Mitchell,1993;Kang 等,2012),土颗粒间连接的破坏机理(Taylor 和 Merchant,1940;Mesri,2003),土体结构的结构粘性(Taylor 和 Merchant,1940;Mesri,2003),以及考虑电场力的有效应力假定(Sridharan 和 Rao,1979)等。但是,在土体的蠕变过程中,上述各种现象和机理均同时发生。这间接说明了为何目前提出的机理和假定均不能够完全解释各种粘塑性特征。但是针对某一种土体,或许只有上述的一种或两种机理主导了其粘塑性特征。

**3. 基于水势平衡的机理**

土体孔隙具有两个不同等级的孔隙结构:微观孔隙结构和宏观孔隙结构,两种孔隙结构间的水势平衡是复杂且耗时的。在外力作用下,孔隙水压力上升。首先,宏观孔隙结构中的孔隙水会在水力梯度下不断排出,引起土体的变形,该过程被定义为主固结。其次,微观孔隙结构中的孔隙水也会被挤出并且与宏观孔隙结构中的孔隙水达到水势平衡。然而该平衡过程是非常缓慢的,主要有两个原因:一是吸附水具有很大的粘性;二是微观结构和宏观结构之间的离子交换系数较小。由于水势平衡的耗时性,导致了土体的粘塑性。另外,微观孔隙结构中的孔隙水排出,会引起微观孔隙结构的变形,进而引起土体结构的调整。Akagi(1994)用试验论证了基于水势平衡的机理。

**4. 速率过程机理**

土体的变形可以用速率过程理论进行解释(Mitchell,1964;Christensen 和 Wu,1964;Keedwell,1984;Feda,1992)。速率过程理论的基本假定是土体的变形是由流动单元的移动引起的,流动单元可以是原子、分子或者土颗粒。流动单元的移动受到毗邻单元的约束和限制。要想移动到新的位置,流动单元必须获得足够的激活能 $Ea$ 来克服毗邻单元所形成的能量垒(图 2-22)。另外,移动单元并非处于静止状态,而是在其位置左右以一定的频率自由震荡。

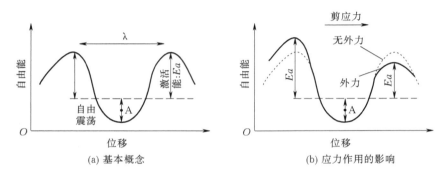

(a) 基本概念        (b) 应力作用的影响

图 2-22　速率过程模型的概念图

激活能可以通过施加外界荷载、升高温度或者施加其他能量来获得。在外力作用下,能量垒会在外力作用的方向减少,而在其反方向增大[图 2-22(b)]。原因是外力作用改变了土体的结构和土颗粒间接触应力。一方面,随着能量垒的降低,在外力作用方向上,可以移动的流动单元数量增加,进而引起了该方向上的变形。另一方面,随着土体变形的积累,能量垒将不断增加。在某一时刻,能量垒将变得足够大,从而使流动单元不能发生移动。此时,土体的变形将不再增加,土体达到了上述的最终稳定状态。

为了解释土体的粘塑性特征,Mitchell 等(1968)基于速率过程理论提出如下公式:

$$\dot{\epsilon} = 2X \frac{kT}{h} \exp\left(-\frac{E_a}{RT}\right) \sinh\left(\frac{q\lambda}{2kT}\right) \tag{2-4}$$

式中　$X$——可移动流动单元的比例;

　　　$k$——Boltzaman 常数;

　　　$h$——Planck 常数;

　　　$R$——理想气体常数;

　　　$T$——绝对温度;

　　　$\lambda$——两个流动单元间的距离;

　　　$q$——外界施加的剪应力。

根据式(2-4)可知,在恒温条件下,要想获得较大的应变速率,必须施加较大的外界应力。这很好地解释了固结压力和不排水剪切强度随应变速率增加而增大的趋势(图 2-15 和图 2-17)。在蠕变过程中,能量垒随着土体结构的重排而不断增大,导致应变速率不断减小,如图 2-3,图 2-5(d)和图 2-6(c)所示。

**5. 讨论**

总结以上各种解释土体粘塑性发生的机理,如表 2-1 所示。尽管它们是基于不同假定提出的,但是它们之间存在很多共同点。比如,土颗粒-吸附水的系统在土体颗粒滑移、土体结构重排以及微观结构和宏观结构的水势平衡过程中都起了很大的作用。因此,将表 2-1 中的三种机理有效地结合起来可以更好地解释土体的粘塑性特征。

表 2-1　不同蠕变机理的总结

| 机理 | 假定 | 描述 |
|---|---|---|
| 应力平衡 | 土颗粒间的滑移、土颗粒间连接键的破坏以及土体的结构粘性 | 土体结构重排的时间依赖性导致了土体的粘塑性。土体结构的重排通过土颗粒间的滑移、土颗粒间连接键的破坏来实现。土体的结构具有一个结构效应,可共同抵抗外力的作用 |
| 水势平衡 | 吸附水的粘性;宏观结构与微观结构 | 土体结构内部的孔隙水必须达到水势平衡。宏观结构与微观结构内的孔隙水水势平衡过程是缓慢的,从而导致了土体的粘塑性 |
| 速率过程 | 流动单元,能量垒 | 土体的变形是由于流动单元的移动引起的。流动单元的移动受能量垒的限制,必须获得足够的能量才能移动。能量垒的大小依赖于外界荷载、时间和温度等 |

土体结构的重排是土体变形的基础,也是土体具有粘塑性的根本原因。在宏观结构上,土体结构的重排是通过土颗粒间的滑移、土颗粒间的连接破坏实现的。由于土体的结构粘性和吸附水的粘性,上述土体结构的重排是随时间不断发展的。所以,土体变形也随时间不断积累。在微观结构上,颗粒/晶片间的滑移以及微观孔隙的孔隙水排出都会引起微观结构的变形。由于上述滑移以及微观结构的排水都是耗时的过程,所以土体的微观结构变形也具有时间依赖性。微观结构的变形会进一步引起宏观结构的调整,引发土体变形。因此,土体的粘塑性特征是上述宏观结构变形、微观结构变形以及二者间相互作用的综合体现。

## 2.2　常用的粘塑性本构模型

由于实际工程问题的边界条件复杂,且受多物理场的相互作用,实验室得到的粘塑性特征不能够直接应用到实际工程。因此,必须提出合理的粘塑性本构模型,建立起实验室结果与实际工程的联系。从 1960 年以后,很多粘(塑)性本构模型被提出,但它们均不能完整地描述所有的粘塑性特征(Liingaard 等,2004;Karim 和 Gnanendran,2014)。另外,关于粘塑性变形是否可以独立地分为塑性变形和粘性变形还一直存在着争议。大部分经验性本构模型都假定粘性变形是与塑性变形不同的独立变形部分,并采用基于试验结果拟合的公式来表述粘性变形。而大部分的应力-应变-时间模型都假定粘塑性变形不能武断地划分为两个独立的部分。

粘塑性本构模型按照其构建方式可以分为:经验性本构模型、基于 Perzyna 超应力的本构模型、基于非稳定屈服面理论的本构模型,以及基于元件模型的本构模型。本节回顾了四种不同构建方式的本构模型,并对比分析它们的利弊。

### 2.2.1 经验性本构模型

经验性本构模型是基于试验结果的拟合公式建立起来的本构模型。它一般假定土体的应变 $\varepsilon_{ij}$ 可以分为弹性应变 $\varepsilon_{ij}^e$、塑性应变 $\varepsilon_{ij}^p$ 和粘性应变 $\varepsilon_{ij}^v$,其关系如下:

$$\varepsilon_{ij} = \varepsilon_{ij}^e + \varepsilon_{ij}^p + \varepsilon_{ij}^v \tag{2-5}$$

弹性应变和塑性应变可以采用经典的弹塑性理论进行计算,在此不再赘述。若不考虑式(2-5)中的塑性应变,则建立的本构模型为粘弹性本构模型。为了计算粘性变形,必须定义粘性变形开始的时刻 $t_{ref}$。一般情况下,在有效应力的理论框架内,主固结完成的时刻被认为是粘性变形开始的时刻(Mesri 和 Choi,1985)。但也存在其他的假定方式,例如,Yin 和 Graham(1999)定义了等效时间的概念,认为等效时间为 0 的时刻是粘性变形开始发生的时刻。定义好粘性变形开始发生的时刻后,粘性应变的大小就采用基于试验结果的拟合公式进行计算。常用的经验性蠕变公式如表 2-2 所示。

**表 2-2  常用的经验性蠕变公式**

| 类型 | 公式 | 参考文献 | 边界条件 |
|---|---|---|---|
| 半对数模型 | $\varepsilon_z = C_{\alpha\varepsilon} \lg\left(1 + \dfrac{t}{t_{ref}}\right)$ | Bjerrum(1967);Garlanger(1972) | 一维压缩情况下 |
| | $\varepsilon_z = C_{c\varepsilon}\dfrac{1}{m}\lg\left(1 + \dfrac{t}{t_{ref}}\right),\ m = \dfrac{C_{c\varepsilon}}{C_{\alpha\varepsilon}}$ | Mersi 和 Godlewsji(1977) | |
| | $\varepsilon_z = \dfrac{\Psi}{v}\lg\left(1 + \dfrac{t}{t_{ref}}\right),\ \dfrac{\Psi}{v} = f(t)$ | Yin(1999) | |
| 应变速率模型 | $\dot{\varepsilon}_a = A\exp(\alpha q)\left(\dfrac{t_{ref}}{t}\right)^m$ | Singh 和 Mitchell(1968) | 三轴剪切情况下 |
| 综合模型 | $\dot{\varepsilon}_{vol} = \dfrac{C_{\alpha\varepsilon}}{\ln(10)}\dfrac{1}{t};\ \dot{\varepsilon}_{dev} = A\exp(\alpha q)\left(\dfrac{t_{ref}}{t}\right)^m - \dfrac{\dot{\varepsilon}_{vol}^v}{3}$ | Kavazanjian 和 Mitchell(1977) | 三维应力空间下 |
| | $\dfrac{\dot{\varepsilon}_{vol}}{\dot{\varepsilon}_{dev}} = f(\sigma_{ij}');\ \dot{\varepsilon}_{dev} = Ag(\sigma_{ij}')\left(\dfrac{t_{ref}}{t}\right)^m$ | Tavenas 等(1978) | |

注:$C_{\alpha\varepsilon}$ 是次固结系数,$C_{c\varepsilon}$ 是压缩系数,$m$、$A$ 和 $\alpha$ 是土体的固有参数,$t$ 是时间,$q$ 是剪应力,$\sigma_{ij}'$ 是有效应力。

在一维压缩情况下,半对数模型可以很好地描述蠕变引起的竖向应变发展规律。根据预测变形曲线在半对数空间内的斜率,可以将半对数模型划分为三个类型:恒定斜率模型、应力依赖性模型、时间依赖性模型(图 2-23)。恒定斜率模型是最简单的模型,它假定次固结系数 $C_{\alpha\varepsilon}$ 是一个常数。由图 2-1 可知,恒定斜率模型只能够表述正常固结土的次固结现象。事实上,当应力小于初始固结压力时,次固结系数随着压力的增大而增大,并在应力等于初始固结应力时达到最大值(图 2-1)。因此,应力依赖性模型[图 2-23(b)]假定次固结系数与压缩系数有关,并且对某一种特定的土体,二者的比值是一个定值(Mesri 和 Godlewski,1977;Laloui 等,2008)。但是,在时间 $t$ 无限大时,上述两种模型均预测一个无穷大的蠕变变形,这与实际不符。为了克服这个缺点,一些学者提出了时间依赖性模型[图 2-23(c)],

它假定次固结系数随着时间的变化而发生变化。对于某一特定的外界荷载,时间依赖性模型还假定土体存在一个变形极限阈值,这与最终稳定状态的假定相一致。因此,在时间较大时,次固结系数将变得很小,进而很好地预测了长期沉降的发展趋势。

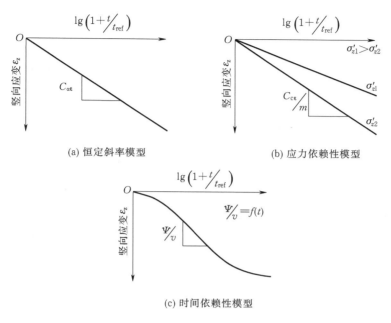

(a) 恒定斜率模型　　　　　(b) 应力依赖性模型

(c) 时间依赖性模型

图 2-23　半对数经验性模型

在三维剪切情况下,常采用应变速率模型预测蠕变变形,其预测结果依赖于 $m$ 值的大小(图 2-24)。当 $m>1$ 时,轴向应变速率快速减小并且存在极限应变阈值;当 $m=1$ 时,轴向应变与 $\lg(t)$ 呈线性关系;当 $m<1$ 时,蠕变曲线在半对数空间内呈上凸曲线。该模型的缺点是 $m$ 值可能随着外力和排水条件的变化而变化。

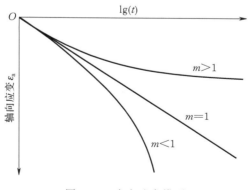

图 2-24　应变速率模型

体应变和剪应变可以用来描述三维应力空间下的蠕变特征。它们二者的发展规律可以假定是独立的(Kavazanjian 和 Mitchell,1977)或者相关的(Tevenas 等,1978)。当确定了体应变和剪应变随时间的发展规律后,就可以构建三维空间下的粘性模型,并用来模拟和解决复杂边界条件下的工程问题。然而,已有的该类模型(表 2-2 中综合模型)还需要更多的试验数据进行验证。尤其是体应变和剪应变相互依赖的模型,体应变和剪应变的相互关系很难被确定。

经验性本构模型的最大优点是模型参数可以很容易地从相对应的室内试验中获得。当实际问题的边界条件与室内试验相同或者相近时,采用经验性模型进行分析和预测工程的长期特性非常方便,且效果较好。然而,实际工程的边界条件往往比室内试验复杂得多,从而限制了上述经验性模型的应用。另外,表 2-2 中的公式都是基于短期的试验结果拟合得到的,用它们预测很长时间后的变形特征等可能会产生较大的误差。

当了解土体蠕变的特性后,可以依据对应性准则(Sheahan 和 Kaliakin,1999;Liingaard 等,2004)预测土体的应力松弛现象。例如,Lacerda 和 Houston(1973)依据表 2-2 中的应变速率模型推导出了经验性的应力松弛模型。

### 2.2.2 基于 Perzyna 超应力的本构模型

Perzyna 超应力理论假定应力状态可以位于静止屈服面以外。其中,静止屈服面是区分弹性区域和粘塑性区域的临界面(Perzyna,1966),如图 2-25 所示。当应力状态 A 位于静止屈服面以内时,其力学响应是弹性的;当应力状态 B 位于静止屈服面以外时,其力学响应是粘塑性的。静止屈服面的形式与经典弹塑性理论中的屈服面相一致。

Perzyna 超应力理论假定总应变 $\varepsilon_{ij}$ 可以分为弹性应变 $\varepsilon_{ij}^e$ 和粘塑性应变 $\varepsilon_{ij}^{vp}$,将它们写成速率的形式,如式(2-6)所示,

$$\dot{\varepsilon}_{ij} = \dot{\varepsilon}_{ij}^e + \dot{\varepsilon}_{ij}^{vp} \tag{2-6}$$

式中,上标"."表示对时间的导数。弹性应变速率采用经典的弹性理论进行计算,粘塑性应变速率采用式(2-7)计算,

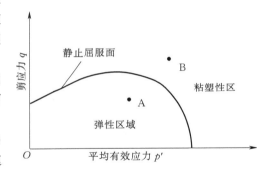

图 2-25 Perzyna 超应力理论的概念图

$$\dot{\varepsilon}_{ij}^{vp} = \gamma \langle \phi(F) \rangle \frac{\partial g}{\partial \sigma'_{ij}} \qquad [2\text{-}7(a)]$$

$$\langle \phi(F) \rangle = \begin{cases} 0, & \phi(F) \leqslant 0 \\ \phi(F), & \phi(F) > 0 \end{cases} \qquad [2\text{-}7(b)]$$

式中　$\gamma$——流动性参数;

　　$g$——粘塑性势函数;

　　$F$——超应力指数,$F$ 的大小依赖于应力状态与静止屈服面的关系,当应力状态位于静止屈服面以外、静止屈服面上和静止屈服面以内时,$F$ 的值分别大于、等于和小于 0;

　　$\phi(F)$——超应力函数,它决定了粘塑性变形的大小。

$F$ 的定义方式有两种:一种是利用动态屈服面的概念,将静止屈服函数的函数值作为 $F$ 值;另一种是利用投影方法将应力状态投射到静止屈服面上,$F$ 值为真实应力状态与其在静止屈服面上投影状态之间的距离。第一种方法应用简单也便于实现,但是它的模型响

应依赖于静止屈服面的形状。比如,当采用剑桥模型的屈服面时,会超估在剪切情况下的体积应变(Hinchberger 和 Rowe,2005)。投影方法可以较好地避免这种缺陷,但是由于其引进投影函数,会导致模型的数学计算较为复杂,不便于数学实现。

常用的超应力函数也有两种,一种是幂函数(Shahrour 和 Meimon,1995;Hinchberger 和 Rowe,2005;Yin 等,2010a),另一种是指数函数(Adachi 和 Okano,1974;Adachi 和 Oka,1982;Fodil 等,1997)。Yin 等(2010b)评估了两种不同超应力函数的预测效果,总结常用的超应力函数及其优缺点如表 2-3 所示。显然,$\phi(F)$ 的形式对模型的预测结果影响很大。一般来讲,直接采用静止屈服面的函数值构造的超应力函数,不能较好地模拟粘塑性阶段和弹性阶段之间的平滑过渡(表 2-3 中序号 1 和 2)。但当对数学表达式进行适当的优化调整后,其可以较好地反映多种粘塑性特征(表 2-3 中序号 3 和 4)。

**表 2-3　常用的超应力函数及其优缺点**

| 序号 | 超应力函数 | 参考文献 | 优缺点 |
|---|---|---|---|
| 1 | $\exp[N(F_d-F_s)]$ | Adachi 和 Oka (1982) | 能够很好地模拟应变速率对土体剪切强度和固结压力的影响。但是,在应变速率变为 0 时存在速率突变,与粘土的性质不符。并且,在用有限元分析复杂边界问题时,可能会导致变形的不连续性 |
| 2 | $\left(\dfrac{F_d}{F_s}\right)^N$ | Rowe 和 Hinchberger(1998) | |
| 3 | $\exp\left[N\left(\dfrac{F_d}{F_s}-1\right)-1\right]$ | Fodil 等(1997) | 能够很好地模拟应变速率对土体剪切强度和固结压力的影响,并且能较好地模拟从粘塑性阶段向弹性阶段的平滑过渡 |
| 4 | $\left(\dfrac{F_d}{F_s}\right)^N-1$ | Hinchberger 和 Rowe(2005) | |
| 5 | $\left(\dfrac{F_d}{F_s}-1\right)^N$ | Shahrour 和 Meimon (1995) | 能够预测应变速率逐渐变为 0 的趋势,但是低估了蠕变变形。在描述土体剪切强度和固结压力随应变速率变化的趋势方面存在误差 |

如果岩土体的初始应力状态位于静止屈服面上或以内时,基于 Perzyna 超应力理论的模型并不能够预测出蠕变变形,因为此时的超应力指数 $F$ 小于或等于 0。但当初始应力状态位于静止屈服面以外时,$F$ 大于 0,模型能够预测蠕变的发展趋势。如果静止屈服面不随粘塑性变形的积累而硬化,应力状态与静止屈服面之间的距离就保持不变,即 $F$ 保持为定值。依据式(2-6)可知,粘塑性应变速率在蠕变过程中保持不变。如果静止屈服面随着粘塑性变形的积累而不断扩展(硬化),应力状态与静止屈服面之间的距离就不断减小,即 $F$ 逐渐减小,蠕变过程中的粘塑性应变速率也随时间不断减小。当静止屈服面通过应力状态时,$F$ 减小为 0,粘塑性应变速率也变为 0,蠕变停止。另外,静止屈服面以外的卸载过程中也会产生粘塑性变形(Heeres 等,2002)。由于 $F$ 值在蠕变过程中保持为定值或者不断减小,基于 Perzyna 超应力理论的模型不能模拟蠕变的第三阶段(蠕变破坏)。Adachi 等(1996)指出流动性参数 $\gamma$ 依赖于应力比($M-q/p'$),并且提出了指数公式来描述这种关系。在这种修正下,当应力状态接近 CSL 时,应变速率开始增大,从而模拟了不排水蠕变过程中的破坏过程。此外,Yin 等(2010a)发现,如果在 Perzyna 超应力模型中引入土体结构的影响,蠕变

破坏也能够被模拟。

Perzyna 超应力模型能够模拟初始应力状态在静止屈服面以外的应力松弛过程。在应力松弛过程中,总应变保持不变,意味着总应变速率为 0。由于粘塑性应变速率大于 0,则弹性应变速率必须小于 0。也就是说弹性应变必须要减小以抵消粘塑性应变的增加。根据弹性理论可知,随着弹性应变的减小,有效应力也逐渐减小。同时,静止屈服面随着粘塑性应变的积累不断向外扩张。在某一时刻,应力状态会与静止屈服面相交,这时 $F$ 变为 0,应力松弛现象结束。Perzyna 超应力模型不能够模拟初始应力状态在静止屈服面上或以内的应力松弛过程,因为此时的 $F$ 小于或等于 0。

尽管 Perzyna 超应力模型能够模拟很多粘塑性特征,但是它也有以下缺点。首先,模型的响应只依赖于当前的应力状态,与应力历史无关,因为粘塑性应变由式(2-6)显示定义(Karim 和 Gnanendran,2014)。其次,静止屈服面的位置以及其参数很难被确定。理论上,静止屈服面所对应粘塑性应变速率为 0,也就是说其参数必须在很低的应变速率加载情况下获得(Hinchberger 和 Rowe,2005),目前的实验室条件还不满足上述要求。最后,Perzyna 超应力模型不满足加载连续性准则,因为其允许应力状态在屈服面以外。Perzyna 超应力模型的预测结果与超应力指数 $F$ 的定义和超应力函数的形式有着密切关系,而它们往往随着土体类型的改变而发生变化。

### 2.2.3 基于非稳定屈服面理论的本构模型

非稳定屈服面(NSFS)理论是经典弹塑性理论的拓展,它假定屈服面可以随时间发生移动(Naghdi 和 Murch,1963;Olszak 和 Perzyna,1966,1970;Sekiguchi,1977,1984)。因此,NSFS 理论下的屈服函数如式(2-8)所示,

$$f(\sigma'_{ij},\alpha_m,\beta_n,t)=0 \tag{2-8}$$

式中　$\alpha_m$——非硬化参数的向量;

　　$\beta_n$——与时间无关的硬化因子向量;

　　$t$——时间。

由式(2-8)可知,当 $\beta_n$ 固定时,屈服函数随着时间的变化而变化。如果仅考虑粘塑性应变这一与时间无关的硬化因子,式(2-8)变为

$$f(\sigma'_{ij},\alpha_m,\varepsilon^{vp}_{ij},t)=0 \tag{2-9}$$

NSFS 理论同样假定总应变可以分为弹性应变和粘塑性应变,如式(2-10)所示。其中,弹性应变增量 $\Delta\varepsilon^e_{ij}$ 依据弹性理论计算,

$$\Delta\varepsilon^e_{ij}=D^{-1}_{ijkl}\Delta\sigma'_{kl} \tag{2-10}$$

式中　$D_{ijkl}$——弹性四阶张量;

　　$\Delta\sigma'_{kl}$——有效应力增量。

粘塑性应变采用式(2-11)计算,

$$\Delta\varepsilon^{vp}_{ij}=\lambda\frac{\partial g}{\partial\sigma'_{ij}} \tag{2-11}$$

式中,$\lambda$ 是非负的粘塑性乘子,可以通过解连续性方程获得(Prager,1949),

$$\Delta f=\frac{\partial f}{\partial\sigma'_{ij}}\Delta\sigma'_{ij}+\frac{\partial f}{\partial\varepsilon^{vp}_{ij}}\Delta\varepsilon^{vp}_{ij}+\frac{\partial f}{\partial t}\Delta t=0 \tag{2-12}$$

将式(2-9)、式(2-10)和式(2-11)代人(2-12)中,可得到 $\lambda$ 的解,

$$\lambda = -\frac{\dfrac{\partial f}{\partial \sigma'_{ij}}\Delta\sigma'_{ij} + \dfrac{\partial f}{\partial t}\Delta t}{\dfrac{\partial f}{\partial \varepsilon^{vp}_{ij}}\dfrac{\partial g}{\partial \sigma'_{ij}}} \quad \text{(应力加载路径)} \qquad [\text{2-13(a)}]$$

$$\lambda = -\frac{\dfrac{\partial f}{\partial \sigma'_{ij}}D_{ijkl}\Delta\varepsilon_{kl} + \dfrac{\partial f}{\partial t}\Delta t}{\dfrac{\partial f}{\partial \varepsilon^{vp}_{ij}}\dfrac{\partial g}{\partial \sigma'_{ij}} - \dfrac{\partial f}{\partial \sigma'_{ij}}D_{ijkl}\dfrac{\partial g}{\partial \sigma'_{kl}}} \quad \text{(应变加载路经)} \qquad [\text{2-13(b)}]$$

与经典的弹塑性乘子相比,式(2-13)中多了一项$(\partial f/\partial t)\Delta t$,这表明在恒定应力$(\Delta\sigma'_{ij}=0)$或者恒定应变$(\Delta\varepsilon_{ij}=0)$情况下,也可以发生粘塑性应变,分别对应蠕变和应力松弛现象。

依据式[2-13(a)]可知,NSFS 理论的加载准则为(Naghdi 和 Murch,1963),

$$f=0, \quad \frac{\partial f}{\partial \sigma'_{ij}}\Delta\sigma'_{ij} + \frac{\partial f}{\partial t}\Delta t > 0 \quad \text{(加载)} \qquad [\text{2-14(a)}]$$

$$f=0, \quad \frac{\partial f}{\partial \sigma'_{ij}}\Delta\sigma'_{ij} + \frac{\partial f}{\partial t}\Delta t = 0 \quad \text{(中性加载)} \qquad [\text{2-14(b)}]$$

$$f=0, \quad \frac{\partial f}{\partial \sigma'_{ij}}\Delta\sigma'_{ij} + \frac{\partial f}{\partial t}\Delta t < 0 \quad \text{(卸载)} \qquad [\text{2-14(c)}]$$

由式(2-14)可知,时间会影响加载准则,因此需要确定时间的大小,或者说需要确定时间的参考零点。这是很困难的,并且任何假定均有一定的局限性。另外,屈服面的数学表达式也可能随着时间参考零点的改变而发生变化。Wang 等(1997)用硬化因子速率取代式(2-9)中的时间 $t$,从而避免了定义时间零点的难题。

Liingaard 等(2004)以及 Karim 和 Gnanendran(2014)分别分析总结了 NSFS 理论在描述粘土粘塑性特征时的不足。他们的结论可以总结如下:

(1) NSFS 理论不能描述初始应力状态位于屈服面以内的蠕变和应力松弛现象。

(2) 未发现关于 NSFS 理论是否能够描述初始应力状态位于屈服面上的应力松弛现象的研究。理论上讲,它能够描述。

(3) NSFS 理论能够描述初始应力状态位于屈服面上的蠕变现象,但是需要附加特殊假定:一旦位于屈服面上的蠕变变形被激活,蠕变就会持续发生,即使应力状态位于新的屈服面以内。这个假定与加载连续性准则相悖。

(4) NSFS 理论能够描述一定范围内的应变速率效应。

由上述分析可知,NSFS 理论不能够很好地模拟粘土体的粘塑性特征,并且构建如式(2-9)所示的屈服面函数涉及时间零点的定义难题。所以,到目前为止,基于 NSFS 理论构建的本构模型还不是很多,如 Sekiguchi(1977,1984)等。但是,NSFS 理论满足连续性准则要求,从理论上讲具有优势。另外,Heeres 等(2002)分析对比了 Perzyna 超应力模型和 NSFS 理论模型的优缺点,认为 NSFS 理论模型具有较好的收敛性和数值优点。

## 2.2.4 基于元件模型的本构模型

元件模型常用于描述金属和液体的粘性特征,后被推广到模拟岩土体的粘塑性特征。常用的元件有三种:弹性弹簧元件、塑性滑块元件和粘壶元件(Feda,1992)。三种元件的理

想模型及特征如图 2-26 所示。线弹簧元件的弹性应力 $\sigma^e$ 与弹性应变 $\varepsilon^e$ 呈正比,比例系数为弹簧刚度 $E$。牛顿粘壶元件的应力 $\sigma^v$ 与粘性应变速率 $\dot{\varepsilon}_v$ 成比例关系,系数为粘度常数 $\eta$。理想塑性滑块假定,当应力小于或等于屈服应力 $\sigma_y$ 时,滑块被锁死没有位移发生;当应力大于屈服应力 $\sigma_y$ 时,滑块自由滑动。

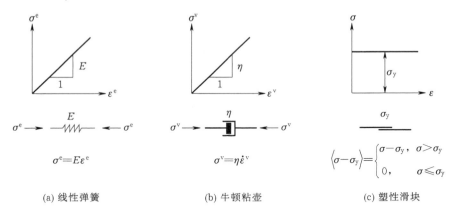

$$\sigma^e = E\varepsilon^e$$

$$\sigma^v = \eta\dot{\varepsilon}^v$$

$$\langle \sigma - \sigma_y \rangle = \begin{cases} \sigma - \sigma_y, & \sigma > \sigma_y \\ 0, & \sigma \leqslant \sigma_y \end{cases}$$

(a) 线性弹簧      (b) 牛顿粘壶      (c) 塑性滑块

图 2-26 三种理想元件的示意图

将上述三种元件通过串联或并联的形式组合起来,可以形成多种具有不同特征的粘塑性模型。比较常用的有 Maxwell 模型、Kelvin-Voigt 模型和 Binghan 模型。其中,Maxwell 模型由一个线弹簧元件与一个粘壶元件串联而成,Kelvin-Voigt 模型由一个线弹簧元件和一个粘壶元件并联而成(Feda,1992)。Bingham 模型是三元件模型,其模型示意如图 2-27 所示。

由图 2-27 可知,Bingham 模型可以分为两个部分。一部分是与时间无关的弹性部分,另一部分是与时间有关的粘塑性部分。由于弹性部分与粘塑性部分相串联,总的应变等于二者之和,如式(2-5)所示。其中,弹性变形可以采用胡克定律或其他弹性模型进行计算,粘塑性变形的大小依赖于外加荷载的大小。当荷载 $\sigma$ 小于塑性滑块的屈服应力 $\sigma_y$ 时,滑块被锁死,粘壶因与滑块并联也不能发生滑移,因此,此时无粘塑性变形发生。

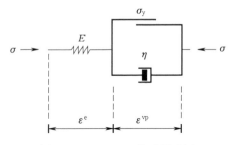

图 2-27 Bingham 模型示意图

当荷载 $\sigma$ 大于 $\sigma_y$ 时,滑块可以自由滑动,其变形受粘壶的粘性变形控制,变形大小取决于 $\langle \sigma - \sigma_y \rangle$ 的大小。因此,Bingham 模型的基本假定与第 2.2.2 节中 Perzyna 超应力理论的基本假定一致。

通过对三种基本元件采取不同的组合方式,许多学者还构建了其他多元件复合模型,如 Murayama 和 Shibata 模型(Murayama 和 Shibata,1958)、Komamura-Huang 模型(Komamura 和 Huang,1974)等。为了描述岩土体的非线性特征,学者们还提出了许多新的非线性元件,如非线性粘性元件(徐卫亚 等,2006;范庆忠 等,2007)等。

虽然基于元件组合的本构模型具有形式简单、便于理解的优点,但是它也有难以克服的缺点。首先,一种模型只能够较好地模拟一种粘性特征,而对其他粘性特征的预测能力有限。例如,Maxwell 模型能够很好地模拟应力松弛过程而不能较好地描述蠕变现象,而

Kelvin-Voigt 模型能够很好地模拟蠕变现象而缺乏模拟应力松弛的能力。其次,三种基本元件都是在一维条件下建立和验证的。虽然将其推广到三维应力空间下是可行的,但是其试验验证和实际应用都比较困难(Singh 和 Mitchell,1968)。

### 2.2.5　其他模型

综合边界面理论和 Perzyna 超应力理论,Kaliakin 和 Dafalias(1991)构建了一个弹-粘塑性模型,它可以模拟超固结状态下的土体粘塑性特征。为了避免定义参考时间零点,Yin 和 Graham(1989)提出了等效时间的概念,它可以用来描述正常固结和超固结状态下的土体粘塑性特征。他们同时定义了一条极限时间线,认为超过这条时间线后,土体的粘塑性将消失。

假定一切粘塑性特征都是由应力松弛现象引起的,Borja(1992)利用统一的应力-应变-时间函数(Borja 和 Kavazanjian,1985)构建了一个弹塑-粘性模型。该模型包含两个硬化因子:一个是塑性应变,另一个是由时间引起的准固结效应。该模型能够模拟正常固结和超固结状态下的粘塑性特征。

基于热动力学理论,Puzrin 和 Houlsby(2001)提出了一个描述应变速率效应的模型。该模型共有三个势函数,分别是能量函数、表示能量消散的力势能函数和流动势能函数。Puzrin 和 Houlsby(2003)进一步拓展了该模型,用泛函取代了原有的中间变量。新的模型不仅能够很好地反映动力学的硬化效应,还能够模拟弹性阶段与粘塑性阶段的平滑过渡。不排水蠕变破坏也能够被模拟。

将土颗粒间的滑移考虑成一个粘性过程[图 2-21(d)],离散元模型也可以用来预测和模拟土体的粘塑性特征。Kuhn 和 Mitchell(1993)发现离散元模型能够模拟蠕变破坏现象;Kang 等(2012)认为离散元模型可以反映土体的密度和结构对土体粘塑性特征的影响。

Murad 等(2001)认为土体的粘塑性是由宏观孔隙与微观孔隙间的水势平衡引起的,并建立了一个水-力耦合的本构模型用于描述饱和土的粘塑性特征。由于要区分宏观孔隙和微观孔隙,并且要从微观结构上升为土体的宏观响应,必须采用特殊的数学方法,如均一化技术和格林函数等。

### 2.2.6　现有模型的利弊

对比前述各种现有模型并总结各粘塑性本构模型的优缺点列于表 2-4。

**表 2-4　粘塑性本构模型分类及其优缺点**

| 模型 | 基本假定 | 优点 | 缺陷 |
| --- | --- | --- | --- |
| 经验性本构模型 | 塑性变形和粘性变形相互独立;弹塑性变形采用经典的弹塑性理论计算,粘性变形采用经验性公式计算 | 经验公式得到了大量试验数据的验证,且模型参数能够较容易地从室内试验中获取;模型的计算效率较高,蠕变、应力松弛和速率效应能够用不同的经验公式进行描述 | 需要假定一个粘性变形开始时刻;经验公式成立的边界条件简单,限制了其应用范围;不存在一个可以描述各种粘塑性特征的经验公式。另外,室内试验的时间长度小于工程实际,由此也可能带来误差 |

| 模型 | 基本假定 | 优点 | 缺陷 |
|---|---|---|---|
| Perzyna 超应力模型 | 静止屈服面将应力空间划分为弹性部分和粘塑性部分;应力状态允许在静止屈服面以外,且粘塑性应变由式(2-6)显式定义 | Perzyna 超应力理论发展较为完善,并且可以用于将各种弹塑性模型拓展到弹-粘塑模型;借助于有限元,可以很好地模拟和预测复杂边界条件下的粘塑性特征 | 静止屈服面的定义较难,且其涉及的模型参数很难从实验室中准确获得;不满足连续性准则,存在理论缺陷;超应力函数随土体的类型发生变化;在模拟蠕变破坏时存在难度 |
| NSFS 理论模型 | 屈服面可以随时间不断移动,粘塑性应变由式(2-11)计算,且满足连续性准则 | 模型建立在三维应力空间下,借助于有限元,可以很好地模拟和预测复杂边界条件下的粘塑性特征。与 Perzyna 超应力模型比,其数值收敛性好 | NSFS 理论发展还不完善;Liigaard 等(2004)认为 NSFS 理论不能够描述超固结状态下的应力松弛和蠕变现象,且模拟蠕变时需要特殊的假定 |
| 基于元件模型的本构模型 | 模型有一个或多个基本元件(弹簧、滑块和粘壶)通过串、并联的方式构成 | 模型简单、直观,很好地解释了一维应力情况下的各种粘塑性特征 | 一种模型只能较好地模拟一种粘性特征,而对其他粘性特征的预测能力有限;模型在三维应力空间下的验证和推广有难度 |

## 2.3 非稳定屈服面理论的拓展与验证

本节的研究目标是进一步完善当前的非稳定屈服面(NSFS)理论,使其更适合于描述软粘土(软岩)的粘塑性特征。首先,基于应力松弛和蠕变现象分析了时间对岩土体力学性质的具体影响,认为时间具有软化效应。其次,为了避免定义时间参考零点,构建了基于应变速率效应的非稳定屈服面理论。最后,通过总结长期蠕变变形的极限值、应力松弛的最终平衡应力以及应变速率效应的极限阈值,提出了岩土体的最终稳定状态概念,并基于该概念简化了 NSFS 理论的加载准则。

### 2.3.1 时间的软化效应

图 2-28(a)是应力松弛试验中的应力-时间曲线和应变-时间曲线。在初始时刻 $t_0$,试样所处的应力状态如图中 $P$ 点所示。随后,试样的总应变保持不变,应力松弛现象开始发生。随着时间的迁移,有效应力逐渐减小,在 $t_1$ 时刻减小到 $Q$ 点。根据式(2-10)可知,弹性应变也随之逐渐减小。因为总变保持不变,粘塑性应变必须随时间不断增加用来抵消弹性应变的减小。

图 2-28(b)描述了上述应力松弛过程的应力路径。由于有效应力的减小,屈服面从初始位置收缩到通过应力状态 $Q$ 点的位置($PQ$)。屈服面的移动依赖于两个因素:粘塑性变形和时间。由图 2-28(a)可知,在应力松弛过程中,粘塑性变形不断积累($\|\Delta\varepsilon_{ij}^{\mathrm{vp}}\|$)。如果不考虑时间对屈服面的影响,屈服面将扩大到图 2-28(b)中的虚线位置。但是,最终的屈服面必须经过应力状态 $Q$ 点。所以,是时间效应使屈服面从图 2-28(b)中的虚线位置收缩到最终通过 $Q$ 点的实线位置。即时间能够使屈服面收缩,表现为时间软化效应。

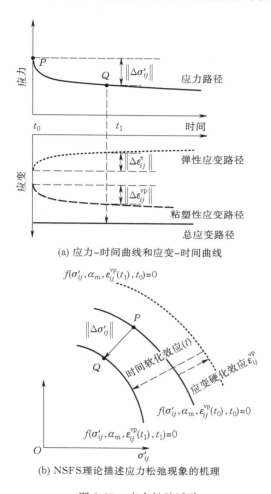

(a) 应力–时间曲线和应变–时间曲线

$f(\sigma'_{ij}, \alpha_{\mathrm{m}}, \varepsilon_{ij}^{\mathrm{vp}}(t_1), t_0)=0$

$\|\Delta\sigma'_{ij}\|$

时间软化效应$(t)$

应变硬化效应$\varepsilon_{ij}^{\mathrm{vp}}$

$f(\sigma'_{ij}, \alpha_{\mathrm{m}}, \varepsilon_{ij}^{\mathrm{vp}}(t_0), t_0)=0$

$f(\sigma'_{ij}, \alpha_{\mathrm{m}}, \varepsilon_{ij}^{\mathrm{vp}}(t_1), t_1)=0$

(b) NSFS理论描述应力松弛现象的机理

图 2-28  应力松弛试验

在蠕变过程中,有效应力保持恒定不变,而总应变则随时间不断增加,如图 2-29(a)所示。由于有效应力保持不变,根据式(2-10)可知,弹性应变也不随时间发生变化。所以,总应变的增加全部是由于粘塑性应变的增加引起的。在 $t_1$ 时刻,粘塑性应变的增量是$\|\Delta\varepsilon_{ij}^{\mathrm{vp}}\|$。如果不考虑时间效应,屈服面将从图 2-29(b)中的实线位置扩展到虚线位置。但是,根据连续性准则,应力状态应该时刻在屈服面上。所以,又是时间效应使屈服面从图 2-29(b)中的虚线位置收缩到最终的实线位置。

综上所述,屈服面随着粘塑性应变的积累而不断硬化(扩张),随着时间的延长而不

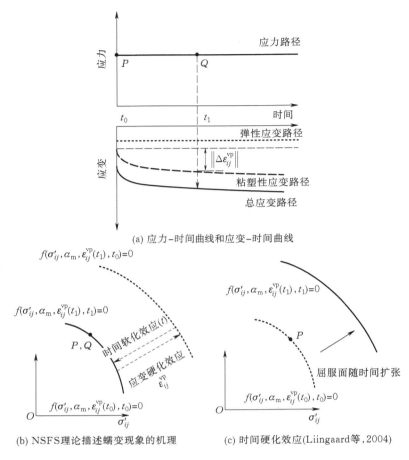

(a) 应力-时间曲线和应变-时间曲线

$f(\sigma'_{ij}, \alpha_m, \varepsilon_{ij}^{vp}(t_1), t_0) = 0$

$f(\sigma'_{ij}, \alpha_m, \varepsilon_{ij}^{vp}(t_1), t_1) = 0$

$P, Q$

时间软化效应($t$)

应变硬化效应 $\varepsilon_{ij}^{vp}$

$O$

$f(\sigma'_{ij}, \alpha_m, \varepsilon_{ij}^{vp}(t_0), t_0) = 0$

$\sigma'_{ij}$

(b) NSFS理论描述蠕变现象的机理

$f(\sigma'_{ij}, \alpha_m, \varepsilon_{ij}^{vp}(t_1), t_1) = 0$

$P$

屈服面随时间扩张

$f(\sigma'_{ij}, \alpha_m, \varepsilon_{ij}^{vp}(t_0), t_0) = 0$

$O$

$\sigma'_{ij}$

(c) 时间硬化效应(Liingaard等,2004)

图 2-29　蠕变试验

断软化(收缩)。因此,在 NSFS 理论中,时间具有软化效应。然而,在以前的研究中,时间效应往往被认为是硬化作用。其原因是将时间的软化作用和粘塑性应变的硬化作用笼统地考虑为时间的硬化作用。比如,Liingaard 等(2004)研究称:蠕变过程中,屈服面随着时间不断膨胀,初始应力状态 $P$ 在后续 $t_1$ 时刻时,会处于屈服面以内[图 2-29(c)]。由于这种时间硬化效应的误解,导致了本书第 2.2.3 节中 NSFS 理论描述岩土体粘塑性特征的缺陷。

## 2.3.2　基于应变速率效应的非稳定屈服面理论

如果要构造式(2-9)所示的非稳定屈服面函数,就必须设定一个时间参考零点,用来确定时间的大小。但是时间是相对的,选定的时间参考零点不一样,得到的时间大小也不一样,进而构造出来的屈服函数也不同,因此造成了式(2-9)很难被显式表达。为了避免该难题,本节从应变速率的角度构建了非稳定屈服面函数。

图 2-30(a)是一维压缩情况下的土体压缩曲线。不同加载时间下的压缩曲线是相互平行的,初始屈服应力 $\sigma'_y$ 与加载时间 $t$ 有关。加载时间越长,初始屈服应力越小。这再次说明了时间对屈服面具有软化效应。虽然根据图 2-30(a)可以构建式(2-9)的显式表达式,但是

目前对于加载时间 $t$ 的定义还存在争议。比如,Mesri 和 Choi(1985)发现主固结结束时的压缩曲线具有唯一性,因此他们认为应该将主固结结束时刻作为加载时间的计算零点。Yin 和 Graham(1999)提出了等效时间的概念来计算加载时间。

为了避免这种争议,体积应变速率也可以用来区分一维情况下的压缩曲线,如图 2-30(b)所示。Leroueil 等(1985)分析总结了四种不同的固结试验结果,提出了"唯一的应力-应变-应变速率"的概念,并在后续得到了很多学者的认可和论证,比如,Kabbaj 等(1988),Edil 等(1994)和 Hanson 等(2001)。"唯一的应力-应变-应变速率"概念假定任何一个应力状态可以由有效应力、应变和应变速率唯一地描述。有效应力、应变和应变速率三者的关系满足式(2-15)和式(2-16),

$$\sigma_v' = \sigma_y' g(\varepsilon_v) \tag{2-15}$$

$$\sigma_y' = f(\dot{\varepsilon}_{vol}) \tag{2-16}$$

式中　$\sigma_v'$——竖向有效应力;

　　　$\varepsilon_v$——竖向应变;

　　　$\dot{\varepsilon}_{vol}$——体应变速率。

式(2-15)和式(2-16)可以描述图 2-30(b)所示的任何一条有效应力-应变-应变速率曲线。在不同体应变速率下的压缩曲线是相互平行的,如果将它们对各自的屈服应力做归一化运算,它们将变成同一条压缩曲线,且可以用式(2-15)描述。屈服应力随着体积应变速率的增大而增大[图 2-30(c)],且可以用唯一的公式[式(2-16)]描述。试验结果表明次固结过程中的应力-应变-应变速率关系也遵循"唯一的应力-应变-应变速率"概念。这表明,应变速率效应也可以用来描述土体的蠕变现象(De Gennaro 和 Pereira,2013)。另外,"唯一的应力-应变-应变速率"概念在三维应力空间下也成立,如图 2-30(d)所示,不同应力路径加载下(ABC,EFG)的屈服平均有效应力随体积应变速率的变化规律相同。

为了描述应力松弛现象,Kabbaj 等(1986)将"唯一的应力-应变-应变速率"概念修改为"唯一的应力-应变-粘塑性应变速率"。Laloui 等(2008)进一步论证了用粘塑性应变速率取代应变速率的可能性。因此,式(2-16)可以改写为,

$$\sigma_y' = f(\dot{\varepsilon}_{vol}^{vp}) \tag{2-17}$$

综上所述,"唯一的应力-应变-粘塑性应变速率"概念不仅可以描述岩土体的应变速率效应,还可以反映土体的蠕变和应力松弛现象。所以,NSFS 理论中的时间效应完全可以用粘塑性应变速率效应来替代。故式(2-9)可以改写为,

$$f(\sigma_{ij}', \alpha_m, \varepsilon_{ij}^{vp}, \dot{\varepsilon}_{vol}^{vp}) = 0 \tag{2-18}$$

依据式(2-14),用粘塑性应变速率取代时间,可以得到基于应变速率效应的 NSFS 理论的加载准则,如式(2-19)所示,

$$f = 0, \quad \frac{\partial f}{\partial \sigma_{ij}'} \Delta \sigma_{ij}' + \frac{\partial f}{\partial \dot{\varepsilon}_{vol}^{vp}} \Delta \dot{\varepsilon}_{vol}^{vp} > 0 \quad (加载) \tag{2-19(a)}$$

$$f = 0, \quad \frac{\partial f}{\partial \sigma_{ij}'} \Delta \sigma_{ij}' + \frac{\partial f}{\partial \dot{\varepsilon}_{vol}^{vp}} \Delta \dot{\varepsilon}_{vol}^{vp} = 0 \quad (中性加载) \tag{2-19(b)}$$

$$f = 0, \quad \frac{\partial f}{\partial \sigma_{ij}'} \Delta \sigma_{ij}' + \frac{\partial f}{\partial \dot{\varepsilon}_{vol}^{vp}} \Delta \dot{\varepsilon}_{vol}^{vp} < 0 \quad (卸载) \tag{2-19(c)}$$

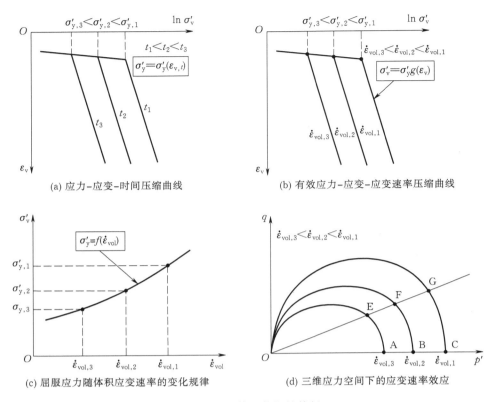

(a) 应力-应变-时间压缩曲线　　　　(b) 有效应力-应变-应变速率压缩曲线

(c) 屈服应力随体积应变速率的变化规律　　(d) 三维应力空间下的应变速率效应

图 2-30　土体的粘塑性特征

### 2.3.3　最终稳定状态的界定

由式(2-19)可知,加载准则依赖于粘塑性应变速率的发展趋势。为了判断加载状态,必须计算$(\partial f / \partial \dot{\varepsilon}_{vol}^{vp})\Delta \dot{\varepsilon}_{vol}^{vp}$的值。为此,本书定义了岩土体的最终稳定状态(FSS)。前文的论述已经采用 FSS 概念解释说明了很多试验现象,因此,本节首先重点论述为什么土体存在最终稳定状态,以及其存在的证据。然后,基于 FSS,对 NSFS 理论的加载准则进行简化。

软粘土是典型的多孔介质,其压缩主要是由土颗粒间的孔隙压缩引起的,因为土颗粒一般被假定为不可压缩。在一定外界荷载作用下,软粘土会达到最密实的状态,在该状态时,其孔隙被压缩到最小值。这个最密实的状态一般在几年或几十年后达到,并且与外界荷载的大小、土体的初始状态、应力加载路径和应力历史无关(Mitchell,1956;Bjerrum,1967;Yin,1999;Freitas 等,2011)。考虑到延迟变形(蠕变变形)是不可恢复的,最密实状态时的粘塑性变形将达到最大值,并且不再增加。换句话说,最密实状态时的粘塑性应变速率为0。否则,应变将继续增加,土体进一步被压缩。所以,这个最密实状态被定义为土体的最终稳定状态。

应力松弛试验的结果也说明了土体最终稳定状态的存在(Vialov 和 Skibitsky,1961;Silvestri 等,1988;Sheahan 等,1994)。比如,Sheahan 等(1994)对重塑的波士顿粘土进行了三轴不排水应力松弛试验,发现无论试样的应力历史如何,无论试样在应力松弛前的加载情况如何,应力松弛结束后,试样所受应力均达到一个稳定的平衡状态,如图 2-12(b)所示。应力松弛的最终平衡状态表明了粘塑性变形的结束。这就是说,试样在应力松弛试验结束时达到了最终稳定状态。应力松弛结束时的应力位于 FSS 对应的屈服面上。

岩土体的应变速率效应存在一个极限应变速率阈值。当应变速率低于这个阈值时,岩土体不再具有应变速率效应,如图 2-15(b)和图 2-17(b)所示。当岩土体不具有应变速率效应时,其力学性质与时间无关,粘性特征消失。因此,极限应变速率阈值可以作为判断岩土体是否进入最终稳定状态的指标。但是,试验结果所得到的极限应变速率阈值在 $1\times10^{-7}/\text{min}\sim1\times10^{-5}/\text{min}$ 之间,与理论上要求的粘塑性应变速率为 0 不符。其原因主要有以下两点:① 试验中计算的应变速率包括弹性应变速率和粘塑性应变速率;② 目前的试验测试技术还不能够测量太小应变速率范围内的力学性质变化。

最终稳定状态与 Perzyna 超应力理论中的静止平衡状态(Perzyna,1966;Adachi 和 Okano,1974;Adachi 和 Oka,1982)相类似,但又有所不同。Perzyna(1966)首次提出了静止平衡状态,后被 Adachi 和 Oka(1982)进一步发展和完善。静止平衡状态定义为偏应变和体应变的应变速率均为 0 的状态,其定义包含弹性应变部分。而最终稳定状态只要求粘塑性应变速率为 0。当应力状态位于屈服面以内时,加载只产生弹性变形。此时的弹性应变速率不为 0,而粘塑性应变速率为 0。故此时的状态是最终稳定状态,而不是静止平衡状态。因为两种状态均是用来区分弹性变形和粘塑性变形的,所以最终稳定状态的定义更严格、准确。

最终稳定状态在基于应变速率效应的 NSFS 理论框架下,可以表示为,

$$f(\sigma'_{ij},\alpha_{\mathrm{m}},\varepsilon^{\mathrm{vp}}_{ij},\dot{\varepsilon}^{\mathrm{vp}}_{\mathrm{thr}})\leqslant0 \tag{2-20}$$

式中,$\dot{\varepsilon}^{\mathrm{vp}}_{\mathrm{thr}}$ 为粘塑性应变速率阈值,其理想理论值为 0,但试验结果表明软粘土的粘塑性应变速率阈值常在 $1\times10^{-9}/\text{min}\sim1\times10^{-5}/\text{min}$ 之间。$\dot{\varepsilon}^{\mathrm{vp}}_{\mathrm{thr}}$ 的大小与土体的结构构造、应力历史和胶结情况有关。

考虑最终稳定状态,式(2-19)所示的加载准则可以简化为,

$$f(\sigma'_{ij},\alpha_{\mathrm{m}},\varepsilon^{\mathrm{vp}}_{ij},\dot{\varepsilon}^{\mathrm{vp}}_{\mathrm{thr}})>0 \quad (加载) \tag{2-21(a)}$$

$$f(\sigma'_{ij},\alpha_{\mathrm{m}},\varepsilon^{\mathrm{vp}}_{ij},\dot{\varepsilon}^{\mathrm{vp}}_{\mathrm{thr}})=0,\quad \frac{\partial f}{\partial \sigma'_{ij}}\Delta\sigma'_{ij}>0 \quad (加载) \tag{2-21(b)}$$

$$f(\sigma'_{ij},\alpha_{\mathrm{m}},\varepsilon^{\mathrm{vp}}_{ij},\dot{\varepsilon}^{\mathrm{vp}}_{\mathrm{thr}})=0,\quad \frac{\partial f}{\partial \sigma'_{ij}}\Delta\sigma'_{ij}=0 \quad (中性加载) \tag{2-21(c)}$$

$$f(\sigma'_{ij},\alpha_{\mathrm{m}},\varepsilon^{\mathrm{vp}}_{ij},\dot{\varepsilon}^{\mathrm{vp}}_{\mathrm{thr}})=0,\quad \frac{\partial f}{\partial \sigma'_{ij}}\Delta\sigma'_{ij}<0 \quad (卸载) \tag{2-21(d)}$$

当岩土体未达到最终稳定状态时,它的应力状态或变形随时间不断变化,表明了粘塑性变形的发生[式 2-21(a)]。当岩土体的粘塑性应变速率与 $\dot{\varepsilon}^{\mathrm{vp}}_{\mathrm{thr}}$ 相等时,其粘塑性特征消失,流动屈服加载面退化为经典的弹塑性加载面,加载准则依赖于 $(\partial f/\partial\sigma'_{ij})\Delta\sigma'_{ij}$ 的大小[式 2-21(b),式 2-21(c)和式 2-21(d)]。关于非稳定屈服面理论将在本书第 3 章中进行应用验证。

## 2.4 非等温状态下的非稳定屈服面理论

本节首先分析对比温度效应和应变速率效应对岩土体力学特性影响的相同点。其次,基于速率模型理论论证温度效应和应变速率效应可以采用统一的模型进行描述。最后,将等温条件下的非稳定屈服面理论拓展到非等温条件下。

### 2.4.1 温度效应与应变速率效应的统一

Leroueil 和 Soares Marques(1996)指出岩土体粘塑性的两个特征是应变速率效应和温度效应,并且二者必须同时考虑。因此,本节对比分析了温度效应和应变速率效应对岩土体力学性能的影响规律。为了方便起见,本节仅对比分析了各向等压条件的力学响应。

**1. 压缩曲线的相似性**

图 2-31 是非等温条件下和不同应变速率加载下的土体压缩曲线示意图。在恒温条件下,土体的屈服应力随着塑性应变速率的增大而增大[图 2-31(a)和(b)]。在屈服以后,不同应变速率下的压缩曲线相互平行,并且屈服应力随着应变的增大也不断增加。因此,任何一个应力状态均可以用平均有效应力、应变和塑性应变速率三者统一描述。另外,存在一个塑性应变速率阈值 $\dot{\varepsilon}_{\mathrm{vol,thr}}^{\mathrm{vp}}$,当塑性应变速率小于该值时,屈服应力不再随应变速率的变化而变化[图 2-31(b)]。

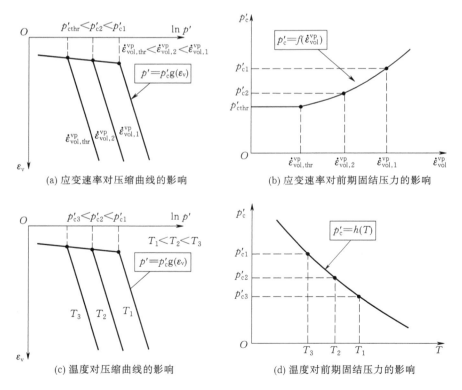

(a) 应变速率对压缩曲线的影响

(b) 应变速率对前期固结压力的影响

(c) 温度对压缩曲线的影响

(d) 温度对前期固结压力的影响

图 2-31 各向等压下的土体压缩曲线特征

在恒定加载速率的条件下,不同温度下的压缩曲线如图 2-31(c)所示。随着温度的升高,屈服应力不断减小[图 2-31(d)]。屈服后,不同温度下的压缩曲线相互平行,屈服应力随应变的积累而不断增大。上述讨论的温度范围仅限于 5～95℃。

因此,应变速率和温度对各向等压条件下的压缩特性的影响是相似的。初始屈服应力随着应变的增大和温度降低而不断增大。在屈服后,不同温度和不同应变速率下的压缩曲线是相互平行的。Boudali 等(1994)的一维压缩试验结果也证实了上述结论,如图 2-32 所示。其中,初始屈服应力是应变速率和温度的函数,并且在不同压缩曲线对初始屈服应力归一化后,不同温度和不同应变速率下的压缩曲线将变为一个统一的压缩曲线。因此,Leroueil 等(1985)提出的统一有效应力-应变-应变速率模型可以拓展至非等温条件下。Laloui 等(2008)统计分析了多种土体在不同温度和不同应变速率加载下的压缩特性,认为温度和应变速率随屈服应力的影响可以简单叠加,并提出了显式的经验公式。

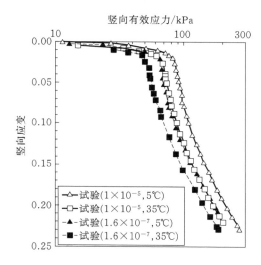

图 2-32　不同温度不同加载速率下的一维压缩曲线
(Boudali 等,1994)

### 2. 蠕变过程与热循环过程的相似性

土体的蠕变过程和热循环加载过程也具有很多的相似性,它们在两种加载路径下的力学响应如图 2-33 所示。在蠕变过程中,体积应变随着时间不断增加,而体积应变的应变速率却不断减小[图 2-33(a)中 BC 段]。当试样以原先的加载速率重新加载时,土体表现出超固结现象。它首先只发生弹性变形(CD 段),然后在一个较大屈服应力 $p'_{c2}$ 处屈服,随后的压缩曲线与 NCL 相互平行。屈服应力的增加是蠕变过程中积累的塑性变形引起的硬化导致的。

对于正常固结或 OCR 值较小的土体,排水条件下的热循环加载也能引起土体的塑性变形[图 2-33(b)中 BC 段]。并且,随着热循环次数的增加,每次热循环引起的不可逆变形逐渐减小。如果在热循环后对试样进行加载,且加载速率与热循环前的加载速率相同,土体也表现出超固结特性(CD 段)。屈服应力的增加是由热循环过程中的塑性变形引起的。Burghignoli 等(1992,2000)研究表明当蠕变变形为 0 时,热循环加载不能引起不可逆的变形。他们认为土骨架的粘塑性特性是土体热-力学特性的基础,为了更好地描述土体的热-

力学特性,必须同时考虑土体的粘塑性。Sultan(1997)发现在降温的过程中,土体的屈服应力还在进一步增加,这进一步表明了粘塑性机理与温度效应的关系。

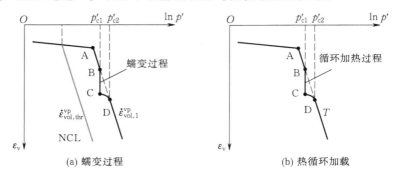

(a) 蠕变过程　　　　　　　　　　　(b) 热循环加载

图 2-33　各向等压条件下蠕变过程和热循环加载对土体压缩曲线的影响

综上所述,可以假定温度对土体的力学性能的影响是通过温度改变土体的粘塑性来实现的。也就是说可以用统一的理论框架来解释土体的热-力学特性和土体的粘塑性。根据第 2.3 节可知,土体的粘塑性特征可以用土体的应变速率效应来描述,而土体的热-力学特征与土体的应变速率效应又具有很多相似性(图 2-31),所以,土体的热-粘塑性特征可以通过非等温条件下的应变速率效应来描述。比如,图 2-32 的试验结果可以用两个公式进行描述。一个公式用来表示屈服应力 $p_c'$ 与应变速率 $\dot{\varepsilon}_v$ 和温度 $T$ 的关系,如下,

$$p_c' = f(\dot{\varepsilon}_v, T) \qquad\qquad (2\text{-}22)$$

另一个公式用来描述归一化的应力-应变曲线,

$$\sigma_v'/p_c'(\dot{\varepsilon}_v, T) = g(\varepsilon_v) \qquad\qquad (2\text{-}23)$$

式中　$\sigma_v'$——有效的竖向应力;

　　　$\varepsilon_v$——竖向应变。

## 2.4.2　基于速率模型的土体变形理论

前文从试验结果的角度论证了温度效应与应变速率效应可以采用统一的热-粘塑性理论框架进行解释,本节将从理论的角度进行说明。土体的变形可以用速率模型理论进行描述(Glasstone 等,1941;Keedwell,1984;Kuhn 和 Mitchell,1993;Mitchell 和 Soga,2005)。速率模型理论的基本假定是土体的变形是通过流体单元(原子,分子或土颗粒)的移动实现的。但是由于周边流体单元的约束,流体单元并不能自由移动。为了移动到下一个位置,流体单元必须获得足够多的能量来克服阻碍其移动的能量垒。获得能量的方式可以是外部施加荷载、升高温度或者施加其他势能。另外,流动单元并不是静止不动的,而是在其位置上自由振动,且振动的频率与温度有关。速率模型的概念示意如图 2-34(a)所示。在外界荷载的作用下,荷载作用方向上的能量垒会降低而其反方向的能量垒会增加[图 2-34(b)]。其原因是外界荷载改变了土体的结构以及土颗粒间的接触力,进而影响了能量垒的大小。因此,在荷载作用的方向上,流动单元发生流动的概率增加,能够实现流动的单元数量增多,进而产生了该方向上的变形。升高温度会破坏土颗粒间的连接从而降低能量垒,且使流动单元的振动频率增加[图 2-34(c)]。所以,流体单元移动的概率增加,能够实现流动的单元数

量增多,进而引起了变形。

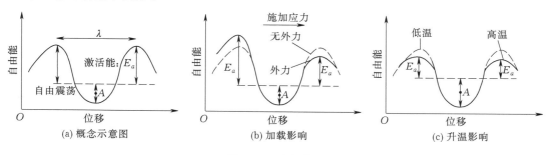

图 2-34   速率模型

为了描述上述现象,Mitchell 和 Soga(2005)基于热动力学提出了一个理论公式,如下,

$$\dot{\varepsilon} = 2X \frac{kT}{h} \exp\left(-\frac{E_a}{RT}\right) \sinh\left(\frac{F\lambda}{2kT}\right) \tag{2-24}$$

式中   $\dot{\varepsilon}$——应变速率;

   $X$——能够移动的流动单元比例;

   $k$——Boltzmann 常数;

   $h$——Planck 常数;

   $R$——理想气体常数;

   $T$——绝对温度;

   $\lambda$——两个流动单元间的距离;

   $F$——作用在流动单元上的应力。

由式(2-24)可知,在恒定温度下,要想获得较大的应变速率,必须施加较大的荷载。这解释了图 2-31(b)中屈服应力随应变速率增大而不断增大的趋势。如果土体的应变速率保持不变,在较高的温度下只需要施加较小的应力,这很好地解释了图 2-31(d)中屈服应力随温度增加而不断减小的趋势。因此,可以认为速率模型理论可以很好地解释土体的热-力学特征和土体的粘塑性特征,这也证明了土体的温度效应和应变速率效应可以采用一个统一的模型框架进行描述。但由于速率模型理论是建立在微观的角度上,只能很好地说明不同量值间的关系趋势,而很难应用到宏观上的试验数据模拟和预测中。

### 2.4.3   非稳定屈服面理论在非等温条件下的拓展

等温条件下的非稳定屈服面理论可以描述为,

$$f(\sigma'_{ij}, \alpha_m, \varepsilon^{vp}_{ij}, \dot{\varepsilon}^{vp}_{vol}) = 0 \tag{2-25}$$

式中   $\sigma'_{ij}$——有效应力;

   $\alpha_m$——非硬化参数的向量;

   $\varepsilon^{vp}_{ij}$——粘塑性应变;

   $\dot{\varepsilon}^{vp}_{vol}$——粘塑性体积应变速率。

土体的任何一个应力状态须由其有效应力、应变、塑性应变速率和温度四个变量唯一地描述。即式(2-25)仅是恒温条件下的一个特例,其一般情况下的表达式如下,

$$f(\sigma'_{ij}, \alpha_m, \varepsilon^{vp}_{ij}, \dot{\varepsilon}^{vp}_{vol}, T) = 0 \tag{2-26}$$

式中，$T$ 为温度。

土体的最终稳定状态可以描述为，

$$f(\sigma'_{ij},\alpha_{\mathrm{m}},\varepsilon^{\mathrm{vp}}_{ij},\dot{\varepsilon}^{\mathrm{vp}}_{\mathrm{thr}},T)\leqslant 0 \tag{2-27}$$

式中，$\dot{\varepsilon}^{\mathrm{vp}}_{\mathrm{thr}}$ 为应变速率阈值，其大小可能与温度有关，也可能与温度无关。本书假定其值与温度无关，但是该假定仍需要进一步的试验验证。

考虑式(2-27)界定的非等温条件下的最终稳定状态以及式(2-26)描述的非等温条件下的非稳定屈服面理论，式(2-21)所示的加载准则变为，

$$f(\sigma'_{ij},\alpha_{\mathrm{m}},\varepsilon^{\mathrm{vp}}_{ij},\dot{\varepsilon}^{\mathrm{vp}}_{\mathrm{thr}},T)>0 \quad (\text{加载}) \tag{2-28(a)}$$

$$f(\sigma'_{ij},\alpha_{\mathrm{m}},\varepsilon^{\mathrm{vp}}_{ij},\dot{\varepsilon}^{\mathrm{vp}}_{\mathrm{thr}},T)=0, \quad \frac{\partial f}{\partial \sigma'_{ij}}\Delta\sigma'_{ij}+\frac{\partial f}{\partial T}\Delta T>0 \quad (\text{加载}) \tag{2-28(b)}$$

$$f(\sigma'_{ij},\alpha_{\mathrm{m}},\varepsilon^{\mathrm{vp}}_{ij},\dot{\varepsilon}^{\mathrm{vp}}_{\mathrm{thr}},T)=0, \quad \frac{\partial f}{\partial \sigma'_{ij}}\Delta\sigma'_{ij}+\frac{\partial f}{\partial T}\Delta T=0 \quad (\text{中性加载}) \tag{2-28(c)}$$

$$f(\sigma'_{ij},\alpha_{\mathrm{m}},\varepsilon^{\mathrm{vp}}_{ij},\dot{\varepsilon}^{\mathrm{vp}}_{\mathrm{thr}},T)=0, \quad \frac{\partial f}{\partial \sigma'_{ij}}\Delta\sigma'_{ij}+\frac{\partial f}{\partial T}\Delta T<0 \quad (\text{卸载}) \tag{2-28(d)}$$

由式[2-28(a)]可知，温度变化可以引起最终稳定状态对应的屈服面移动，从而对应变速率产生影响。关于非等温条件下的非稳定屈服面理论将在本书第 4 章中进行应用验证。

# 3　软土的粘塑性本构模型 ACMEG-VP

基于应变速率的非稳定屈服面理论,以 ACMEG 模型(Francois,2008;Koliji 等,2010;Witteveen 等,2013)为基础,本章构建了全新的粘塑性本构模型 ACMEG-VP,并对其参数的选取办法、模型响应和模型验证进行了讨论,总结了本构模型 ACMEG-VP 的优缺点和适用范围。

## 3.1　基本假定

为了构建和描述本构模型 ACMEG-VP,本节采用了以下假定:

(1)模型采用平均有效应力 $p'$ 和剪应力 $q$ 作为基本的应力变量,它们对应的应变变量为体应变 $\varepsilon_{\mathrm{vol}}$ 和偏应变 $\varepsilon_{\mathrm{dev}}$。它们的定义如下,

$$p'=\frac{1}{3}\sigma'_{ii}, \quad q=\sqrt{\frac{3}{2}s_{ij}s_{ij}}, \quad s_{ij}=\sigma'_{ij}-p'\delta_{ij} \tag{3-1}$$

$$\varepsilon_{\mathrm{vol}}=\varepsilon_{ii}, \quad \varepsilon_{\mathrm{dev}}=\sqrt{\frac{2}{3}\left(\varepsilon_{ij}-\frac{\varepsilon_{\mathrm{vol}}}{3}\delta_{ij}\right)\left(\varepsilon_{ij}-\frac{\varepsilon_{\mathrm{vol}}}{3}\delta_{ij}\right)} \tag{3-2}$$

式中　$s_{ij}$——偏应力张量;

　　　$\varepsilon_{ij}$——应变张量;

　　　$\delta_{ij}$——Kronecher 张量。

(2)总应变分为弹性应变和粘塑性应变,且满足:$\dot{\varepsilon}_{ij}=\dot{\varepsilon}_{ij}^{\mathrm{e}}+\dot{\varepsilon}_{ij}^{\mathrm{vp}}$。

(3)弹性变形遵循非线性弹性准则(Hujeux,1985)。弹性体应变增量和偏应变增量采用下列公式计算,

$$\Delta\varepsilon_{\mathrm{vol}}^{\mathrm{e}}=\frac{\Delta p'}{K}, \quad \Delta\varepsilon_{\mathrm{dev}}^{\mathrm{e}}=\frac{\Delta q}{3G} \tag{3-3}$$

$$K=K_{\mathrm{ref}}\left(\frac{p'}{p'_{\mathrm{ref}}}\right)^{n}, \quad G=G_{\mathrm{ref}}\left(\frac{p'}{p'_{\mathrm{ref}}}\right)^{n} \tag{3-4}$$

式中　$K$——体积弹性模量;

　　　$G$——剪切弹性模量;

　　　$K_{\mathrm{ref}}$ 和 $G_{\mathrm{ref}}$——参考应力 $p'_{\mathrm{ref}}$ 下的体积和剪切弹性模量;

　　　$n$——材料参数,其值在 0~1 之间。

(4)模型满足连续性准则(Prager,1949)。

(5)岩土体存在最终稳定状态。

## 3.2 模型方程及算法

### 3.2.1 屈服面及流动准则

模型的屈服面采用 ACMEG 模型的屈服面,共包含两个屈服机理:一个等压屈服机理和一个偏应力屈服机理。原始的 ACMEG 模型采用了边界面理论用以模拟循环加载现象,但为了简便起见,本模型不考虑边界面理论的影响。因此,新模型的屈服面如下,

$$f_{iso} = p' - p'_c \tag{3-5}$$

$$f_{dev} = q - Mp'\left(1 - b\ln\frac{p'd}{p'_c}\right) \tag{3-6}$$

式中　$f_{iso}$——等压屈服函数;

　　　$f_{dev}$——偏应力屈服函数;

　　　$p'_c$——有效的固结压力;

　　　$M$——临界状态线的斜率,可以采用下式计算,

$$M = \frac{6\sin\varphi'}{3 - \sin\varphi'} \tag{3-7}$$

式中　$\varphi'$——土体的有效摩擦角;

　　　$b$ 和 $d$——材料参数,用于确定偏应力屈服面的形状和位移。$b$ 的值在 $0\sim1$ 之间,$d$ 的值在 $1\sim2.718$ 之间。$d$ 值代表着半对数坐标内临界状态线与正常压缩曲线之间的距离。$b$ 和 $d$ 对屈服面的影响如图 3-1 所示。

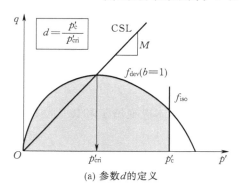
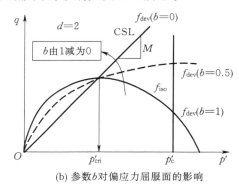

(a) 参数 $d$ 的定义　　　　　　　　　(b) 参数 $b$ 对偏应力屈服面的影响

图 3-1　$b$ 和 $d$ 对屈服面的影响

对于等压屈服机理,采用关联的流动准则;对于偏应力屈服机理,采用非关联的流动准则。

$$g_{iso} = p' - p'_c \tag{3-8(a)}$$

$$g_{dev} = q - \frac{\alpha}{\alpha-1}Mp'\left[1 - \frac{1}{\alpha}\left(\frac{p' \cdot d}{p'_c}\right)^{\alpha-1}\right] \tag{3-8(b)}$$

式中　$g_{iso}$——等压屈服的粘塑性势函数;

　　　$g_{dev}$——偏应力屈服的粘塑性势函数;

　　　$\alpha$——控制 $g_{dev}$ 形状的材料参数。

### 3.2.2 硬化准则

模型采用有效固结压力作为硬化中间变量，其随着粘塑性体应变和粘塑性体应变速率的改变而变化。因此，粘塑性体应变和粘塑性体应变速率为本模型的硬化因子。为描述有效固结压力、粘塑性体应变和粘塑性体应变速率之间的关系，本书采用了 Laloui 等（2008）提出的公式，如式（3-9）所示，

$$p'_c = p'_{c,\text{ref}} \left( \frac{\dot{\epsilon}^{\text{vp}}_{\text{vol}}}{\dot{\epsilon}^{\text{vp}}_{\text{vol,ref}}} \right)^{C_A} \qquad [3\text{-}9(a)]$$

$$p'_{c,\text{ref}} = p'_{c0,\text{ref}} \exp(\beta \epsilon^{\text{vp}}_{\text{vol}}) \qquad [3\text{-}9(b)]$$

式中 $p'_{c0,\text{ref}}$ 和 $p'_{c,\text{ref}}$——分别是在参考粘塑性体应变速率 $\dot{\epsilon}^{\text{vp}}_{\text{vol,ref}}$ 作用下，粘塑性体应变为 0 和 $\epsilon^{\text{vp}}_{\text{vol}}$ 的有效固结压力；

$p'_c$——粘塑性体应变速率 $\dot{\epsilon}^{\text{vp}}_{\text{vol}}$ 作用下，粘塑性体应变为 $\epsilon^{\text{vp}}_{\text{vol}}$ 的有效固结压力；

$\beta$——粘塑性刚度，它是（$\epsilon^{\text{vp}}_{\text{vol}} - \ln p'$）平面内临界状态线的斜率的倒数；

$C_A$——土体参数，软粘土的 $C_A$ 值常在 0.02～0.07 之间（Mesri 等，1995；Laloui 等，2008）。

由式（3-6）和式（3-9）可知，模型的屈服面大小依赖于粘塑性体应变 $\epsilon^{\text{vp}}_{\text{vol}}$ 和粘塑性体应变速率 $\dot{\epsilon}^{\text{vp}}_{\text{vol}}$ 的大小，并且随着 $\epsilon^{\text{vp}}_{\text{vol}}$ 或者 $\dot{\epsilon}^{\text{vp}}_{\text{vol}}$ 的增大，屈服面不断向外膨胀。模型屈服面的硬化准则如图 3-2 所示。

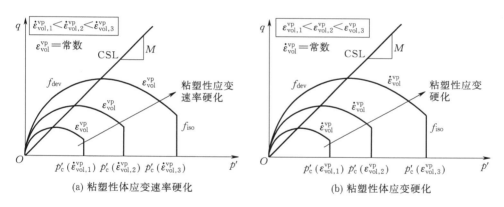

(a) 粘塑性体应变速率硬化     (b) 粘塑性体应变硬化

图 3-2 模型屈服面的硬化准则

### 3.2.3 数值算法

将粘塑性应变增量分解为粘塑性体应变增量 $\Delta\epsilon^{\text{vp}}_{\text{vol}}$ 和偏应变增量 $\Delta\epsilon^{\text{vp}}_{\text{dev}}$，如式（3-10）所示，

$$\Delta\epsilon^{\text{vp}}_{\text{vol}} = \Delta\epsilon^{\text{vp}}_{\text{vol,iso}} + \Delta\epsilon^{\text{vp}}_{\text{vol,dev}} = \lambda_{\text{iso}}\frac{\partial g_{\text{iso}}}{\partial p'} + \lambda_{\text{dev}}\frac{\partial g_{\text{dev}}}{\partial p'} = \lambda_{\text{iso}} + \lambda_{\text{dev}} \cdot \alpha\left(M - \frac{q}{p'}\right) \qquad [3\text{-}10(a)]$$

$$\Delta\epsilon^{\text{vp}}_{\text{dev}} = \Delta\epsilon^{\text{vp}}_{\text{dev,iso}} + \Delta\epsilon^{\text{vp}}_{\text{dev,dev}} = \lambda_{\text{iso}}\frac{\partial g_{\text{iso}}}{\partial q} + \lambda_{\text{dev}}\frac{\partial g_{\text{dev}}}{\partial q} = \lambda_{\text{dev}} \qquad [3\text{-}10(b)]$$

式中，$\lambda_{\text{iso}}$ 和 $\lambda_{\text{dev}}$ 分别为等压屈服和偏应力屈服的粘塑性乘子。当前加载步的粘塑性体应变

47

速率可以由式(3-11)计算,

$$\dot{\epsilon}_{\text{vol}}^{\text{vp}} = \frac{\Delta\epsilon_{\text{vol}}^{\text{vp}}}{\Delta t} \tag{3-11}$$

式中,$\Delta t$ 为当前加载步的时间增量。粘塑性体应变速率的改变量为,

$$\Delta\dot{\epsilon}_{\text{vol}}^{\text{vp}} = \dot{\epsilon}_{\text{vol}}^{\text{vp}} - \dot{\epsilon}_{\text{vol},l}^{\text{vp}} = \frac{\Delta\epsilon_{\text{vol}}^{\text{vp}}}{\Delta t} - \dot{\epsilon}_{\text{vol},l}^{\text{vp}} \tag{3-12}$$

式中,$\dot{\epsilon}_{\text{vol},l}^{\text{vp}}$ 为上一加载步结束时的粘塑性体应变速率。

将式(3-6)代入连续性方程中,可得,

$$\Delta f_{\text{iso}} = \frac{\partial f_{\text{iso}}}{\partial\sigma_{ij}'}\Delta\sigma_{ij}' + \frac{\partial f_{\text{iso}}}{\partial p_{\text{c}}'}\frac{\partial p_{\text{c}}'}{\partial\epsilon_{\text{vol}}^{\text{vp}}}\Delta\epsilon_{\text{vol}}^{\text{vp}} + \frac{\partial f_{\text{iso}}}{\partial p_{\text{c}}'}\frac{\partial p_{\text{c}}'}{\partial\dot{\epsilon}_{\text{vol}}^{\text{vp}}}\Delta\dot{\epsilon}_{\text{vol}}^{\text{vp}} = 0 \qquad [3\text{-}13(a)]$$

$$\Delta f_{\text{dev}} = \frac{\partial f_{\text{dev}}}{\partial\sigma_{ij}'}\Delta\sigma_{ij}' + \frac{\partial f_{\text{dev}}}{\partial p_{\text{c}}'}\frac{\partial p_{\text{c}}'}{\partial\epsilon_{\text{vol}}^{\text{vp}}}\Delta\epsilon_{\text{vol}}^{\text{vp}} + \frac{\partial f_{\text{dev}}}{\partial p_{\text{c}}'}\frac{\partial p_{\text{c}}'}{\partial\dot{\epsilon}_{\text{vol}}^{\text{vp}}}\Delta\dot{\epsilon}_{\text{vol}}^{\text{vp}} = 0 \qquad [3\text{-}13(b)]$$

将式(3-10)和式(3-12)代入式(3-13),可得,

$$\Delta f_i = \frac{\partial f_i}{\partial\sigma_{jk}'}\Delta\sigma_{jk}' - \left(H_{il} + \frac{h_{il}}{\Delta t}\right)\lambda_l - L_i = 0 \quad (i,l=1,2;j,k=1,2,3) \tag{3-14}$$

式中,

$$\Delta f_i = \begin{Bmatrix}\Delta f_{\text{iso}} \\ \Delta f_{\text{dev}}\end{Bmatrix}, \lambda_1 = \begin{Bmatrix}\lambda_{\text{iso}} \\ \lambda_{\text{dev}}\end{Bmatrix}, H_{il} = \begin{bmatrix}H_{11} & H_{12} \\ H_{21} & H_{22}\end{bmatrix}, h_{il} = \begin{bmatrix}h_{11} & h_{12} \\ h_{21} & h_{22}\end{bmatrix}, L_i = \begin{Bmatrix}L_1 \\ L_2\end{Bmatrix} \tag{3-15}$$

$$\frac{\partial f_{\text{iso}}}{\partial\sigma_{jk}'} = \begin{bmatrix}\dfrac{1}{3} & 0 & 0 \\ 0 & \dfrac{1}{3} & 0 \\ 0 & 0 & \dfrac{1}{3}\end{bmatrix} \tag{3-16}$$

$$\frac{\partial f_{\text{dev}}}{\partial\sigma_{jk}'} = \frac{3}{2q}\begin{bmatrix}\sigma_{11}'-p & \sigma_{12}' & \sigma_{13}' \\ \sigma_{21}' & \sigma_{11}'-p' & \sigma_{23}' \\ \sigma_{31}' & \sigma_{32}' & \sigma_{11}'-p'\end{bmatrix} + \left(Mb - \frac{q}{p'}\right)\begin{bmatrix}\dfrac{1}{3} & 0 & 0 \\ 0 & \dfrac{1}{3} & 0 \\ 0 & 0 & \dfrac{1}{3}\end{bmatrix} \tag{3-17}$$

$$\begin{cases}H_{11} = -\dfrac{\partial f_{\text{iso}}}{\partial p_{\text{c}}'}\dfrac{\partial p_{\text{c}}'}{\partial\epsilon_{\text{vol}}^{\text{vp}}}\dfrac{\partial g_{\text{iso}}}{\partial p'} = -\dfrac{\partial f_{\text{iso}}}{\partial p_{\text{c}}'}\dfrac{\partial p_{\text{c}}'}{\partial\epsilon_{\text{vol}}^{\text{vp}}} = p_{\text{c}}'\beta \\[3mm] H_{12} = -\dfrac{\partial f_{\text{iso}}}{\partial p_{\text{c}}'}\dfrac{\partial p_{\text{c}}'}{\partial\epsilon_{\text{vol}}^{\text{vp}}}\dfrac{\partial g_{\text{dev}}}{\partial p'} = -\dfrac{\partial f_{\text{iso}}}{\partial p_{\text{c}}'}\dfrac{\partial p_{\text{c}}'}{\partial\epsilon_{\text{vol}}^{\text{vp}}} \cdot \alpha\left(M - \dfrac{q}{p'}\right) = p_{\text{c}}' \cdot \alpha\beta\left(M - \dfrac{q}{p'}\right) \\[3mm] H_{21} = -\dfrac{\partial f_{\text{dev}}}{\partial p_{\text{c}}'}\dfrac{\partial p_{\text{c}}'}{\partial\epsilon_{\text{vol}}^{\text{vp}}}\dfrac{\partial g_{\text{iso}}}{\partial p'} = -\dfrac{\partial f_{\text{dev}}}{\partial p_{\text{c}}'}\dfrac{\partial p_{\text{c}}'}{\partial\epsilon_{\text{vol}}^{\text{vp}}} = Mp'b\beta \\[3mm] H_{22} = -\dfrac{\partial f_{\text{dev}}}{\partial p_{\text{c}}'}\dfrac{\partial p_{\text{c}}'}{\partial\epsilon_{\text{vol}}^{\text{vp}}}\dfrac{\partial g_{\text{dev}}}{\partial p'} = -\dfrac{\partial f_{\text{dev}}}{\partial p_{\text{c}}'}\dfrac{\partial p_{\text{c}}'}{\partial\epsilon_{\text{vol}}^{\text{vp}}} \cdot \alpha\left(M - \dfrac{q}{p'}\right) = Mp'b\beta \cdot \alpha\left(M - \dfrac{q}{p'}\right)\end{cases} \tag{3-18}$$

$$\begin{cases} h_{11} = -\dfrac{\partial f_{\text{iso}}}{\partial p_{\text{c}}'} \dfrac{\partial p_{\text{c}}'}{\partial \dot{\varepsilon}_{\text{vol}}^{\text{vp}}} \dfrac{\partial g_{\text{iso}}}{\partial p'} = -\dfrac{\partial f_{\text{iso}}}{\partial p_{\text{c}}'} \dfrac{\partial p_{\text{c}}'}{\partial \dot{\varepsilon}_{\text{vol}}^{\text{vp}}} = \dfrac{p_{\text{c}}' C_A}{\dot{\varepsilon}_{\text{vol}}^{\text{vp}}} \\[3mm] h_{12} = -\dfrac{\partial f_{\text{iso}}}{\partial p_{\text{c}}'} \dfrac{\partial p_{\text{c}}'}{\partial \dot{\varepsilon}_{\text{vol}}^{\text{vp}}} \dfrac{\partial g_{\text{dev}}}{\partial p'} = -\dfrac{\partial f_{\text{iso}}}{\partial p_{\text{c}}'} \dfrac{\partial p_{\text{c}}'}{\partial \dot{\varepsilon}_{\text{vol}}^{\text{vp}}} \cdot \alpha\left(M - \dfrac{q}{p'}\right) = \dfrac{p_{\text{c}}' C_A}{\dot{\varepsilon}_{\text{vol}}^{\text{vp}}} \cdot \alpha\left(M - \dfrac{q}{p'}\right) \\[3mm] h_{21} = -\dfrac{\partial f_{\text{dev}}}{\partial p_{\text{c}}'} \dfrac{\partial p_{\text{c}}'}{\partial \dot{\varepsilon}_{\text{vol}}^{\text{vp}}} \dfrac{\partial g_{\text{iso}}}{\partial p'} = -\dfrac{\partial f_{\text{dev}}}{\partial p_{\text{c}}'} \dfrac{\partial p_{\text{c}}'}{\partial \dot{\varepsilon}_{\text{vol}}^{\text{vp}}} = \dfrac{M p' b C_A}{\dot{\varepsilon}_{\text{vol}}^{\text{vp}}} \\[3mm] h_{22} = -\dfrac{\partial f_{\text{dev}}}{\partial p_{\text{c}}'} \dfrac{\partial p_{\text{c}}'}{\partial \dot{\varepsilon}_{\text{vol}}^{\text{vp}}} \dfrac{\partial g_{\text{dev}}}{\partial p'} = -\dfrac{\partial f_{\text{dev}}}{\partial p_{\text{c}}'} \dfrac{\partial p_{\text{c}}'}{\partial \dot{\varepsilon}_{\text{vol}}^{\text{vp}}} \alpha\left(M - \dfrac{q}{p'}\right) = \dfrac{M p' b C_A}{\dot{\varepsilon}_{\text{vol}}^{\text{vp}}} \cdot \alpha\left(M - \dfrac{q}{p'}\right) \end{cases} \tag{3-19}$$

$$\begin{cases} L_1 = \dfrac{\partial f_{\text{iso}}}{\partial p_{\text{c}}'} \dfrac{\partial p_{\text{c}}'}{\partial \dot{\varepsilon}_{\text{vol}}^{\text{vp}}} \cdot \dot{\varepsilon}_{\text{vol},l}^{\text{vp}} = p_{\text{c}}' C_A \cdot \dfrac{\dot{\varepsilon}_{\text{vol},l}^{\text{vp}}}{\dot{\varepsilon}_{\text{vol}}^{\text{vp}}} \\[3mm] L_2 = \dfrac{\partial f_{\text{dev}}}{\partial p_{\text{c}}'} \dfrac{\partial p_{\text{c}}'}{\partial \dot{\varepsilon}_{\text{vol}}^{\text{vp}}} \cdot \dot{\varepsilon}_{\text{vol},l}^{\text{vp}} = M p' b C_A \dfrac{\dot{\varepsilon}_{\text{vol},l}^{\text{vp}}}{\dot{\varepsilon}_{\text{vol}}^{\text{vp}}} \end{cases} \tag{3-20}$$

式(3-14)是一组非线性方程,可以采用牛顿-辛普森算法进行求解。在编程过程中,采用应变加载量为基本的加载量,其与应力加载量的转化,由式(3-21)确定,

$$\Delta \sigma_{ij}' = D_{ijkl} \Delta \varepsilon_{kl}^{\text{e}} \tag{3-21}$$

考虑到应力增量与应变增量的对称性,可以将式(3-21)进行降阶处理,以便于数值编程的实现。定义如下向量,

$$\sigma_m = \{ \sigma_{11} \quad \sigma_{22} \quad \sigma_{33} \quad \sigma_{12} \quad \sigma_{13} \quad \sigma_{23} \} \tag{3-22}$$

$$\varepsilon_n^{\text{e}} = \{ \varepsilon_{11}^{\text{e}} \quad \varepsilon_{22}^{\text{e}} \quad \varepsilon_{33}^{\text{e}} \quad \varepsilon_{12}^{\text{e}} \quad \varepsilon_{13}^{\text{e}} \quad \varepsilon_{23}^{\text{e}} \} \tag{3-23}$$

所以,式(3-21)可以改写为

$$\sigma_m = E_{mn} \varepsilon_n \tag{3-24}$$

式中,

$$E_{mn} = \begin{bmatrix} K + \dfrac{4}{3}G & K - \dfrac{2}{3}G & K - \dfrac{2}{3}G & 0 & 0 & 0 \\[3mm] K - \dfrac{2}{3}G & K + \dfrac{4}{3}G & K - \dfrac{2}{3}G & 0 & 0 & 0 \\[3mm] K - \dfrac{2}{3}G & K - \dfrac{2}{3}G & K + \dfrac{4}{3}G & 0 & 0 & 0 \\[3mm] 0 & 0 & 0 & 2G & 0 & 0 \\[2mm] 0 & 0 & 0 & 0 & 2G & 0 \\[2mm] 0 & 0 & 0 & 0 & 0 & 2G \end{bmatrix} \tag{3-25}$$

其中,

$$K = \frac{E}{3(1-2\mu)}, \quad G = \frac{E}{2(1+\mu)} \tag{3-26}$$

整个数值算法的流程如图 3-3 所示,并采用 Fortran 语言进行了实现。

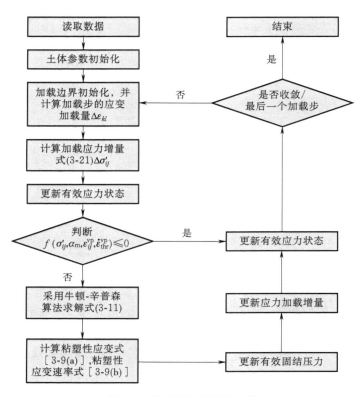

图 3-3　模型的数值计算流程

## 3.3　模型参数及选取方法

将前文讲述的本构模型命名为 ACMEG-VP 模型,它总共包括两类参数。一类是与时间无关的参数,包括参考弹性体积模量 $K_{\text{ref}}$,参考弹性剪切模量 $G_{\text{ref}}$,参考有效应力 $p'_{\text{ref}}$,非线性弹性指数 $n$,粘塑性刚度 $\beta$,有效摩擦角 $\varphi'$,参考粘塑性体应变速率 $\dot{\varepsilon}^{\text{vp}}_{\text{vol,ref}}$ 下的有效固结压力 $p'_{\text{c,ref}}$,以及模型参数 $b$、$d$、$\alpha$。另一类是与时间有关的参数,包括材料参数 $C_{\text{A}}$ 和极限应变速率阈值 $\dot{\varepsilon}^{\text{vp}}_{\text{vol,thr}}$。本节对上述各个参数的选取方法进行讨论。

$K_{\text{ref}}$ 和 $G_{\text{ref}}$ 可以根据固结试验或者各向等压的压缩试验来获得,并用式(3-27)计算,

$$K_{\text{ref}} = \frac{1+e_0}{\kappa} p'_{\text{ref}}, \quad G_{\text{ref}} = \frac{3(1-2\mu)}{2(1+\mu)} K_{\text{ref}} \tag{3-27}$$

式中　$p'_{\text{ref}}$——参考有效应力,常取 1 MPa;

　　　$e_0$——初始孔隙比;

　　　$\kappa$——自然对数坐标内的回弹指数;

　　　$\mu$——土体的泊松比。

非线性弹性指数 $n$ 可以根据两个不同应力下的体积弹性模型获得,

$$n = \frac{\log\left(\dfrac{K}{K_{\text{ref}}}\right)}{\log\left(\dfrac{p'}{p'_{\text{ref}}}\right)} \tag{3-28}$$

式中,$K$ 为有效应力 $p'$ 下的体积弹性模量。

塑性刚度 $\beta$ 采用式(3-29)求得,

$$\beta = \frac{1+e_0}{\lambda-\kappa} \tag{3-29}$$

式中,$\lambda$ 是自然对数坐标内的压缩指数。

有效摩擦角可以通过 $(p'-q)$ 平面内的临界状态线斜率获得,

$$M = \frac{q_{\text{cri}}}{p'_{\text{cri}}} = \frac{6\sin\varphi'}{3-\sin\varphi'} \tag{3-30}$$

式中,$p'_{\text{cri}}$ 和 $q_{\text{cri}}$ 分别是临界状态的平均有效应力和剪应力。

模型参数 $b,d,a$ 可以通过反分析拟合试验结果获得。

为了获取 $p'_{c,\text{ref}}$,$C_A$ 和 $\dot{\varepsilon}^{\text{vp}}_{\text{vol,thr}}$,可采用下述两种方法。

(1)利用两组恒定加载速率的试验结果,如图 3-4 所示。两组试验的应变加载速率分别为 $\dot{\varepsilon}_{\text{vol,1}}$ 和 $\dot{\varepsilon}_{\text{vol,2}}$。试验过程中同时记录平均有效应力随时间的变化趋势 $p'(t)$。选取图 3-4 中具有同等体应变的两点 A 和 B,它们对应的有效平均应力分别为 $p'_A$ 和 $p'_B$。它们的弹性应变以及弹性体应变速率为,

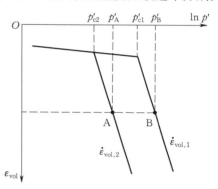

$$\varepsilon^{\text{e}}_{\text{vol,A}} = \int_0^{p'_A} \frac{\mathrm{d}p'}{K}, \quad \dot{\varepsilon}^{\text{e}}_{\text{vol,A}} = \frac{\partial p'_A(t)}{\partial t}\frac{1}{K_A} \qquad [3\text{-}31(\text{a})]$$

$$\varepsilon^{\text{e}}_{\text{vol,B}} = \int_0^{p'_B} \frac{\mathrm{d}p'}{K}, \quad \dot{\varepsilon}^{\text{e}}_{\text{vol,B}} = \frac{\partial p'_B(t)}{\partial t}\frac{1}{K_B} \qquad [3\text{-}31(\text{b})]$$

式中,$K_A$ 和 $K_B$ 分别是应力 $p'_A$ 和 $p'_B$ 下的弹性体积模量。

图 3-4 恒定加载速率试验的结果示意图

由于 A,B 两点总的应变相等,它们之间的粘塑性应变之差为弹性应变之差的相反数,

$$\varepsilon^{\text{vp}}_{\text{vol,B}} - \varepsilon^{\text{vp}}_{\text{vol,A}} = \varepsilon^{\text{e}}_{\text{vol,A}} - \varepsilon^{\text{e}}_{\text{vol,B}} = \int_0^{p'_A} \frac{\mathrm{d}p'}{K} - \int_0^{p'_B} \frac{\mathrm{d}p'}{K} \tag{3-32}$$

A 与 B 两点的粘塑性应变速率分别为,

$$\dot{\varepsilon}^{\text{vp}}_{\text{vol,A}} = \dot{\varepsilon}_{\text{vol,2}} - \dot{\varepsilon}^{\text{e}}_{\text{vol,A}} = \dot{\varepsilon}_{\text{vol,2}} - \frac{\partial p'_A(t)}{\partial t}\frac{1}{K_A} \qquad [3\text{-}33(\text{a})]$$

$$\dot{\varepsilon}^{\text{vp}}_{\text{vol,B}} = \dot{\varepsilon}_{\text{vol,1}} - \dot{\varepsilon}^{\text{e}}_{\text{vol,B}} = \dot{\varepsilon}_{\text{vol,1}} - \frac{\partial p'_B(t)}{\partial t}\frac{1}{K_B} \qquad [3\text{-}33(\text{b})]$$

将式(3-32)和式(3-33)代入式(3-9)中,可求得 $C_A$,

$$C_A = \frac{\ln p'_B - \ln p'_A - \int_0^{p'_A} \frac{\mathrm{d}p'}{K} + \int_0^{p'_B} \frac{\mathrm{d}p'}{K}}{\ln\left(\dot{\varepsilon}_{\text{vol,1}} - \frac{\partial p'_B(t)}{\partial t}\frac{1}{K_B}\right) - \ln\left(\dot{\varepsilon}_{\text{vol,2}} - \frac{\partial p'_A(t)}{\partial t}\frac{1}{K_A}\right)} \tag{3-34}$$

如果假定加载到初始固结压力($p'_{c1}$ 和 $p'_{c2}$)时,只有弹性应变发生,并且忽略弹性应变速率的影响,式(3-34)可以简化为,

$$C_A \approx \frac{\ln p'_{c1} - \ln p'_{c2}}{\ln \dot{\varepsilon}_{\text{vol,1}} - \ln \dot{\varepsilon}_{\text{vol,2}}} \tag{3-35}$$

极限应变速率阈值 $\dot{\varepsilon}_{\mathrm{vol,thr}}^{\mathrm{vp}}$ 可以根据多组恒定加载速率的试验结果得到。考虑到 $\dot{\varepsilon}_{\mathrm{vol,thr}}^{\mathrm{vp}}$ 的理想值是 0,所以它可以假定为一个极小值。任意选取一个参考应变速率 $\dot{\varepsilon}_{\mathrm{vol,ref}}^{\mathrm{vp}}$,其对应的参考固结压力可以从式(3-36)获得,

$$p_{\mathrm{c,ref}}' = p_{\mathrm{c1}}' \left( \frac{\dot{\varepsilon}_{\mathrm{vol,ref}}^{\mathrm{vp}}}{\dot{\varepsilon}_{\mathrm{vol,1}}^{\mathrm{vp}}} \right)^{C_A} \approx p_{\mathrm{c1}}' \left( \frac{\dot{\varepsilon}_{\mathrm{vol,ref}}^{\mathrm{vp}}}{\dot{\varepsilon}_{\mathrm{vol,1}}} \right)^{C_A} \tag{3-36}$$

(2)利用蠕变试验结果和一组恒定加载速率的试验结果。由蠕变试验结果,可以获得次固结系数 $C_\alpha$。由恒定加载速率的实验结果可以获得压缩指数 $C_c$,二者的比值即为 $C_A$ 值。并根据恒定加载速率 $\dot{\varepsilon}_{\mathrm{vol,1}}$ 的初始固结压力 $p_{\mathrm{c1}}'$,计算参考应变速率 $\dot{\varepsilon}_{\mathrm{vol,ref}}^{\mathrm{vp}}$ 下的参考有效固结压力。

$$p_{\mathrm{c,ref}}' = p_{\mathrm{c1}}' \left( \frac{\dot{\varepsilon}_{\mathrm{vol,ref}}^{\mathrm{vp}}}{\dot{\varepsilon}_{\mathrm{vol,1}}^{\mathrm{vp}}} \right)^{\frac{C_\alpha}{C_c}} \approx p_{\mathrm{c1}}' \left( \frac{\dot{\varepsilon}_{\mathrm{vol,ref}}^{\mathrm{vp}}}{\dot{\varepsilon}_{\mathrm{vol,1}}} \right)^{\frac{C_\alpha}{C_c}} \tag{3-37}$$

## 3.4 模型的力学响应特征

ACMEG-VP 模型能够模拟各种粘塑性特征,本节从理论上论述该模型在各种加载应力路径下的响应,包括各向等压条件下的恒定速率加载试验,排水条件下的三轴剪切蠕变试验,不排水条件下的三轴剪切蠕变试验,不排水条件下的应力松弛试验以及循环加卸载试验。为了方便叙述和理解,假定弹性变形是线性的(尽管模型中是非线性的),并且忽略弹性应变速率的影响。

### 3.4.1 等压条件下恒定应变速率加载过程

式[3-9(a)]定义了粘塑性体应变速率与平均有效固结压力的关系,其可以看作是 $(\ln \dot{\varepsilon}_{\mathrm{vol}}-\ln p')$ 平面内的一系列屈服线。每一条屈服线对应于一个极限应变阈值下的有效固结压力,并且该有效固结压力可以当作每条屈服线的硬化因子。本书定义式[3-9(a)]描述的屈服线为应变速率塌落(SRC)曲线。当体应变速率 $\dot{\varepsilon}_{\mathrm{vol}}$ 小于应变速率极限阈值 $\dot{\varepsilon}_{\mathrm{vol,thr}}$ 时,SRC 曲线变为一条垂直于 $\ln p'$ 轴的直线,因为此时岩土体不再具有应变速率效应。图 2-35(a)所示即为一组 SRC 曲线。

图 3-5(a)描述了两个具有不同应变加载速率的试验路径,以及其初始的应力状态和初始的 SRC 曲线。应力路径 1(AEF)的加载速率是 $\dot{\varepsilon}_{\mathrm{vol,1}}$,应力路径 2(ABC)的加载速率是 $\dot{\varepsilon}_{\mathrm{vol,2}}$,并且 $\dot{\varepsilon}_{\mathrm{vol,1}}<\dot{\varepsilon}_{\mathrm{vol,2}}$。两个加载路径下的压缩曲线如图 3-5(b)所示。应力路

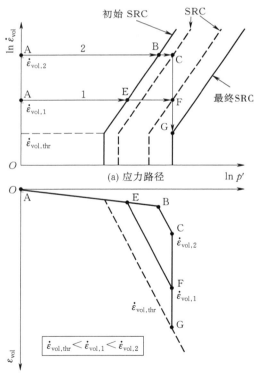

(a) 应力路径

(b) 半对数空间压缩曲线

图 3-5 不同应变速率加载下的模型响应

径 2 与初始 SRC 曲线交于 B 点,应力路径 1 与初始 SRC 曲线交于 E 点。B 点在 E 点右侧,表明应力路径 2 的平均屈服应力大于应力路径 1 的平均屈服应力,也就是说高的加载应变速率导致大的平均屈服应力。当两个路径加载到同一应力水平时(C 点和 F 点),应力路径 1 因在较小的有效平均压力下屈服,产生了较大的粘塑性变形[图 3-5(b)]。

如果在 C 点和 F 点开始进行蠕变试验,其应力路径(CFG,FG)将垂直向下移动。因为在蠕变过程中,平均有效应力保持不变并且应变速率不断减小。当应变速率减小至极限应变速率阈值 $\dot{\varepsilon}_{vol,thr}$ 时,粘塑性将消失,变形不再增加,如图 3-5(b)所示。应力路径 2 中的蠕变变形较应力路径 1 中的蠕变变形大,其原因是应力路径 2 在加载阶段的应变速率较大。该结论已经得到了很多试验的证实(Bjerrum,1967;Yin 和 Graham,1999)。

### 3.4.2　等压条件下变应变速率加载过程

图 3-6(a)所示为一个加载过程中应变速率发生变化的加载路径。试样的初始应力状态位于 A 点,首先以 $\dot{\varepsilon}_{vol,1}$ 的应变速率加载到 C 点,然后,应变速率增加到 $\dot{\varepsilon}_{vol,2}$ 并以此加载到 F 点。在 F 点,应变速率重新减小到 $\dot{\varepsilon}_{vol,1}$,并加载至 H 点。该加载过程引起的应变变化如图 3-6(b)所示。由于在增加应变速率的过程(CD)以及在后续加载的 DE 阶段,应力状态一直位于当前 SRC 曲线的左侧,表明试样未进入屈服状态,因此只产生弹性变形,如图 3-6(b)

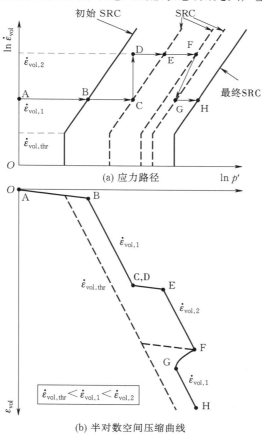

(a) 应力路径

(b) 半对数空间压缩曲线

图 3-6　变应变速率加载下的模型响应

中 DE 段所示。在减小应变速率的过程(FG)中,应力状态一直处于其对应的 SRC 曲线右侧,表明试样处于屈服状态,因此有粘塑性变形的积累,如图 3-6(b)中 FG 段所示。

### 3.4.3 排水三轴剪切蠕变过程

在排水三轴剪切蠕变过程中,平均有效应力 $p'$ 和剪应力 $q$ 保持不变[图 3-7(a)]。因此,在($p'$-$q$)平面内,应力状态位置 A 保持不变[图 3-7(e)]。初始时刻 $t_0$ 时的 FSS 屈服面和 NSFS 屈服面如图 3-7(e)所示。应力状态 A 位于初始的 NSFS 屈服面上,并且此时的体应变速率为 $\dot{\varepsilon}_{\mathrm{vol},1}$($\dot{\varepsilon}_{\mathrm{vol},1} > \dot{\varepsilon}_{\mathrm{vol},\mathrm{thr}}$)。根据式[2-21(a)]可知,加载准则被激活,粘塑性应变开始积累。因为 $p'$ 和 $q$ 保持不变,剪应力一轴向应变增量($q$-$\Delta\varepsilon_a$)曲线平行向左移动[图 3-7(c)],有效平均应力-体应变($p'$-$\varepsilon_{\mathrm{vol}}$)曲线垂直向下移动[图 3-7(f)]。随着时间的推移,粘塑性应变不断积累,FSS 屈服面不断膨胀,如图 3-7(e)中 $t_0$ 时刻到 $t_1$ 时刻。由于应变速率小的压缩曲线位于应变速率大的压缩曲线下方,所以,在排水蠕变过程中,应变速率不断减小(A 到 A2)。当 A 到达 A2 时,应变速率减小为 $\dot{\varepsilon}_{\mathrm{vol},\mathrm{thr}}$[图 3-7(f)],同时,FSS 屈服面膨胀到通过应力状态 A 点的位置[图 3-7(e)]。根据式[2-21(c)]可知,此时中性加载准则被激活,粘塑性变形不再增加。上述蠕变过程中的轴向应变增量和体积应变的发展趋势如图 3-7(b)所示,它们之间的关系如图 3-7(d)所示。

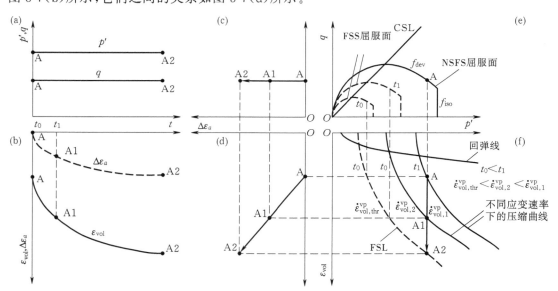

图 3-7 排水蠕变条件下的模型响应

### 3.4.4 不排水三轴剪切蠕变过程

在不排水蠕变试验过程中,剪应力 $q$ 保持不变,平均有效应力 $p'$ 随着孔隙水压的产生而不断减小[图 3-8(a)]。因此,在($p'$-$q$)平面内,应力状态平行于 $p'$ 轴向左移动[图 3-8(e)中 AB]。初始的 FSS 屈服面[图 3-8(e)中 $t_0$ 时刻的点画线]位于初始的 NSFS 屈服面[图 3-8(e)中的实线]以内,根据式[2-21(a)],粘塑性变形从 $t_0$ 时刻开始发生,进而导致 FSS 屈服面膨胀。因为在不排水试验中,体积应变为 0,所以($p'$-$\varepsilon_{\mathrm{vol}}$)曲线平行向左移动

[图 3-8(f)]。在此过程中,$q$ 也保持不变,所以($q-\Delta\varepsilon_a$)曲线也平行向左移动[图 3-8(c)]。在 $t_1$ 时刻,($p'-\varepsilon_{vol}$)曲线与最终稳定状态线相交于 B 点[图 3-8(f)],表明此时($p'-q$)平面内的应力路径 AB 也与 FSS 屈服面相交[图 3-8(e)]。$t_1$ 时刻以后,不再有新的变形产生,应力状态($p',q$)也开始保持不变。上述过程中的轴向应变增量和体积应变的发展趋势如图 3-8(b)所示,它们之间的关系如图 3-8(d)所示。如果应力路径在与 FSS 屈服面相交之前先与临界状态线 CSL 相交,则在应力路径接近 CSL 的时候,轴向应变速率会由逐渐减小的趋势过渡到增大的趋势,进而引发不排水情况下的蠕变破坏现象。

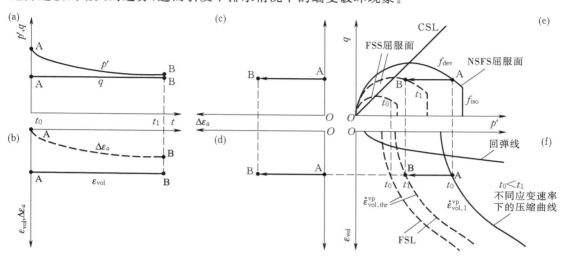

图 3-8　不排水蠕变条件下的模型响应

### 3.4.5　不排水应力松弛过程

假定不排水三轴应力松弛试验的初始应力状态如图 3-9(e)中 A 点所示,它处于一个 NSFS 屈服面上。并且,在初始时刻 $t_0$ 时,应力状态 A 位于 FSS 屈服面外侧[图 3-9(e)]。

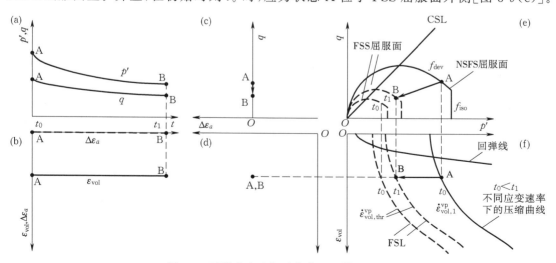

图 3-9　不排水应力松弛条件下的模型响应

根据式[2-21(a)],加载准则被激活,粘塑性应变开始积累。但是,在不排水应力松弛试验过程中,轴向应变增量为0,并且体积应变保持恒定[图3-9(b)]。因此,剪应力 $q$ 必须减小以产生轴向的弹性卸载来抵消粘塑性轴向应变的增量。同时,由于超孔隙水压力的产生和粘塑性应变积累的综合效应,平均有效应力 $p'$ 也逐渐减小。所以,($p'-\varepsilon_{vol}$)曲线平行向左移动[图3-9(f)],($q-\Delta\varepsilon_a$)曲线垂直向下移动[图3-9(c)]。在上述过程中,FSS屈服面不断膨胀,同时应力路径AB向左下方移动。在 $t_1$ 时刻,应力路径与FSS屈服面相交,应力达到最终平衡状态。上述过程中 $p'$ 和 $q$ 的发展趋势如图3-9(a)所示。

### 3.4.6 加卸载过程

如果考虑粘塑性变形,那么在加卸载过程中可能不止产生弹性变形。图3-10(a)所示是一个先卸载后加载的加载路径。初始应力状态A位于一个处在FSS屈服面外侧的NSFS屈服面上[图3-10(e)],表明初始状态的应变速率 $\dot{\varepsilon}_{vol,1}$ 大于极限应变速率阈值 $\dot{\varepsilon}_{vol,thr}$。根据式[2-21(a)],加载准则被激活,粘塑性变形开始积累。在AB段的卸荷过程中,应力状态一直处于FSS屈服面以外,因此,有粘塑性压缩变形发生。而在BC段的卸荷过程中,只有弹性应变[图3-10(c)和3-10(f)]。在再加载过程中,CB段因完全处于FSS屈服面以内,故只有弹性压缩变形。当应力状态超过FSS屈服面以后,粘塑性变形开始发生[图3-10(c)和3-10(f)中BDE段]。当试样重新加载到初始应力状态A时,其在($p'-\varepsilon_{vol}$)平面内对应的点D位于初始点A的下方。这表明一个较小的应变速率就可以保证应力状态位于初始的NSFS屈服面的位置。也就是说,NSFS屈服面在加卸载过程中随着时间不断软化。如果试样要加载到初始的压缩曲线,则需要更大的应力[图3-10(f)]。上述过程中的轴向应变增量和体积应变的发展趋势如图3-10(b)所示,它们之间的关系如图3-10(d)所示。需要说明的是,为了图形的表现效果,图3-10中的轴向应变增量被适当的放大。

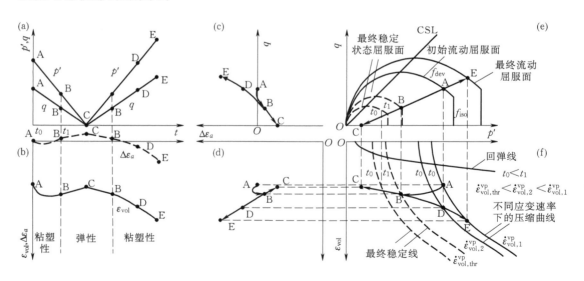

图3-10 加卸载过程中的模型响应

## 3.5 模型验证

本节采用室内试验结果对 ACMEG-VP 模型进行验证。所采用的试验类型主要包括一维压缩试验和三轴剪切试验。

### 3.5.1 一维压缩试验

Leroueil 等(1985)进行了 Batiscan 粘土的一系列一维压缩试验,其试验结果被用来验证 ACMEG-VP 模型在描述应变速率效应和蠕变过程方面的能力。相应的机理解释已经在图 3-5 和图 3-6 中进行了说明。模型参数依据恒定应变加载速率为 $5.33 \times 10^{-7}/\mathrm{s}$ 和 $2.13 \times 10^{-6}/\mathrm{s}$ 的两组试验结果进行计算。其中,$C_A$ 采用式(3-35)进行计算,$b,d$ 和 $\alpha$ 采用拟合试验结果的方法获得,并且假定 $\dot{\varepsilon}_{\mathrm{vol,ref}}^{\mathrm{vp}} = \dot{\varepsilon}_{\mathrm{vol,thr}}^{\mathrm{vp}}$。所有的模型参数如表 3-1 所示。

图 3-11(a)是恒定应变加载速率的一维压缩试验结果与 ACMEG-VP 模型预测结果的对比图。在应变小于 15%、应变速率在 $1.0 \times 10^{-7}/\mathrm{s} \sim 1.0 \times 10^{-5}/\mathrm{s}$ 之间时,模型预测结果与试验结果吻合较好。当应变大于 15% 时,模型预测结果与试验结果开始出现偏差,其原因是 ACMEG-VP 模型采用了恒定的 $\beta$ 值,而实际上 $\beta$ 值随着应变的增加而增大。图 3-11(a)中还包括一条由次固结试验结果推导得到的恒定应变速率压缩曲线(图中空心圆点)。该压缩曲线与模型的预测曲线几乎重合,表明了"统一的应力-应变-粘塑性应变速率"模型不仅能够描述应变速率效应,也可以模拟蠕变效应。

表 3-1　Batiscan 粘土的模型参数

| 参数 | 单位 | 数值 |
|---|---|---|
| 弹性参数 | | |
| $K_{\mathrm{ref}}, G_{\mathrm{ref}}, p'_{\mathrm{ref}}, n$ | [MPa], [MPa], [MPa], [—] | 12, 4.2, 1, 0.5 |
| 塑性参数 | | |
| $\phi_0, \beta, p'_{\mathrm{c,ref}}$ | [°], [—], [kPa] | 30, 1.62, 42.6 |
| $b, d, \alpha$ | [—], [—], [—] | 0.4, 2, 1 |
| 粘性参数 | | |
| $C_A, \dot{\varepsilon}_{\mathrm{vol,ref}}^{\mathrm{vp}} = \dot{\varepsilon}_{\mathrm{vol,thr}}^{\mathrm{vp}}$ | [—], [s$^{-1}$] | 0.046 5, $1.0 \times 10^{-10}$ |

采用同样的模型参数(表 3-1)预测两组特殊的恒定应变速率压缩试验,其加载路径如表 3-2 所示。模型预测结果和试验结果如图 3-11(b)所示。预测结果很好地再现了试验结果,表明了 ACMEG-VP 模型在描述应变速率效应方面的良好性能。在应变大于 15% 时,由于假定恒定 $\beta$ 值,模型预测结果与试验结果出现了偏差。在应变速率增加的过程中,压缩曲线平行于回弹曲线,表明该过程中只有弹性应变发生。然而,在应变速率减小的过程中,由于粘塑性应变的发生,导致总应变随着有效应力减小却不断增加。相应的机理解释如图 3-6所示。

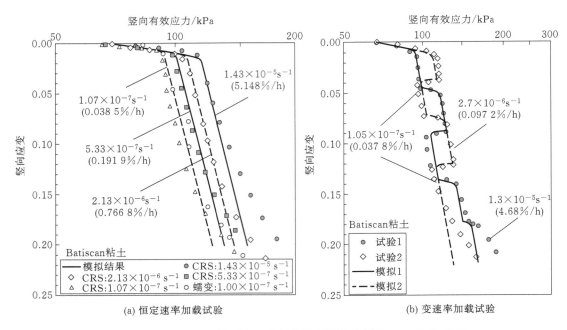

图 3-11　ACMEG-VP 模型在一维压缩情况下的验证(Leroueil 等,1985)

表 3-2　特殊恒定应变速率压缩试验的加载路径

| 阶段 | 试验 1 | | 试验 2 | |
| --- | --- | --- | --- | --- |
| | $\dot{\varepsilon}_a/(s^{-1})$ | $\dot{\varepsilon}_a/\%$ | $\dot{\varepsilon}_a/(s^{-1})$ | $\dot{\varepsilon}_a/\%$ |
| 1 | $1.05\times10^{-7}$ | $0\sim4.5$ | $2.7\times10^{-6}$ | $0\sim3.7$ |
| 2 | $2.7\times10^{-6}$ | $4.5\sim8.8$ | $1.05\times10^{-7}$ | $3.7\sim7.2$ |
| 3 | $1.05\times10^{-7}$ | $8.8\sim13.6$ | $2.7\times10^{-6}$ | $7.2\sim12.0$ |
| 4 | $2.7\times10^{-6}$ | $13.6\sim17.7$ | $1.05\times10^{-7}$ | $12.0$—结束 |
| 5 | $1.3\times10^{-5}$ | $17.7$—结束 | | |

　　图 3-12 是固结试验中竖向应变速率随时间的发展趋势。当竖向应力大于 98 kPa 时,竖向应变的对数 $\lg(\dot{\varepsilon}_v)$ 与时间的对数 $\lg(t)$ 呈线性减小关系。当竖向应力在 $90\sim$ 98 kPa 之间时,$\lg(\dot{\varepsilon}_v)$-$\lg(t)$ 曲线首先呈非线性减小趋势且斜率越来越大,在一定时刻后,$\lg(\dot{\varepsilon}_v)$-$\lg(t)$ 开始呈线性减小。上述非线性减小区间是蠕变和超孔隙水压力消散的共同结果。ACMEG-VP 模型能够较好地重现各种竖向应力下的 $\lg(\dot{\varepsilon}_v)$-$\lg(t)$ 曲线,表明模型在预测和模拟蠕变现象方面的良好性能。需要说明的是,模拟过程中采用假定恒定应力加载速率的方法模拟主固结过程,并假定加载时间与主固结结束时间相同。该模拟方法可能也会导致 $\lg(\dot{\varepsilon}_v)$-$\lg(t)$ 曲线的非线性化,但是其对次固结阶段几乎没有影响。

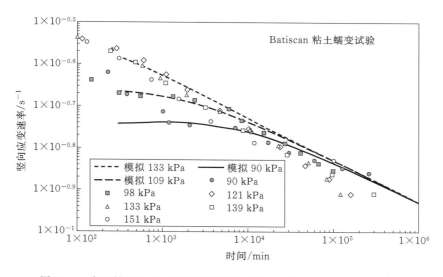

图 3-12　次固结过程中的应变速率发展预测与验证(Leroueil 等,1985)

## 3.5.2　三轴剪切试验

Yin 等(2002)针对香港海洋沉积(HKMD)粘土开展了一系列的关于其粘塑性的试验研究,试验结果被用来验证 ACMEG-VP 模型在模拟应变速率效应、蠕变现象和应力松弛现象方面的能力。Yin 等(2002)研究的 HKMD 粘土的力学参数以及试验结果,采用本书第 3.3 节的方法对模型参数进行了校验。其中 $b,d$ 和 $\alpha$ 通过拟合 15%/h 加载速率下的不排水三轴剪切试验的试验结果获得。$C_A$ 采用式(2-2)进行计算,并且采用不同的 $\dot{\varepsilon}_{vol,ref}^{vp}$ 和 $\dot{\varepsilon}_{vol,thr}^{vp}$。所有的模型参数如表 3-3 所示。

表 3-3　HKMD 粘土的模型参数

| 参数 | 单位 | 数值 |
| --- | --- | --- |
| 弹性参数 | | |
| $K_{ref},G_{ref},p'_{ref},n$ | [MPa]、[MPa]、[MPa]、[—] | 40、16、1、0.5 |
| 塑性参数 | | |
| $\phi_0,\beta,p'_{c,ref}$ | [°]、[—]、[kPa] | 31.5、17.2、200—800* |
| $b,d,\alpha$ | [—]、[—]、[—] | 1、2、0.45 |
| 粘性参数 | | |
| $C_A,\dot{\varepsilon}_{vol,ref}^{vp}=\dot{\varepsilon}_{vol,thr}^{vp}$ | [—]、[s$^{-1}$] | 0.023 0、2.0×10$^{-6}$、1.0×10$^{-13}$ |

注：* 参考固结压力随着试验路径的变化而发生变化。

图 3-13 是三组不同应变加载速率(0.15%/h,1.5%/h 和 15%/h)下的不排水剪切试验结果和模型预测结果的对比图。将剪应力分别除以其初始固结压力 400 kPa,得到剪应力的归一化结果,如图 3-13 所示。预测结果很好地重现了试验测试结果。因此,ACMEG-VP 模型能够模拟不排水剪切强度的应变速率依赖性和临界状态线的应变速率无关性。然而,在应力路径预测方面,模拟结果与试验结果出现了一些偏差[图 3-13(b)]。Freitas 等

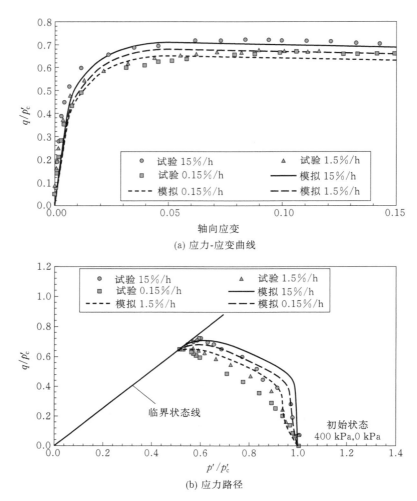

(a) 应力-应变曲线

(b) 应力路径

图 3-13　HKMD 粘土三轴不排水恒定加载速率试验的试验结果与预测值对比
（Yin 等，2002）

(2011)指出，当采用固定的加载屈服面可能会引起有效应力路径的偏差。因此，模型预测结果的偏差与 NSFS 理论无关，而是采用 ACMEG 模型的屈服面引起的。

　　为了验证 ACMEG-VP 模型模拟应力松弛现象的能力，模拟分析了一个包含三次应力松弛过程的不排水三轴剪切试验。试验的加载路径、孔隙水压力变化和应力路径如图 3-14 所示。模型较好地重现了剪应力-轴向应变曲线[图 3-14(a)]，却稍微超估了孔隙水压力[图 3-14(b)]。这可能与模型中采用的水的压缩系数（恒定值，$4.5 \times 10^{-9}$/Pa）有关。由于预测的超孔隙水压力过大，模拟结果的应力路径相对于实测的应力路径向左移动[图 3-14(c)]。模型较好地预测了第二次和第三次应力松弛过程中的松弛比，却低估了第一次松弛过程中的松弛比。并且，松弛比随着先前应变加载速率的减小而降低。这是因为低的加载应变速率距离 FSS 屈服面较近。

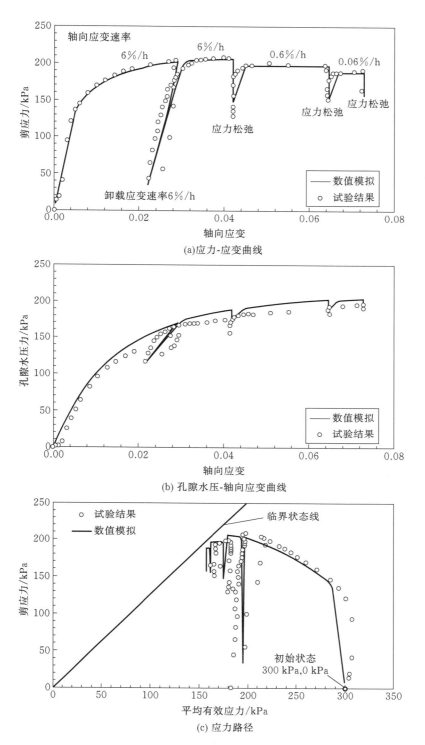

图 3-14 包含应力松弛过程的 HKMD 粘土三轴不排水剪切试验的试验结果与预测值对比
（Yin 等,2002）

图 3-15 所示是三组不排水三轴剪切蠕变试验的试验结果以及其对应的模型预测结果。三个试样首先在各向等压条件下压缩固结到 400 kPa,然后分别被加载到剪应力为134 kPa、189 kPa 和 243 kPa,最后保持剪应力不变开始不排水蠕变试验。ACMEG-VP 模型能够很好地再现蠕变应力为 134 kPa 和 189 kPa 的轴向应变发展趋势[图 3-15(a)]和水压力发展趋势[图 3-15(b)]。在剪应力为 243 kPa 的情况下,试验出现蠕变破坏,轴向应变在40 000 min后开始快速增加。虽然模拟结果也预测出了蠕变破坏,但是其发生的时间却早于试验结果。另外,模型能够很好地预测蠕变破坏时的孔隙水压力大小。因此,与基于Perzyna超应力理论的模型相比,基于非稳定屈服面理论的模型能够较容易地模拟不排水蠕变破坏现象。

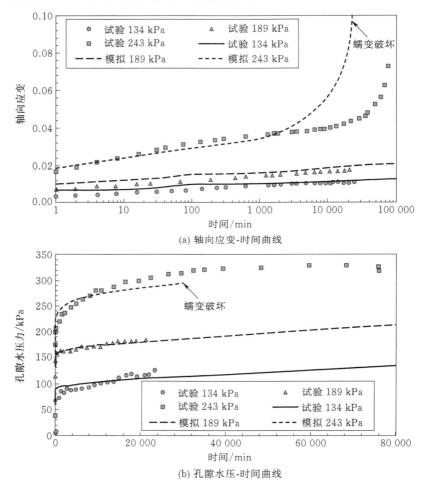

(a) 轴向应变-时间曲线

(b) 孔隙水压-时间曲线

图 3-15　HKMD 粘土三轴不排水蠕变试验的试验结果与预测值对比(Yin 等,2002)

用 ACMEG-VP 模型模拟预测了四个拥有不同超固结比(OCR)试样的排水剪切试验,其预测结果以及对应的试验结果如图 3-16 所示。四个试样的超固结比分别为1,2,4和8。在剪切过程中,轴向应变速率保持为定值,为 1.5%/h。ACMEG-VP 模型能够准确地再现超固结比为 1 和 2 的试验结果,却低估了超固结比为 4 和 8 的剪切强度[图 3-16(a)]。模型能够预测超固结比过大时剪切引起负孔隙水压力的现象,但却低估了负孔隙水压的大小,从而低估了超固结比为 4 和 8 的剪切强度。另外,模型很好地模拟了正常固结土和轻微超固结土的有效应力路径。因此,ACMEG-VP 模型能够用于模拟超固结土的力学特性。

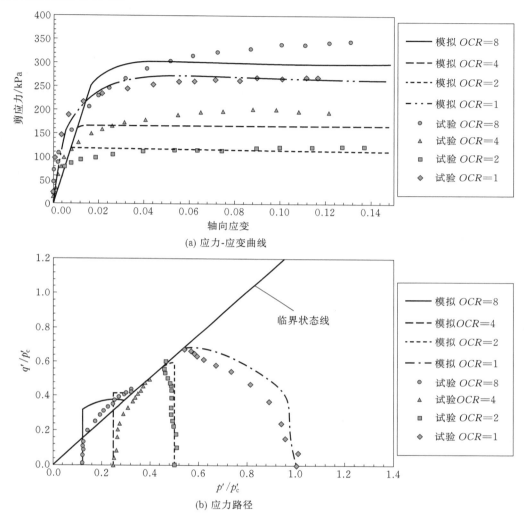

(a) 应力-应变曲线

(b) 应力路径

图 3-16　不同固结程度的 HKMD 粘土的三轴剪切试验的结果与预测值对比

（Yin 等,2002）

# 4 软土的热粘塑性本构模型 ACMEG-TVP

温度变化会改变岩土体的力学特性,进而影响岩土工程和地下结构的稳定性。需要考虑温度影响的具体工程应用包括:核废料地质储存,地热能结构,石油钻井,高压电缆埋设,地下能源储存,以及火灾情况下地下结构安全性分析等。

本章将首先分析总结温度效应对岩土体力学性能的影响规律,主要从屈服特性、压缩特性以及热循环作用下的力学响应三个方面进行论述。然后,采用本书第 2.4 节的非等温状态下的非稳定屈服面理论,并结合相关试验数据,构建一个基于非稳定屈服面理论的热-粘塑性本构模型 ACMEG-TVP。

## 4.1 温度对力学性能的影响

基于大量的已获得的试验数据,本节分别从岩土体的屈服特性、压缩特性以及热循环作用下的力学响应特征三个方面分析总结温度效应对岩土体力学特性的影响规律。随后,从微观的角度解释说明上述试验规律发生的机理。

### 4.1.1 屈服特性

#### 1. 温度对固结压力的影响

固结试验可以用来研究土体的压缩特性,确定土体的最大历史应力。土体的最大历史应力被定义为固结压力,是土体弹性变形和塑性变形的临界应力,也是土体本构模型中常用的硬化因子。因此,很多学者开展了非等温条件下的固结试验,用来探索温度对土体变形和强度的影响规律。

Campanella 和 Mitchell(1968)开展了不同温度下的伊利石各向等压固结试验,结果如图 4-1 所示。由图可知:固结压力随着温度的升高而不断降低;不同温度下的正常压缩曲线(NCL)相互平行,表明温度对土体的压缩系数没有影响;不同温度下的卸载曲线(回弹曲线)也相互平行,表明温度对土体的回弹系数也没有影响。Philipponnat(1977)统计分析了 25 个不同土样的试验结果,发现在20℃和 70℃之间土体的压缩系数几乎与温度无关。Laloui 和 Cekerevac(2003)等也得到了类似的结果。

Laloui 和 Cekerevac(2003)统计了 4 种

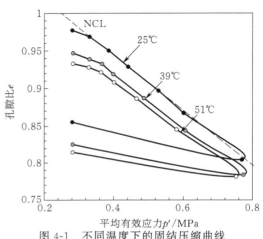

图 4-1 不同温度下的固结压缩曲线
(Campanella 和 Mitchell,1968)

不同土体的固结压力与温度的关系,结果如图 4-2 所示。在相同孔隙比下,不同土体的固结压力随着温度的升高而不断减小。基于这种规律,他们构建了各向等压条件下的热塑性屈服机理。在平均有效应力-温度的平面内,固结压力与温度的关系曲线可以作为土体的屈服面。当应力状态位于屈服面以左时,土体的变形是弹性的;屈服面以右的区域是塑性区域(图 4-3)。随着温度的升高,弹性区域不断缩小,土体在加载下更容易发生塑性变形。因此,温度对土体的力学性能具有软化作用。

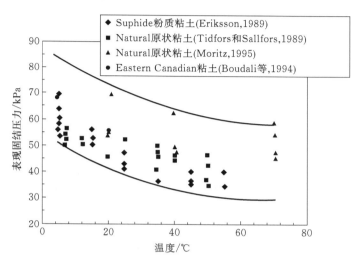

图 4-2  固结压力随温度的变化规律
(Laloui 和 Cekerevac,2003)

**2. 温度对剪切强度的影响**

在非等压条件下,土体常因剪应力的存在而发生剪切破坏,因此研究温度变化对土体剪切强度的影响具有更普遍的意义。然而,由于土体矿物质含量的不同,以及试验设备和试验方法的不同,目前还没有形成关于温度与剪切强度之间关系的统一认识。

通过不同温度下的超固结土排水剪切试验,Hueckel 和 Baldi(1990)发现在平均有效应力和剪应力平面内的临界状态线(CSL)与温度无关,不同温度下得到的 CSL 相互重合。该结论在不排水剪切试验中也得到了验证(Hueckel 和 Pellegrini,1991)。Burghignoli 等(2000),Graham 等(2001)通过研究

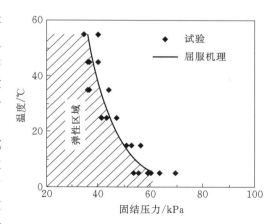

图 4-3  各向等压条件下的热塑性屈服机理
(Laloui 和 Cekerevac,2003)

也得到了类似的结论。但是,不排水条件下的 Boom 粘土试验结果却表明 CSL 的斜率随着温度的升高而增大(Hueckel 和 Pellegrini,1991)。

总结临界状态时的有效摩擦角与温度的关系,发现 CSL 的斜率可以随着温度的升高而

升高、不变或降低(图 4-4)。但是,其波动范围均较小,近似可以忽略不计。因此,可以假定 CSL 的斜率与温度无关。

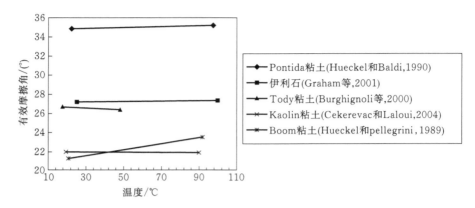

图 4-4　温度对临界状态下摩擦角的影响规律(Cekerevac 和 Laloui,2004)

Kuntiwattanakul 等(1995)发现正常固结状态下的土体剪切强度随着温度的升高而增加,但是超固结状态下的土体剪切强度与温度无关。但 Di Donna(2014)研究结果表明:超固结状态下的土体剪切强度与温度有关,且温度越高,剪切强度越大[图 4-5(a)];正常固结状态下的土体剪切强度与温度的关系复杂,其依赖于温度软化和塑性应变硬化的综合作用[图 4-5(b)]。当塑性应变硬化占据主导地位时,正常固结土的剪切强度随着温度的升高而增大;当塑性应变硬化与温度软化作用几乎相等时,土体的剪切强度不随温度变化而变化。

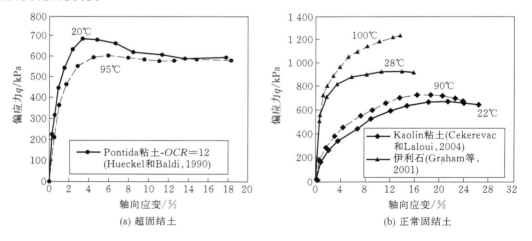

(a) 超固结土　　　　　　　　　　(b) 正常固结土

图 4-5　不同温度下的土体剪切强度(Di Donna,2014)

### 4.1.2　压缩特性

在排水条件下,加热会导致正常固结土的压缩,加热后的降温会引起土体的线性膨胀,但膨胀变形的量远小于加热过程中的压缩量(Campanella 和 Mitchell,1968;Plum 和 Esrig,1969),如图 4-6 所示。在一次热循环加载过程中,温度引起的变形是非线性的,并且是不可恢复的。因此,在恒定外界荷载作用下,加热能够使土体密实,进而产生硬化。Plum 和 Esrig(1969)指出热循环过程中的不可逆变形与外界荷载无关,而依赖于土体的类型和它的塑性指数。首次热循环引起的不可逆变形随着塑性指数的增加而呈线性增加趋势(图 4-7)。Habibagahi(1977)也研究得出了类似的结果,并且认为温度变化引起的变形与吸附水含量的变化有关。随着吸附水层厚度的增加,温度引起的孔隙比变化也增大。

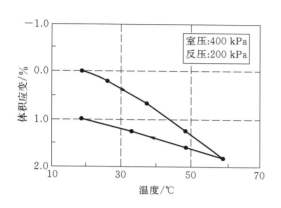

图 4-6　排水条件下温度变化引起的
饱和伊利石变形
(Campanella 和 Mitchell,1968)

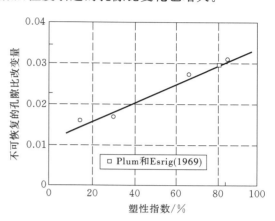

图 4-7　首次热循环(25℃－50℃－25℃)引起的
不可逆变形与塑性指数的关系
(Demars 和 Charles,1982)

温度变化引起的超固结土的变形特征与固结比(OCR)的大小有关。如图 4-8 所示,在排水条件下,当土体的固结比较小时(OCR＝2),加热引起压缩变形,并且变形量小于正常固结土的压缩变形;当土体的固结比较大时(OCR＝6 或 OCR＝8),加热引起膨胀变形,并且变形是可恢复的。随着土体固结比的增大,热循环引起的土体变形由不可逆的压缩变形逐渐变为可恢复的膨胀变形(图 4-9)。压缩变形与膨胀变形转换点的固结比依赖于土体的类型和所施加温度的大小。

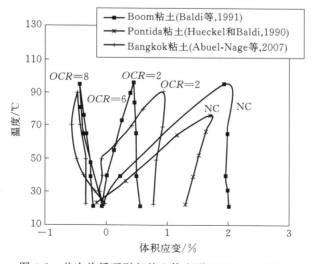

图 4-8　首次热循环引起的土体变形(Di Donna,2014)

综上所述,在排水条件下,首次热循环引起的土体变形种类有:① 压缩变形,适用于正常固结土和 $OCR$ 较小的土,具有非线性和不可逆性;② 膨胀变形,适用于 $OCR$ 较大的土,并且是近似弹性的;③ 先膨胀后压缩的变形,适用于 $OCR$ 中等的土,在初始升温阶段表现为弹性膨胀,当温度达到一定值后,不可逆的压缩变形开始发生。

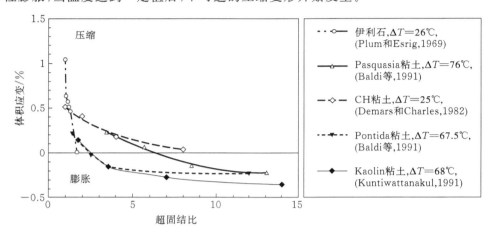

图 4-9    固结比对首次热循环引起土体变形的影响(Cekerevac,2003)

### 4.1.3    热循环下的力学响应

如图 4-10 所示,在排水条件下,土体变形随热循环次数的增加而不断增大,但每次热循环引起的不可逆变形随着热循环次数的增加而不断减小。大部分不可逆变形发生在第一次热循环过程中。Campanella 和 Mitchell(1968),Vega 和 McCartney(2015)等均得到了类似的结果。当热循环次数达到一定值后,热循环不再引起不可逆的变形(Campanella 和 Mitchell,1968)。

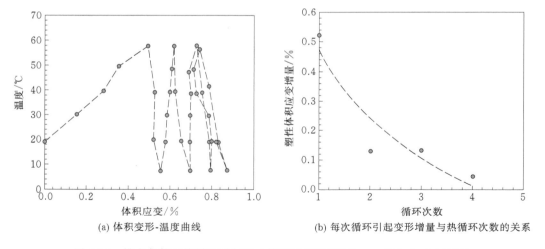

(a) 体积变形-温度曲线

(b) 每次循环引起变形增量与热循环次数的关系

图 4-10    排水条件下热循环引起的土体变形规律(Di Donna 和 Laloui,2015b)

如图 4-11 所示,在不排水条件下,热循环会引起孔隙水压力的增大,并且随着热循环次数的增加,孔隙水压力有增大的趋势。在 4～5 次热循环以后,孔隙水压力不再随热循环次数的增加而变化。

土体在排水条件下的热循环加载后表现出超固结土的特性。如图 4-12 所示,在热循环加载后的再加载过程中,土体首先产生弹性变形(点 3—点 4),然后在一个较大的固结压力下屈服(点 4)并开始产生塑性变形。Plum 和 Esrig(1969),Towhata 等(1993)也发现了类似现象。固结压力的增大主要是由热循环加载过程中的塑性变形累积引起的。

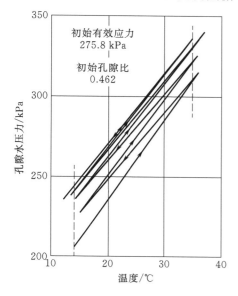

图 4-11　不排水条件下热循环加载引起
的孔隙水变化规律(Plum 和 Esrig,1969)

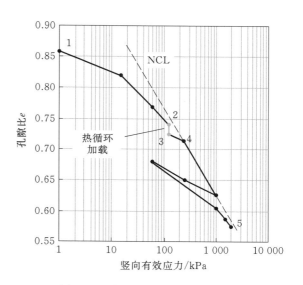

图 4-12　热循环引起的超固结现象
(Di Donna 和 Laloui,2015b)

### 4.1.4　温度对蠕变过程的影响

Burghignoli 等(1992,2000)研究了温度变化对软粘土次固结过程的影响。如图 4-13 所示,在温度增加阶段(ab),土体的体积快速减小,并且远大于恒温下的体积变形;在恒温阶段(bc),高温下的土体体积变形速率高于低温下的土体体积变形速率,并且变形速率均随着时间的推移而减小;在降温阶段(cd),土体的体积继续减小,但变形速率却快速减小,却仍大于恒温条件下的变形速率;当温度降为初始温度以后(de),其变形曲线几乎与恒温下的变形曲线平行。因此,次固结过程中的热循环也引起了不可逆的塑性压缩变形,与主固结阶段的结论一致。次固结过程中热循环引起的塑性变形大小与热循环加载施加的时间以及高温阶段的持续时间有关。Fox 和 Edil(1996)发现次固结系数随着温度的增加呈指数增加,并且降温会导致次固结系数的降低。Towhata 等(1993),Cui 等(2009)也发现了类似的规律。

Burghignoli 等(2000)分析总结了不同加载路径下热循环引起的变形与恒温条件下次固结变形的关系,如图 4-14 所示。热循环引起的变形 $\Delta e_{TC}$ 与恒温条件下的次固结变形 $\Delta e_{CR}$ 近似呈线性关系,并且它们的拟合直线近似过原点。也就是说,当次固结变形为 0 时,热循环不能引起塑性变形。该现象表明了热循环引起变形的机理是蠕变现象,并且加热加快了该蠕变过程。

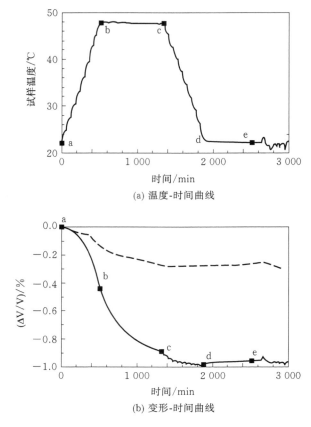

(a) 温度-时间曲线

(b) 变形-时间曲线

图 4-13　温度对次固结过程的影响
（Burghignoli 等,2000）

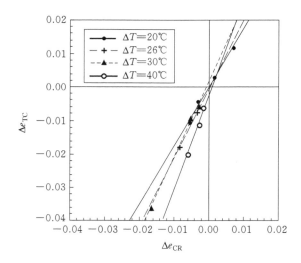

图 4-14　热循环引起变形与次固结变形的关系
（Burghignoli 等,2000）

由于塑性变形在蠕变过程中不断增加,土体在蠕变过后的再加载过程中表现出超固结现象(图 4-15)。热循环加载也能导致土体的超固结效应(图 4-12)。在同样试验条件下(相同的竖向荷载,热循环加载时间与次固结时间相同),热循环加载过程引起的固结压力增加量大于次固结过程引起的固结压力增加量(图 4-15)。这进一步证明了热循环引起变形的过程是温度加强的蠕变过程。

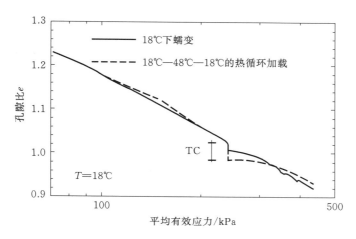

图 4-15　热循环及次固结引起的超固结现象
(Burghignoli 等,2000)

## 4.1.5　温度效应的诱导机理

土体的宏观变形可以从土体的微观角度进行解释。宏观变形是通过粘土颗粒间的相互滑动,土体结构的重排实现的。因此,通过研究温度变化对土颗粒间滑移的影响,可以从机理上解释温度效应发生的原因。

**1. 温度对吸附水的影响**

水是饱和土的重要组成部分,尤其是粘性土。温度对土体力学性能的影响主要是通过改变吸附水和自由水的性质实现的(Modaressi 和 Laloui,1997)。自由水的粘度系数随着温度的升高而减小,从而加快了自由水的渗流过程。因此,升温能够加快土体的固结过程,这得到了 Towhata 等(1993)的试验结果论证。Morin 和 Silva(1984)以及 Delage 等(2000)指出土体的固有渗透系数只依赖于土体的孔隙率而与土体所处的温度无关。

由本书第 2.1.5 节可知,粘土矿物的表面带有负电荷,并在静电力的作用下吸附了孔隙水中的阳离子。由于这种物理-化学作用,靠近粘土矿物表面的水不能够自由移动,且其物理化学性质与自由水也不同。Huang 等(1994)以蒙脱石矿物为对象开展了温度变化对吸附水层影响的研究,结果如图 4-16 所示。当初始温度为 20℃时,蒙脱石具有 3 层吸附水。在升温过程中,最外一层的吸附水在 350℃时开始脱离,第二层吸附水在 450℃时开始脱离。在降温过程中,两层吸附水分别在 88℃和 44℃时恢复。吸附水的脱离和再吸附之间存在着滞回现象,但当温度恢复到初始温度时,吸附水层的厚度几乎与初始值相同。Carlsson(1986)采用核磁共振技术研究了孔隙水的特征,他指出加热能够使吸附水转变为自由水。Derjaguin 等(1986)也得到了类似的研究结果,但他指出吸附水的脱离发生在70℃左右并在 90℃左右完成。吸附水的脱离是由于吸附水层的强度降低引起的(Paaswell,1967)。随着吸附水的脱离,土颗粒间的接触逐渐由吸附水层接触转变为颗粒与颗粒间的固体接触,进而导致了剪应力强度的增大(Israelachvili 和 Adams,1978)。

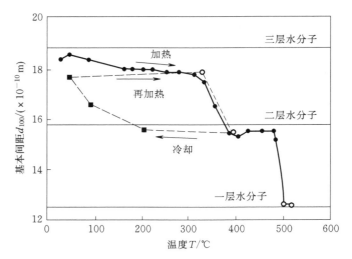

图 4-16    温度对蒙脱石吸附水层厚度的影响规律(Huang 等,1994)

综上所述,升温能够改变吸附水的性质,并使其从吸附状态转变为自由状态。随着吸附水层的脱离,土体间的孔隙不断被压缩,进而产生了变形。虽然吸附水层的脱离是间断性的(图 4-16),但由于室内试验试样的尺寸较大,上述吸附水的脱离不可能同时发生,所以实测的温度引起的变形是随时间和温度不断变化的,而不是陡降的。

**2. 温度对土体结构的影响**

热循环加载会导致微观结构的重排和降解。升温能够使大的土体颗粒断裂为小的颗粒,并且该过程是不可逆的。热循环加载过后,土颗粒出现了降解,土颗粒间的连接出现了破坏,因而土体被压实。Leroueil 和 Marques(1996)的研究支持这种观点,他们指出温度能够改变土颗粒间的粘结强度,改变颗粒间的滑动性能,从而影响宏观结构的力学响应。

综上所述,温度主要是通过两种机理来影响土体的力学性能:① 升温导致了吸附水的脱离,使土颗粒的连接由吸附水间的连接逐渐转变为固体间的连接,从而压实了土体;② 温度变化能够破坏土颗粒间的连接,降解大的土颗粒,进而导致了土颗粒间的重排,引起了不可逆的变形。上述两种机理的共同作用,导致了本节前述的各种温度效应对力学性能的影响。

## 4.1.6    热-粘塑性本构模型的研究现状

虽然目前对岩土体的热-粘塑性规律有了较好的认识,并能从机理上解释其发生的原因,但是已有的热-粘塑性本构模型还较少,主要由 Modaressi 和 Laloui(1997),Yashima 等(1998),Zhou 等(2011),Raude 等(2016)提出。上述本构模型均采用 Perzyna 的超应力理论模拟岩土体的粘塑性特征,通过温度依赖的模型系数(如土体的粘度系数)表现温度效应对粘塑性的影响。虽然这类模型能够模拟一些热-粘塑性特征,但并不能避免 Perzyna 超应力理论本身的一些缺陷。其中,最主要的缺陷是模型的粘塑性参数很难从试验中获取(Yin 等,2010a;Qiao 等,2016)。并且,超应力的定义以及超应力函数的形式随着土体类型的变化而发生变化。Perzyna 超应力理论还不满足连续性准则,存在理论缺陷。

温度效应的引入是通过采用温度依赖的模型参数或硬化函数实现的,然而这种做法是基于经验性认识,不能较好地反映前述章节中温度效应对力学性能的影响规律。另外,不同学者提出了不同的引入温度依赖性模型参数的方法。比如,Modaressi 和 Laloui(1997)类比水的粘度系数,假定 Perzyna 的流体粘度系数与温度呈指数关系;Yashima 等(1998)认为 Perzyna 流体粘度系数的温度依赖性主要体现为固结压力随温度的升高而减小,并采用一个幂函数来描述这种趋势。

为了模拟第 4.1.1—4.1.3 节中总结的温度效应对岩土体力学特性的影响,Campanella 和 Mitchell(1968)提出了第一个概念性的热塑性本构模型。随后,Hueckel 和 Baldi(1990),Laloui 和 Cekerevac(2003),Laloui 和 François(2009)等基于非等温下的临界状态理论构建了各自的热塑性本构模型。他们假定平均有效固结压力随着温度的升高而不断减小,这意味着屈服面随着温度的增加而不断收缩。采用边界面模型,Laloui 和 François 的模型能够反映热循环加载的过程。总之,基于热塑性理论的本构模型能够很好地反映温度对岩土体力学特性的影响。

因此,本章拟提出一个全新的热-粘塑性本构模型来克服上述的各种缺陷。由第 2 章可知,基于非稳定屈服面理论的粘塑性本构模型能够很好地克服 Perzyna 超应力模型的缺陷。而热塑性理论又能够较好地反映温度对岩土体力学特性的影响。所以,本章拟结合热塑性理论将等温条件下的非稳定屈服面理论拓展到非等温条件下,并建立相应的本构模型,以克服上述现有热-粘塑性本构模型的缺陷。

## 4.2 模型的基本假定

基于第 4.1 节的分析,采用第 2.4 节中的非等温非稳定屈服面理论,在构建 ACMEG-TVP 模型时采用了以下假定:

(1)岩土体的临界状态线(CSL)与温度无关,即 $M$ 值与温度无关。

(2)岩土体的弹性模量与温度无关,并且模型采用非线性弹性准则(Hujeux,1985)。

(3)岩土体的应变速率阈值与温度无关。

(4)总应变分为弹性应变和粘塑性应变,其中,弹性应变分为由荷载引起的应变部分和由温度变化引起的应变部分。温度变化只引起弹性体积应变而不引起弹性剪切应变。弹性体积应变增量 $\Delta\varepsilon_{vol}^{e}$ 由式(4-1)计算,

$$\Delta\varepsilon_{vol}^{e}=\frac{\Delta p'}{K}-\beta_s\Delta T \tag{4-1}$$

式中　$\Delta p'$——平均有效应力增量;

　　　$K$——体积弹性模量;

　　　$\beta_s$——土体的体积温度膨胀系数;

$\Delta T$——温差。

（5）模型满足连续性准则。

（6）其他假定参见第 3.1 节。

## 4.3 模型方程及算法

### 4.3.1 屈服面及流动准则

ACMEG-VP 模型拥有两个屈服面，一个是等压屈服面，另一个是偏应力屈服面。这种屈服面假定能够较好地反映一些岩土体的力学特性，但也导致了模型的计算较为复杂。为此，本章拟采用修正剑桥模型的屈服面作为新模型的屈服面，并以此说明非等温状态下的非稳定屈服面理论的合理性。然而，根据不同土体的力学性能，屈服面的具体形式可以发生变化，但这并不影响非等温条件下非稳定屈服面理论的合理性。因此，新模型的屈服面为，

$$f = q^2 + M^2 p'(p' - p'_c) = 0 \tag{4-2}$$

式中  $f$——屈服函数；

$q$——剪应力；

$p'$——平均有效应力；

$p'_c$——平均有效固结压力；

$M$——临界状态线的斜率，可以采用式（4-3）计算，

$$M = \frac{6\sin\phi'}{3 - \sin\phi'} \tag{4-3}$$

式中，$\phi'$ 是土体的有效摩擦角。模型采用关联的流动性准则，故模型的热-粘塑性势函数 $g$ 与屈服函数 $f$ 相同，即，

$$g = f = q^2 + M^2 p'(p' - p'_c) = 0 \tag{4-4}$$

### 4.3.2 硬化准则

采用平均有效固结压力作为硬化中间变量，其随着热粘塑性体应变、热粘塑性体应变速率和温度的改变而变化。因此，热粘塑性体应变、热粘塑性体应变速率和温度为本模型的硬化因子。为了描述平均有效固结压力、热粘塑性体应变、热粘塑性体应变速率和温度之间的关系，本书采用了 Laloui 等（2008）提出的公式，具体如式（4-5）所示，

$$p'_c = p'_{c0} \exp(\beta \, \varepsilon_{vol}^{vp}) \tag{4-5(a)}$$

$$p'_{c0} = p'_{c0,ref} \left( \frac{\dot{\varepsilon}_{vol}^{vp}}{\dot{\varepsilon}_{vol,ref}^{vp}} \right)^{C_A} \left[ 1 - \gamma \lg\left( \frac{T}{T_{ref}} \right) \right] \tag{4-5(b)}$$

式中  $p'_{c0}$ 和 $p'_c$——分别是在热粘塑性体应变速率 $\dot{\varepsilon}_{vol}^{vp}$ 和温度 $T$ 的作用下，热粘塑性体应变为 0 和 $\varepsilon_{vol}^{vp}$ 时的平均有效固结压力；

$p'_{c0,ref}$——参考热粘塑性体应变速率 $\dot{\varepsilon}_{vol,ref}^{vp}$ 和参考温度 $T_{ref}$ 作用下，热粘塑性体应变为 0 时的平均有效固结压力；

$\beta$——热粘塑性刚度，它是（$\varepsilon_{vol}^{vp}$-ln $p'$）平面内临界状态线斜率的倒数；

$C_A$ 和 $\gamma$——土体参数，其中 $C_A$ 可以通过式（2-2）进行计算。软粘土的 $C_A$ 值常为

$0.02\sim0.07$(Mesri 等，1995；Laloui 等，2008)。$\gamma$ 的值多为 $0.1\sim1.3$(Laloui 和 Cekerevac，2003；Laloui 等，2008)。

由式(4-4)和式(4-5)可知，屈服面的大小随着 $\varepsilon_{\text{vol}}^{\text{vp}}$，$\dot{\varepsilon}_{\text{vol}}^{\text{vp}}$ 和 $T$ 的变化而变化，它们之间的关系如图 4-17 所示。随着热粘塑性体应变的积累，热粘塑性体应变速率的增大，以及温度的降低，屈服面不断向外扩展。

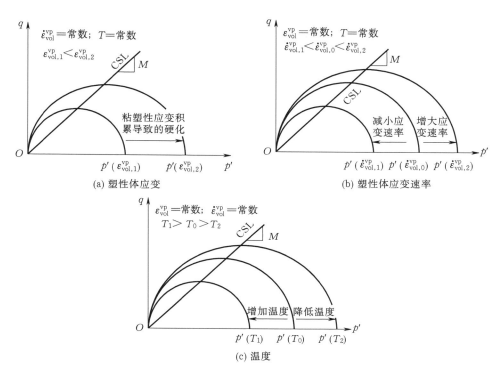

图 4-17  ACMEG-TVP 模型的硬化机理

### 4.3.3  数值算法

根据流动性法则，热-粘塑性体应变增量 $\Delta\varepsilon_{\text{vol}}^{\text{vp}}$ 和偏应变增量 $\Delta\varepsilon_{\text{dev}}^{\text{vp}}$ 可采用式(4-6)计算，

$$\Delta\varepsilon_{\text{vol}}^{\text{vp}}=\lambda\,\frac{\partial g}{\partial p'}=\lambda\big[M^2(2p'-p_{\text{c}}')\big] \qquad [4\text{-}6(\text{a})]$$

$$\Delta\varepsilon_{\text{dev}}^{\text{vp}}=\lambda\,\frac{\partial g}{\partial q}=2q\lambda \qquad [4\text{-}6(\text{b})]$$

式中，$\lambda$ 是非负的热-粘塑性乘子，它可以通过求解连续性方程获得(Prager，1949)。

$$\Delta f=\frac{\partial f}{\partial \sigma_{ij}'}\Delta\sigma_{ij}'+\frac{\partial f}{\partial \varepsilon_{ij}^{\text{vp}}}\Delta\varepsilon_{ij}^{\text{vp}}+\frac{\partial f}{\partial \dot{\varepsilon}_{\text{vol}}^{\text{vp}}}\Delta\dot{\varepsilon}_{\text{vol}}^{\text{vp}}+\frac{\partial f}{\partial T}\Delta T=0 \qquad (4\text{-}7)$$

当前加载步的粘塑性体应变速率为，

$$\dot{\varepsilon}_{\text{vol}}^{\text{vp}}=\frac{\Delta\varepsilon_{\text{vol}}^{\text{vp}}}{\Delta t}=\frac{\lambda\big[M^2(2p'-p_{\text{c}}')\big]}{\Delta t} \qquad (4\text{-}8)$$

式中，$\Delta t$ 是当前加载步的时间增量。粘塑性体应变速率的改变量为，

$$\Delta \dot{\varepsilon}_{\text{vol}}^{\text{vp}} = \dot{\varepsilon}_{\text{vol}}^{\text{vp}} - \dot{\varepsilon}_{\text{vol},1}^{\text{vp}} = \frac{\Delta \varepsilon_{\text{vol}}^{\text{vp}}}{\Delta t} - \dot{\varepsilon}_{\text{vol},1}^{\text{vp}} \tag{4-9}$$

式中，$\dot{\varepsilon}_{\text{vol},1}^{\text{vp}}$ 为上一加载步结束时的粘塑性体应变速率。

当应变加载量为 $\Delta \varepsilon_{kl}^{\text{vp}}$ 时，对应的弹性应力增量为，

$$\Delta \sigma_{ij}' = D_{ijkl} (\Delta \varepsilon_{kl} - \Delta \varepsilon_{kl}^{\text{Te}} - \Delta \varepsilon_{kl}^{\text{vp}}) \tag{4-10}$$

式中 $D_{ijkl}$——四阶弹性张量；

$\quad\quad \Delta \varepsilon_{kl}^{\text{vp}}$——由式(4-6)计算的粘塑性应变增量；

$\quad\quad \Delta \varepsilon_{kl}^{\text{Te}}$——温度引起的弹性应变增量，由式(4-11)计算，

$$\Delta \varepsilon_{kl}^{\text{Te}} = \frac{1}{3} \beta_s \Delta T \delta_{kl} \tag{4-11}$$

式中，$\delta_{kl}$ 是 Kronecker 张量。将式(4-4)—式(4-6)，式(4-9)—式(4-11)代入式(4-7)可得，

$$\frac{\partial f}{\partial \sigma_{ij}'} D_{ijkl} \Delta \varepsilon_{kl} + A \Delta T + B \lambda + C = 0 \tag{4-12}$$

式中，

$$\frac{\partial f}{\partial \sigma_{ij}'} = \frac{\partial g}{\partial \sigma_{ij}'} = 3 \begin{bmatrix} \sigma_{11}' - p & \sigma_{12}' & \sigma_{13}' \\ \sigma_{21}' & \sigma_{11}' - p' & \sigma_{23}' \\ \sigma_{31}' & \sigma_{32}' & \sigma_{11}' - p' \end{bmatrix} + \frac{M^2(2p' - p_c')}{3} \begin{bmatrix} 1 & 0 & 0 \\ 0 & 1 & 0 \\ 0 & 0 & 1 \end{bmatrix} \tag{4-13}$$

$$D_{ijkl} \Delta \varepsilon_{kl} = \begin{bmatrix} F_1 & F_4 & F_5 \\ F_4 & F_2 & F_6 \\ F_5 & F_6 & F_3 \end{bmatrix} \tag{4-14}$$

$$F_m = E_{mn} x_n \tag{4-15}$$

$$F_m = \{ F_1 \quad F_2 \quad F_3 \quad F_4 \quad F_5 \quad F_6 \} \tag{4-16}$$

$$x_n = \{ \Delta \varepsilon_{11} \quad \Delta \varepsilon_{22} \quad \Delta \varepsilon_{33} \quad \Delta \varepsilon_{12} \quad \Delta \varepsilon_{13} \quad \Delta \varepsilon_{23} \} \tag{4-17}$$

$$E_{mn} = \begin{bmatrix} K + \frac{4}{3}G & K - \frac{2}{3}G & K - \frac{2}{3}G & 0 & 0 & 0 \\ K - \frac{2}{3}G & K + \frac{4}{3}G & K - \frac{2}{3}G & 0 & 0 & 0 \\ K - \frac{2}{3}G & K - \frac{2}{3}G & K + \frac{4}{3}G & 0 & 0 & 0 \\ 0 & 0 & 0 & 2G & 0 & 0 \\ 0 & 0 & 0 & 0 & 2G & 0 \\ 0 & 0 & 0 & 0 & 0 & 2G \end{bmatrix} \tag{4-18}$$

$$A = \frac{\partial f}{\partial p_c'} \frac{\partial p_c'}{\partial T} - \frac{\beta_s}{3} \frac{\partial f}{\partial \sigma_{ij}'} D_{ijkl} \delta_{kl} = \frac{M^2 p' p_c'}{1 - \gamma \lg\left(\frac{T}{T_{\text{ref}}}\right)} \frac{\gamma}{T \ln 10} - K \beta_s \frac{\partial f}{\partial \sigma_{ij}'} \delta_{ij} \tag{4-19}$$

$$B = \frac{\partial f}{\partial p_c'} \frac{\partial p_c'}{\partial \varepsilon_{\text{vol}}^{\text{vp}}} \frac{\partial g}{\partial p'} + \frac{\partial f}{\partial p_c'} \frac{\partial p_c'}{\partial \dot{\varepsilon}_{\text{vol}}^{\text{vp}}} \frac{\partial g}{\partial p'} - \frac{\partial f}{\partial \sigma_{ij}'} D_{ijkl} \frac{\partial g}{\partial \sigma_{kl}'}$$

$$= M^4 p' p_c' (p_c' - 2p') \left( \beta + \frac{C_A}{\dot{\varepsilon}_{\text{vol}}^{\text{vp}} \Delta t} \right) - \frac{\partial f}{\partial \sigma_{ij}'} D_{ijkl} \frac{\partial g}{\partial \sigma_{kl}'} \tag{4-20}$$

$$C = -\frac{\partial f}{\partial p_c'}\frac{\partial p_c'}{\partial \dot{\varepsilon}_{vol}^{vp}}\dot{\varepsilon}_{vol,1}^{vp} = -M^2 p' p_c' C_A \frac{\dot{\varepsilon}_{vol,1}^{vp}}{\dot{\varepsilon}_{vol}^{vp}} \tag{4-21}$$

式(4-12)是一个非线性方程,可以采用牛顿-辛普森算法进行求解。编制该模型的程序思路与第 3 章相同。

## 4.4  模型参数及选取方法

ACMEG-TVP 模型总共包括三类参数:① 与时间和温度无关的参数,包括参考弹性体积模量 $K_{ref}$,参考弹性剪切模量 $G_{ref}$,参考有效应力 $p_{ref}'$,非线性弹性指数 $n$,热粘塑性刚度 $\beta$,有效摩擦角 $\phi'$,参考热粘塑性体应变速率 $\dot{\varepsilon}_{vol,ref}^{vp}$ 下的有效固结压力 $p_{c,ref}'$;② 与时间有关的参数,包括材料参数 $C_A$ 和极限应变速率阈值 $\dot{\varepsilon}_{vol,thr}^{vp}$;③ 与温度有关的参数,包括材料参数 $\gamma$ 和弹性体积膨胀系数 $\beta_s$。其中,前两类参数的选取方法已经在第 3.3 节中进行了论述,在此不再赘述。需要指出的是,在获取与温度无关的参数时应采用等温条件下的试验结果。否则,需要考虑温度的修正。

由式[4-5(b)]可以求得参数 $\gamma$,如式(4-22)所示,

$$\gamma = \frac{1 - \dfrac{p_{c0}'}{p_{c0,ref}'}\left(\dfrac{\dot{\varepsilon}_{vol,ref}^{vp}}{\dot{\varepsilon}_{vol}^{vp}}\right)^{C_A}}{\lg\left(\dfrac{T}{T_{ref}}\right)} \tag{4-22}$$

当 $C_A$ 已知时,仅需要两组不同温度下的恒定应变速率的加载试验就可获取 $\gamma$ 值。假定 $p_{c1}'$ 和 $p_{c2}'$ 分别是应变加载速率为 $\dot{\varepsilon}_{vol,1}(T_1)$ 和 $\dot{\varepsilon}_{vol,2}(T_2)$ 下的平均有效固结压力,忽略弹性应变速率的影响,$\gamma$ 值可由式(4-23)计算,

$$\gamma = \frac{1 - \dfrac{p_{c1}'}{p_{c2}'}\left(\dfrac{\dot{\varepsilon}_{vol,2}^{vp}}{\dot{\varepsilon}_{vol,1}^{vp}}\right)^{C_A}}{\lg\left(\dfrac{T_1}{T_2}\right)} \tag{4-23}$$

当 $C_A$ 非已知时,需要两组不同温度下的等应变速率加载试验来获取 $\gamma$ 值。假定 $p_{c1}'$ 和 $p_{c2}'$ 分别是温度 $T_1$ 和 $T_2$ 下的平均有效固结压力,则 $\gamma$ 值为,

$$\gamma = \frac{1 - \dfrac{p_{c1}'}{p_{c2}'}}{\lg\left(\dfrac{T_1}{T_2}\right)} \tag{4-24}$$

参考温度 $T_{ref}$ 可以根据使用者的需求随意选取,但一般选取初始时刻的温度为参考温度。当选定了参考温度 $T_{ref}$ 和参考应变速率 $\dot{\varepsilon}_{vol,ref}^{vp}$ 以后,其对应的平均有效固结压力 $p_{c,ref}'$ 可以采用式(4-25)计算,

$$p_{c,ref}' = p_{c1}'\left(\frac{\dot{\varepsilon}_{vol,ref}^{vp}}{\dot{\varepsilon}_{vol,1}^{vp}}\right)^{C_A}\left[1 - \gamma\lg\left(\frac{T_{ref}}{T_1}\right)\right] \tag{4-25}$$

土体的弹性体积膨胀系数 $\beta_s$ 可以从降温阶段的体积变形,或者 OCR 值很大的土体的热循环变形结果根据式(4-11)计算求得。

## 4.5 模型的力学响应特征

与 ACMEG-VP 模型相比，ACMEG-TVP 模型能够考虑温度效应对粘塑性的影响。本节从理论上论述加热和降温过程中的模型响应，并着重分析温度变化对蠕变过程的影响。为了方便叙述和理解，本节忽略弹性应变速率的影响，并且假定升温过程和降温过程都是瞬时完成的。

### 4.5.1 升温过程

式[4-5(b)]定义了平均有效固结压力与塑性体积应变速率和温度的关系，可以看作是两个平面内的两组屈服面线，即等温条件下$[\ln(\dot{\varepsilon}_{\text{vol}}) - p']$平面内的屈服线和等体积应变速率条件下$(T - p')$平面内的屈服线。为了区分和描述单个的屈服线，需知道应变速率阈值下的平均有效固结压力和参考温度下的平均有效固结压力，并且上述平均有效固结压力可分别作为对应平面内的屈服线的硬化因子。本章定义在$[\ln(\dot{\varepsilon}_{\text{vol}}) - p']$平面内的屈服线为应变速率塌落（SRC）曲线，在$(T - p')$平面内的屈服线为温度塌落（TC）曲线。图 4-18(a)和图 4-18(b)分别给出一组 SRC 曲线和 TC 曲线，并且$[\ln(\dot{\varepsilon}_{\text{vol}}) - p']$平面的初始温度是$T_1$，而$(T - p')$平面的初始应变速率为$\dot{\varepsilon}_{\text{vol},1}$。当应变速率小于应变速率极限阈值时，SRC 曲线变为一条垂直于$p'$轴的直线。

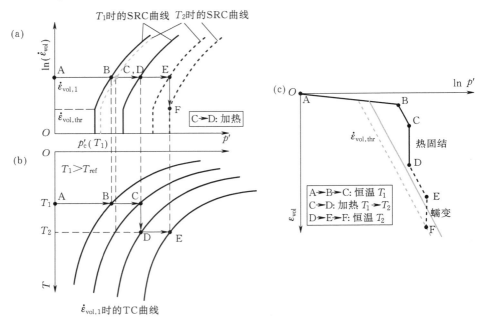

图 4-18　升温情况下的模型响应

图 4-18 描述了升温过程中的模型响应。假定试样从初始应力状态 A 点开始加载，且加载速率恒定为$\dot{\varepsilon}_{\text{vol},1}$[图 4-18(a)]。试样的初始温度为$T_1$，当应力路径与 SRC（或 TC）交于 B 点时，试样开始屈服，粘塑性应变开始积累。SRC 曲线和 TC 曲线也随着粘塑性应变的积累不断向右移动。在应力状态 C 点处，温度由$T_1$升高到$T_2$。由式[4-5(b)]可知，平均有效固结压

力将减小,导致应力状态 D 点大于 $T_2$ 状态下的平均有效固结压力[图 4-18(b)]。同时,在 $[\ln(\dot{\varepsilon}_{vol}) - p']$ 平面内,SRC 曲线也向左移动到图中灰色虚线位置。因此,应力状态 D 点位于对应的 SRC 曲线右侧。但根据连续性准则,应力状态点必须位于屈服线上或以左,所以,塑性变形将发生快速积累,使 SRC(TC)曲线移动到应力状态 D 处。需要指出的是,图 4-18 中的加载速率在升温过程中被假定为定值,而实际上其在升温初始阶段快速增大,而在恒温阶段是逐渐减小的。因此,升温过程引起了压缩变形,如图 4-18(c)中 CD 段所示。在相同的应变速率加载情况下,$T_2$ 温度下的压缩曲线(DE 段)与 $T_1$ 对应的压缩曲线(BC 段)相互平行。

如果在应力状态 E 点开始蠕变加载,那么应力路径 EF 将垂直向下移动。因为蠕变过程中,平均有效应力保持不变并且应变速率不断减小。当应变速率减小为极限应变速率阈值时,粘塑性将消失,变形不再增加,如图 4-18(c)所示。由于温度升高会导致最终稳定状态屈服面的收缩,所以在恒定荷载下的蠕变变形随着温度的升高而不断增加。

## 4.5.2  降温过程

图 4-19 描述了降温过程中的模型响应。除了 CD 段是一个降温过程外,其余应力加载方式和应力途径均与第 4.5.1 节相同。在降温过程中,平均有效固结压力不断增大,导致应力状态 D 点位于对应的 TC 曲线以左。由于应力路径 CD 全部位于 TC 曲线左侧,所以 CD 段只发生温度引起的弹性压缩变形。在后续加载 DE 段,试样同样表现为弹性变形[图 4-19(c)]。这种响应也可以在 $[\ln(\dot{\varepsilon}_{vol}) - p']$ 平面内进行解释。随着温度的降低,SRC 曲线不断向右移动,从而使当前的应力状态位于 SRC 曲线的左侧。因此在 CD 和 DE 段,只有弹性变形发生。但是 CD 段的变形是由于降温引起的,而 DE 段的变形是由于加载引起的。从应力状态 F 点开始的蠕变过程与第 4.5.1 节相同。但是,由于最终稳定状态屈服面在降温过程中不断膨胀,使当前应力状态与最终稳定状态屈服面间的距离不断减小,从而引起了蠕变变形的减小。所以,在恒定荷载作用下,蠕变变形随着温度的降低而减小。

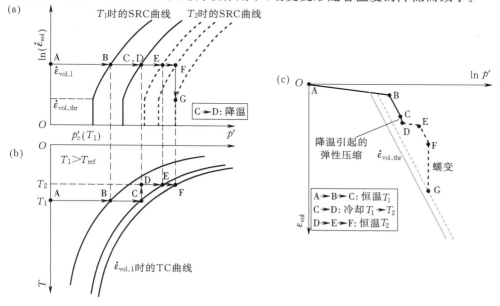

图 4-19  降温情况下的模型响应

### 4.5.3 温度变化对蠕变的影响过程

假定一个蠕变过程从应力状态 A 点开始,则其应力路径在$[\ln(\dot{\varepsilon}_{vol})-p']$平面内垂直向下,如图 4-20(a)中 AB 段所示,其对应的应变速率发展趋势如图 4-20(c)中 AB 段所示。如果在应力状态 B 点升高温度,则新的应力状态 C 点将移动到对应的 TC 曲线右侧,所以塑性应变应该快速发生使 TC 曲线移动到 C 处。但是塑性应变的发生需要一定的时间(粘塑性假定),并不能立刻产生。由于此时的应力状态必须位于流动的屈服面上,所以应变速率必须增大来弥补塑性应变硬化的不足。这一响应可以较好地在$[\ln(\dot{\varepsilon}_{vol})-p']$平面内进行解释。由于温度的升高,SRC 曲线向左移动到图 4-20(a)中虚线的位置。由于应力状态点必须位于屈服线上,所以应变速率由$\dot{\varepsilon}_{vol,2}$增加到$\dot{\varepsilon}_{vol,3}$。在随后的蠕变过程中,应变速率不断减小[图 4-20(c)],当其值等于应变速率阈值时,蠕变停止。

如果在 B 点降低温度,则新的应力状态 D 点将移动到 TC 曲线左侧[图 4-20(b)],同时在$[\ln(\dot{\varepsilon}_{vol})-p']$平面内,SRC 曲线移动到图 4-20(a)$T_2$时的 SRC 曲线位置。为保证应力状态位于流动的屈服面上,应变速率必须由$\dot{\varepsilon}_{vol,2}$降低到$\dot{\varepsilon}_{vol,4}$。在随后的蠕变过程中,应变不断积累而应变速率不断减小[图 4-20(c)]。蠕变过程中,升温和降温对应变速率的影响如图 4-20(c)所示。

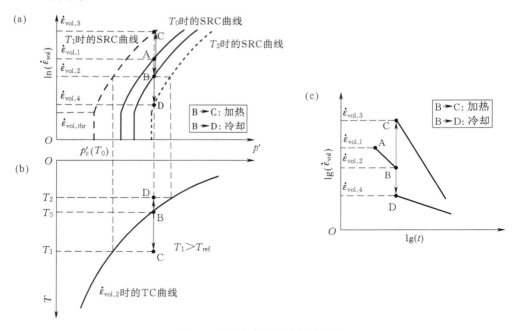

图 4-20　温度对蠕变过程的影响

## 4.6　模型验证

本节采用各种热-力耦合加载路径下的室内试验结果对 ACMEG-TVP 模型进行了验证,主要包括非等温恒定应变速率加载试验、非等温变应变速率加载试验、热循环加载试验、热蠕变试验和考虑温度变化的应力松弛试验。

## 4.6.1 非等温恒定应变速率加载试验

Marques 等(2004)开展了一系列非等温的恒定应变速率加载试验,用来研究St-Roch-de-l'Achigan粘土的粘塑性特征。每一组试验都是在特定的温度和特定的应变速率下进行的,其中温度的变化范围在 10~50℃之间,应变速率为 $1.0 \times 10^{-7}/s$ 和 $1.0 \times 10^{-5}/s$。根据加载应变速率为 $1.0 \times 10^{-5}/s$,温度分别为 10℃和 30℃ 的两组试验结果,$\gamma$ 值由式(4-24)计算而得。$C_A$ 值由 10℃下的两组不同的应变加载速率($1.0 \times 10^{-7}/s$ 和 $1.0 \times 10^{-5}/s$)的试验结果求得。其余的模型参数依据压缩曲线的特征,按照第 3.3 节的方法获得。所有的模型参数如表 4-1 所示。

表 4-1 St-Roch-de-l'Achigan 粘土的模型参数

| 参数 | 单位 | 数值 |
|---|---|---|
| 弹性参数 | | |
| $K_{ref}, G_{ref}, p'_{ref}, n$ | [MPa], [MPa], [MPa], [−] | 183.7, 106.6, 1.0, 1.0 |
| 塑性参数 | | |
| $\phi_0, \beta, p'_{c,ref}$ | [°], [−], [kPa] | 36.4, 2.23, 77.10 |
| 粘性参数 | | |
| $C_A, \dot{\epsilon}^{vp}_{vol,ref} = \dot{\epsilon}^{vp}_{vol,thr}$ | [−], [s^{-1}] | 0.057 1, $1.0 \times 10^{-10}$ |
| 温度参数 | | |
| $\beta_s, \gamma, T_{ref}$ | [−], [−], [℃] | $5.0 \times 10^{-5}$, 0.26, 10 |

图 4-21(a)是应变速率相同而温度不同的试验结果和模拟结果。其中,温度为 10℃和30℃的试验结果用来计算和反馈表 4-1 中与温度有关的模型参数,然后来预测温度为50℃的试验结果。当竖向应变小于 20%时,预测结果与实测结果相吻合,表明了ACMEG-TVP 模型在描述温度效应方面的能力。图 4-21(b)是等温条件下不同应变速率加载下的试验结果和模拟结果。其中,应变速率为 $1.0 \times 10^{-7}/s$ 和 $1.0 \times 10^{-5}/s$ 的试验结果用来计算和反馈表 4-1 中与粘性有关的模型参数。当竖向应变小于 20%时,应变速率为 $6.57 \times 10^{-7}/s$ 的试验预测结果与试验测试结果一致,表明了 ACMEG-TVP 模型在描述应变速率效应方面的能力。然而,当竖向应变大于 20%时,模型预测结果与实测结果开始出现偏差,其原因是 ACMEG-TVP 模型采用了恒定的 $\beta$ 值,而实际上 $\beta$ 值随着应变的增加而增大。为了改进大应变时的模拟结果,可以采用线性的 $\lg(1+e)-\lg(p')$ 关系(Borja 和 Tamagnini,1998)。具体做法请参见相关文献,在此不再赘述。

Boudali 等(1994)研究的试验结果被用来进一步验证 ACMEG-TVP 模型在描述温度与应变速率综合效应方面的能力。他们试验的对象是 Berthierville 粘土。本书共分析四组试验结果,其中三组试验结果被用来计算和反馈表 4-2 中的模型参数。$C_A$ 值由 35℃下的两组不同的应变加载速率($1.6 \times 10^{-7}/s$ 和 $1.0 \times 10^{-5}/s$)的试验结果求得。根据温度为35℃、应变速率为 $1.0 \times 10^{-5}/s$,以及温度为 5℃、应变速率为 $1.6 \times 10^{-7}/s$ 的两组试验结果,$\gamma$ 值由式(4-22)计算而得。其余的模型参数依据温度为 5℃、应变速率为 $1.6 \times 10^{-7}/s$ 的压缩曲线结果,由第 3.3 节方法获得。模型校验结果和预测结果如图 4-22 所示。当应变小于 15%时,预测结果能够较好地重现实测数据。应变大于 15%时的误差是由恒定的 $\beta$ 值假定引起的。综上所述,ACMEG-TVP 模型能够很好地描述温度效应、应变速率效应以及它们二者之间的综合效应对岩土体力学特征的影响。

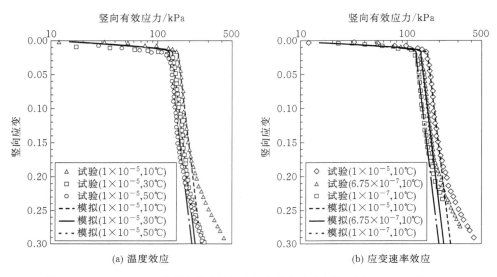

(a) 温度效应          (b) 应变速率效应

图 4-21　ACMEG-TVP 模型在非等温恒定应变速率试验中的验证(Marques 等,2004)

**表 4-2　Berthierville 粘土的模型参数**

| 参数 | 单位 | 数值 |
|---|---|---|
| 弹性参数 | | |
| $K_{ref}$,$G_{ref}$,$p'_{ref}$,$n$ | [MPa],[MPa],[MPa],[-] | 131.0,76.0,1.0,1.0 |
| 塑性参数 | | |
| $\phi_0$,$\beta$,$p'_{c,ref}$ | [°],[-],[kPa] | 25.0,5.4,37.34 |
| 粘性参数 | | |
| $C_A$,$\dot{\epsilon}^{vp}_{vol,ref}=\dot{\epsilon}^{vp}_{vol,thr}$ | [-],[s$^{-1}$] | 0.056 0,1.0×10$^{-10}$ |
| 温度参数 | | |
| $\beta_s$,$\gamma$,$T_{ref}$ | [-],[-],[℃] | 5.0×10$^{-5}$,0.26,5 |

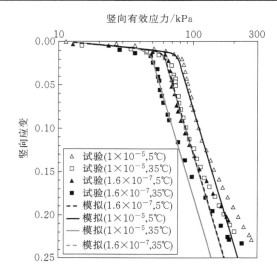

图 4-22　ACMEG-TVP 模型在非等温恒定应变速率试验中的验证:
温度与应变速率的综合效应(Boudali 等,1994)

### 4.6.2 非等温变应变速率加载试验

本节分析了两组非等温变应变速率的加载试验,并用来验证 ACMEG-TVP 模型在描述变速率过程方面的能力。Tsutsumi 和 Tanaka(2012)对 OsakaMa 土样进行了两组特殊的恒定速率加载试验,结果如图 4-23 所示。两组试验分别在 10℃ 和 50℃ 下进行。两组试验的初始加载速率均为 $3.0×10^{-6}/s$,当应变为 9.4% 时,两组试验的加载速率均减小为 $3.0×10^{-8}/s$。当加载到应变为 11.5% 时,应变速率再次增加到 $3.0×10^{-6}/s$。定义参数 $R$ 为当前平均有效应力与其对应的参考压缩线上的平均有效应力的比值(Tsutsumi 和 Tanaka,2011)。在应变速率降低过程中(bcd),粘塑性应变速率与 $R$ 的关系如图 4-23(b)所示。所有的模型参数均由试验结果计算求得,如表 4-3 所示。模型的校验结果能够很好地重现试验结果,表明了 ACMEG-TVP 模型的良好性能。

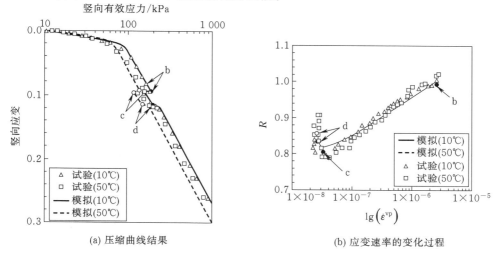

(a) 压缩曲线结果　　　　　　　　(b) 应变速率的变化过程

图 4-23　ACMEG-TVP 模型在非等温变应变速率试验中的验证(Tsutsumi 和 Tanaka,2012)

表 4-3　OsakaMa12 的模型参数

| 参数 | 单位 | 数值 |
|---|---|---|
| 弹性参数 | | |
| $K_{ref},G_{ref},p'_{ref},n$ | [MPa],[MPa],[MPa],[—] | 114.2,57.1,1.0,1.0 |
| 塑性参数 | | |
| $\phi_0,\beta,p'_{c,ref}$ | [°],[—],[kPa] | 24.0,12.47,49.73 |
| 粘性参数 | | |
| $C_A,\dot{\epsilon}^{vp}_{vol,ref}=\dot{\epsilon}^{vp}_{vol,thr}$ | [—],[s$^{-1}$] | 0.048 5,$1.0×10^{-10}$ |
| 温度参数 | | |
| $\beta_s,\gamma,T_{ref}$ | [—],[—],[℃] | $5.0×10^{-5}$,0.40,10 |

应变速率在 b 点快速减小为 $3.0×10^{-8}/s$,而粘塑性应变速率却在 bc 段逐渐减小。其原因是有效应力在 bc 段不断减小,引起了一个负的弹性应变速率。在 bc 过渡段,温度对压缩曲线和粘塑性应变速率的变化几乎不产生影响。在后续的 cd 段,较高的温度却导致了较大的 $R$ 值,这表明 50℃ 时应变速率为 $3.0×10^{-8}/s$ 对应的压缩曲线不断趋近于应变速率为

$3.0 \times 10^{-6}/s$ 对应的压缩曲线。其原因可能是在应变速率较小时,高温导致了新的土体结构,进而强化了土体。因为 ACMEG-TVP 模型没有考虑土体的结构性影响,所以模型预测的 $R$ 值低于试验实测的 $R$ 值。但无论如何,ACMEG-TVP 模型能够很好地模拟应变速率的变化过程(图 4-23 中 bc 段)。

### 4.6.3 热循环加载试验

ACMEG-VP 模型能够模拟加卸载过程中的粘塑性变形。由于 ACMEG-TVP 模型中引入了温度对粘塑性变形的影响,因此其可以描述热循环加载下的岩土体力学响应。为此,本节分析了 Di Donna 和 Laloui(2015b)研究的热循环加载试验结果,并校验了 ACMEG-TVP 模型。试验的对象是 Geneva 粘土,试验所采用的装置是其自主研发的热固结仪。在室温 20℃ 下,试样首先从 1 kPa 加载到 125 kPa。在 125 kPa 的荷载作用下,施加了 4 次 5～60℃ 的热循环加载。升温阶段的温度变化速率为 2 ℃/h,以保证土体内不产生超孔隙水压力。降温阶段的温度变化速率为 5 ℃/h。最后,将试样加载到 2 000 kPa 并卸载。

热循环加载试验的结果如图 4-24 所示。其中,图 4-24(a)是整个试验过程的压缩曲线;图 4-24(b)是热循环施加过程中,土体体积应变与温度的关系曲线;图 4-24(c)是每次热循

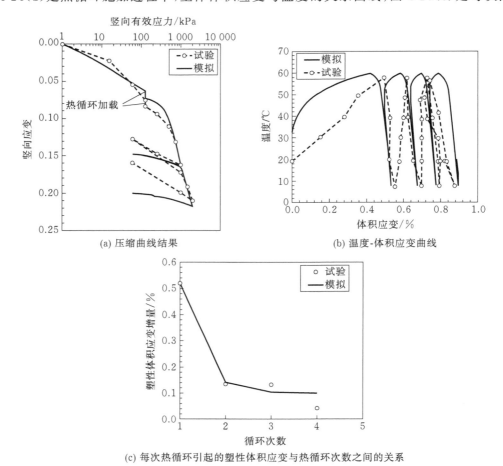

(a) 压缩曲线结果

(b) 温度-体积应变曲线

(c) 每次热循环引起的塑性体积应变与热循环次数之间的关系

图 4-24　ACMEG-TVP 模型在热循环加载试验中的验证(Di Donna 和 Laloui,2015b)

环引起的体积变形与热循环次数的关系。依据第一次热循环引起的变形结果反算分析模型参数 $C_A$ 和 $\gamma$ 值,其余参数由图 4-24(a) 所示的压缩曲线以及 Di Donna 和 Laloui 研究所得的土体参数求得。所有的模型参数如表 4-4 所示。

表 4-4　Geneva 粘土的模型参数

| 参数 | 单位 | 数值 |
|---|---|---|
| 弹性参数 | | |
| $K_{ref}, G_{ref}, p'_{ref}, n$ | [MPa], [MPa], [MPa], [−] | 68.75, 34.375, 1.0, 1.0 |
| 塑性参数 | | |
| $\phi_0, \beta, p'_{c,ref}$ | [°], [−], [kPa] | 25.0, 17.0, 52.8 |
| 粘性参数 | | |
| $C_A, \dot{\epsilon}^{vp}_{vol,ref} = \dot{\epsilon}^{vp}_{vol,thr}$ | [−], [s$^{-1}$] | 0.100, 1.0×10$^{-15}$ |
| 温度参数 | | |
| $\beta_s, \gamma, T_{ref}$ | [−], [−], [℃] | 1.8×10$^{-5}$, 1.41, 20 |

ACMEG-TVP 的模拟结果与试验结果吻合较好。但模型预测的卸载变形小于实测值 [图 4-24(a)],其原因可能是原状试样在加载过程中发生了结构破坏或者损伤,从而使其弹性刚度变小,发生较大的回弹变形。由于模型未考虑结构及损伤的影响,所以其预测值偏小,但模型较好地重现了压缩曲线。在一次升温过程中,模型的预测结果也与实测结果有较大偏差,这是由模型采用热-粘塑的机理模拟温度加载效应引起的。在升温的初始阶段,温度升高产生膨胀变形几乎与因温度升高产生的热粘塑性压缩变形相等,所以没有明显的体积应变。但随着温度的升高,粘塑性变形速率不断增大,进而产生了较大的压缩变形。在降温的初始阶段,应力状态还位于最终稳定状态屈服面以外,粘塑性变形还将继续发生。随着温度的降低,最终稳定状态屈服面不断膨胀,当前应力状态达到最终稳定状态后,只发生因降温引起的弹性压缩变形。由于在每次热循环过程中,都有不可逆的粘塑性变形发生,所以最终稳定状态屈服面随着热循环次数的增加而不断膨胀。因为在热循环施加过程中,应力状态保持恒定,所以应力状态与最终稳定状态屈服面间的距离也随着热循环次数的增加而不断减小,进而导致每次热循环引起的不可逆的变形随着循环次数的增加而减小 [图 4-24(c)]。ACMEG-TVP 模型较好地模拟了前三次热循环引起的不可逆体积变形,却超估了第四次热循环引起的变形。

### 4.6.4　热蠕变试验

Fox 和 Edil(1996)开展了一系列的试验来研究竖向荷载和温度对次固结过程的影响。本节分析其中的两组试验来说明升温和降温对蠕变过程的影响,并验证 ACMEG-TVP 模型。试验的对象是泥煤,其初始含水量为 $500\%\sim625\%$,初始孔隙比为 $8.66\sim11.50$。图 4-25 是包含升温过程的次固结试验结果和模拟结果。其中,$C_A$ 值由 100 kPa 下的次固结变形结果计算求得,$\gamma$ 值由 $24\sim35℃$ 的加载及后续的次固结结果反分析而得。泥煤的模型参数如表 4-5 所示。需要指出的是,在模拟过程中,用恒定应力加载速率的方法模拟主固结过程。该方法可能会引起主固结过程的模拟误差,但对后续的次固结过程影响较小。

模拟结果很好地重现了试验结果,表明了 ACMEG-TVP 模型在模拟升温及应力变化对蠕变过程影响方面的能力。试验过程中的应变速率和粘塑性应变速率结果如图 4-25(b)所示。当应力增大时,应变速率也随之增大。这是因为加载导致应力状态远离最终稳定状态屈服面。当温度升高时,应变速率也增大。这是因为升温导致了最终稳定状态屈服面的收缩,进而增加了应力状态与最终稳定状态屈服面间的距离。另外,$\varepsilon_v - \lg(t)$ 曲线的斜率依赖于应力和温度,并且随着应力的增加或者温度的升高而变大[图 4-25(a)]。$\lg(\dot{\varepsilon}_v) - \varepsilon_v$ 曲线的斜率只依赖于温度而与应力大小无关[图 4-25(b)]。

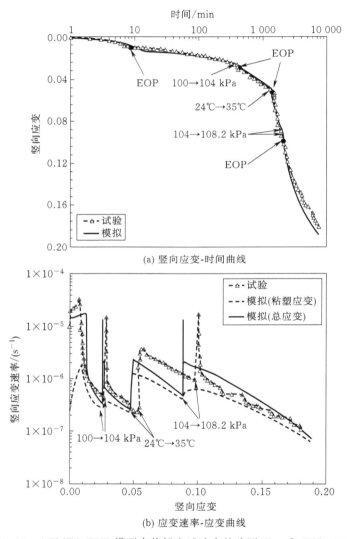

图 4-25　ACMEG-TVP 模型在热蠕变试验中的验证(Fox 和 Edil,1996)

采用同样的模型参数(表 4-5)预测一组含有降温过程的次固结试验,其预测结果和实测结果如图 4-26 所示。预测结果与实测结果吻合较好,尤其是在 55℃下的次固结过程。模拟初始阶段的孔隙比突降是由于快速加载到预定荷载引起的。孔隙比-时间曲线的斜率随着温度的降低而减小,ACMEG-TVP 模型能够很好地反映这种趋势。然而,在降温过程中,模型的预测结果与实测结果相反。模型的预测结果是由降温压缩引起的孔隙比减小的过程,而在实测结果中,孔隙比却出现了增加趋势。目前,对引起这种现象的原因还不明确。可能是由于降温导致了土体内产生了负的孔隙水压力。随着负孔隙水压力的消散,土体的有效应力不断减小,进而产生了土体卸载,使得孔隙比增加。

表 4-5   泥煤的模型参数

| 参数 | 单位 | 数值 |
|---|---|---|
| 弹性参数 | | |
| $K_{ref}$,$G_{ref}$,$p'_{ref}$,$n$ | [MPa],[MPa],[MPa],[−] | 27.37,13.69,1.0,1.0 |
| 塑性参数 | | |
| $\phi_0$,$\beta$,$p'_{c,ref}$ | [°],[−],[kPa] | 25.0,4.17,4.01 |
| 粘性参数 | | |
| $C_A$,$\dot{\epsilon}^{vp}_{vol,ref}=\dot{\epsilon}^{vp}_{vol,thr}$ | [−],[s$^{-1}$] | 0.100,1.0×10$^{-20}$ |
| 温度参数 | | |
| $\beta_s$,$\gamma$,$T_{ref}$ | [−],[−],[℃] | 1.0×10$^{-5}$,1.41,24 |

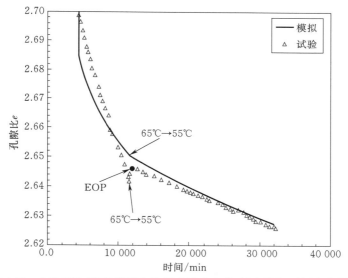

图 4-26   ACMEG-TVP 模型在热蠕变试验中的验证:降温对蠕变的影响
(Fox 和 Edil,1996)

为了进一步验证 ACMEG-TVP 模型在模拟深部软岩热-粘塑性特征方面的能力,本节分析了比利时核废料地质储存库围岩 Boom 软岩的热-粘塑性试验结果。Cui 等(2009)进行了 Boom 软岩的不同温度下的次固结试验,结果如图 4-27 所示。模型参数依据竖向压力为 2.5 MPa,温度为 39.4℃ 和 48.8℃ 的两条变形曲线反分析而得,如表 4-6 所示。模型的预测结果与实测结果一致,尤其是 58.0℃ 和 67.0℃ 所对应的变形曲线。然而模型低估了 76.3℃ 下的变形值,其原因可能是温度过高导致了 Boom 软岩的结构破坏,进而导致了实测变形值较大。因此,模型也低估了 3.0 MPa 下的变形值。但是,模型预测的孔隙比-时间曲线的斜率与实测值基本相同。

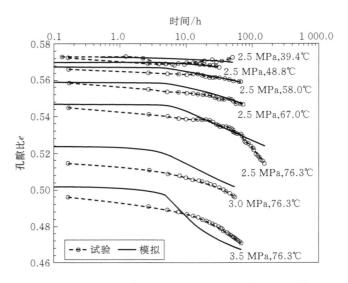

图 4-27  ACMEG-TVP 模型在次固结试验中的验证(Cui 等,2009)

**表 4-6  Boom 软岩的模型参数**

| 参数 | 单位 | 数值 |
|---|---|---|
| 弹性参数 | | |
| $K_{ref}$,$G_{ref}$,$p'_{ref}$,$n$ | [MPa],[MPa],[MPa],[—] | 54.4,27.2,1.0,1.0 |
| 塑性参数 | | |
| $\phi_0$,$\beta$,$p'_{c,ref}$ | [°],[—],[MPa] | 30.0,14.57,0.506 |
| 粘性参数 | | |
| $C_A$,$\dot{\epsilon}^{vp}_{vol,ref}=\dot{\epsilon}^{vp}_{vol,thr}$ | [—],[s$^{-1}$] | 0.06,1.0×10$^{-20}$ |
| 温度参数 | | |
| $\beta_s$,$\gamma$,$T_{ref}$ | [—],[—],[℃] | 1.0×10$^{-5}$,1.13,39.4 |

综上所述,ACMEG-TVP 模型能够很好地模拟热蠕变过程中升温和降温的影响,并能够反映应力变化对热蠕变过程的影响。

### 4.6.5  考虑温度变化的应力松弛试验

本节采用虚拟试验的方法探索了温度变化对应力松弛过程的影响,所采用的模型参数如表 4-7 所示。在室温(20℃)下,四个试样分别用固结仪加载到 300 kPa。在固结完成后,保持竖向压力不变,将一个试样降温到 10℃,两个试样分别升温到 40℃和 60℃,另一个试样保持室温不变。温度稳定后,保持竖向位移不变,开始应力松弛试验。模型的模拟结果如图 4-28 所示。随着温度的升高,最终平衡状态的竖向有效应力随之减小。应力松弛的速率随温度的降低而逐渐减小。Murayama(1969)的试验结果证明了上述结论。

表 4-7 应力松弛试验的模型参数

| 参数 | 单位 | 数值 |
|---|---|---|
| 弹性参数 | | |
| $K_{ref}, G_{ref}, p'_{ref}, n$ | [MPa],[MPa],[MPa],[—] | 110.3,66.0,1.0,1.0 |
| 塑性参数 | | |
| $\phi_0, \beta, p'_{c,ref}$ | [°],[—],[kPa] | 24.0,8.2,41.6 |
| 粘性参数 | | |
| $C_A, \dot{\epsilon}^{vp}_{vol,ref} = \dot{\epsilon}^{vp}_{vol,thr}$ | [—],[s$^{-1}$] | 0.046 5,1.0×10$^{-10}$ |
| 温度参数 | | |
| $\beta_s, \gamma, T_{ref}$ | [—],[—],[℃] | 5.0×10$^{-5}$,0.20,20 |

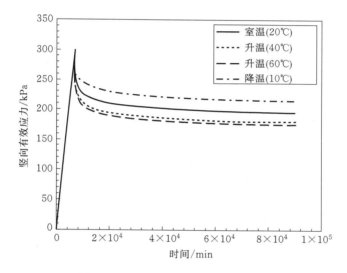

图 4-28 温度对应力松弛试验的影响

# 5 双孔隙结构软土建模理论

本章从热力学的角度,提出考虑双孔隙结构(或者吸附水和毛细水)的非饱和土本构模型框架,给出区分毛细作用和吸附作用的有效应力模型,并构建全吸力范围内的有效应力模型,分析其在干湿循环过程中的响应并用试验数据进行验证。

## 5.1 基于热动力学理论的推导

### 5.1.1 基本假定

Houlsby(1997)、李舰(2014)基于混合物理论,Borja(2006)、Li(2007)、赵成刚和张雪东(2008)基于多相介质理论,从热力学第一定律和第二定律的角度推导了非饱和土的总变形功的形式,并对非饱和土的有效应力形式进行了讨论。他们给出的有效应力形式与广义的有效应力形式一致,并且 Borja(2006)考虑了 Biot 系数的影响。Borja 和 Koliji (2009)分析了双孔隙结构热力学特性,给出了类似于广义有效应力的双孔隙结构的有效应力形式。

上述理论分析均没有考虑吸附水的影响,而仅简单考虑了毛细水的作用。因此,上述推导得到了广义有效应力形式的结果。但吸附水和毛细水的作用机理不同,它们对土体性质产生的影响也不相同。所以在进行热动力分析时,应该区别对待吸附水和毛细水。因此,本节根据 Houlsby(1997)提出的基于混合物介质理论的热动力学分析框架,考虑毛细水和吸附水的不同作用,推导非饱和土的总变形功,并给出相应的有效应力形式。

在基于混合物介质理论的热力学推导过程中,本节采用以下假定:

(1)吸附水存储在土体颗粒的表面或矿物聚集体的内部,不能够自由移动,只能跟随固相一起移动。

(2)吸附水对应的吸力以内力的形式作用在等效固体部分,吸力的变化会引起等效固体部分的变形。

(3)毛细水的性质与自由水相同,并且假定毛细水和吸附水的势能是平衡的。

(4)土颗粒具有双孔隙结构,吸附水存储在微观孔隙中,毛细水存储在宏观孔隙中。在分析宏观孔隙平衡时,土体由聚集体、毛细水和气体构成。聚集体由固相、吸附水和气体构成,并且聚集体满足微观的平衡体系。

(5)水、气和固体之间不能发生相交换。

(6)水、气和固体三相拥有相同的温度。

(7)水和固体是不可压缩的,气体处于理想气体状态。

(8)假定质量、热量和内能在不同相之间不能相互转换。

## 5.1.2　理论推导

在推导过程中,宏观孔隙和微观孔隙的对应项分别用 M 和 m 表示,聚集体用 ag、气体用 g、液体用 $l$ 表示。其中,气相和液相又统称为流体相 α。

土体内各相的相对关系满足式(5-1)的要求,

$$n_M = \frac{V_l^M + V_g^M}{V_{ag} + V_l^M + V_g^M} \qquad [5\text{-}1(a)]$$

$$n_m = \frac{V_l^m + V_g^m}{V_{ag} + V_l^M + V_g^M} \qquad [5\text{-}1(b)]$$

$$V_{ag} = V_s + V_l^m + V_g^m \qquad [5\text{-}1(c)]$$

$$S_r^M = \frac{V_l^M}{V_l^M + V_g^M}, \quad 1 - S_r^M = \frac{V_g^M}{V_l^M + V_g^M} \qquad [5\text{-}1(d)]$$

$$S_r^m = \frac{V_l^m}{V_l^m + V_g^m}, \quad 1 - S_r^m = \frac{V_g^m}{V_l^m + V_g^m} \qquad [5\text{-}1(e)]$$

土体的总应力为各相应力之和,则在宏观尺度上,非饱和土的总应力 $\sigma_{ij}$ 为,

$$\sigma_{ij} = (1 - n_M)s_{ij} + nS_r^M u_l \delta_{ij} + n(1 - S_r^M)u_g \delta_{ij} \qquad (5\text{-}2)$$

式中　$s_{ij}$——作用在聚集体上的平均应力张量;

　　　$u_l$——毛细水的水压;

　　　$u_g$——宏观气压。

非饱和土的密度同样可以表示为各相的加权平均,

$$\rho = (1 - n_M)\rho_{ag} + nS_r^M \rho_l + n(1 - S_r^M)\rho_g \qquad (5\text{-}3)$$

式中　$\rho_{ag}$——聚集体的密度;

　　　$\rho_l$——毛细水的密度;

　　　$\rho_g$——气体的密度。

宏观尺度上,毛细水和气体的超孔隙压力定义为(Houlsby,1997),

$$\tilde{u}_{l,i} = u_{l,i} - \rho_l g_i \qquad [5\text{-}4(a)]$$

$$\tilde{u}_{g,i} = u_{g,i} - \rho_g g_i \qquad [5\text{-}4(b)]$$

式中　$\tilde{u}_{l,i}$ 和 $\tilde{u}_{g,i}$——孔隙水和气体的超孔隙压力;

　　　$g_i$——$i$ 方向上的重力加速度。

式中下标的逗号表示对空间坐标系的求导。

应变速率 $\dot{\varepsilon}_{ij}$ 为,

$$\dot{\varepsilon}_{ij} = -v_{(j,i)} \qquad (5\text{-}5)$$

式中,$v_{(j,i)}$ 是聚集体的速度向量,张量下标中括号表示张量的对称部分。等号右边的负号是因为采用了受压为正的假定。

假定毛细水和气相的平均速度分别为 $f_i^l$ 和 $f_i^g$,则非饱和土的渗流速度为,

$$w_i^l = n_M S_r^M (f_i^l - v_i) \qquad [5\text{-}6(a)]$$

$$w_i^g = n_M (1 - S_r^M)(f_i^g - v_i) \qquad [5\text{-}6(b)]$$

宏观尺度上,非饱和土的动量守恒方程为,

$$-\sigma_{ij,j} + \rho g_i = 0 \qquad (5\text{-}7)$$

Houlsby(1996)和Borja(2006)指出土体的总输入功是作用在土体表面 $A$ 上的面力做功和作用在土体体积 $V$ 上的体力做功之和,故有,

$$\int_V W \mathrm{d}V = -\int_A [n_\mathrm{M} S_\mathrm{r}^\mathrm{M} u_l f_i^l + n_\mathrm{M}(1-S_\mathrm{r}^\mathrm{M}) u_\mathrm{g} f_i^\mathrm{g} + (1-n) s_{ij} v_i] n_j \mathrm{d}A +$$
$$\int_V [n_\mathrm{M} S_\mathrm{r}^\mathrm{M} \rho_l f_i^l + n_\mathrm{M}(1-S_\mathrm{r}^\mathrm{M}) \rho_\mathrm{g} f_i^\mathrm{g} + (1-n)\rho_{\mathrm{ag}} v_i] g_i \mathrm{d}V \qquad (5\text{-}8)$$

式中,$n_j$ 是土体外表面 $A$ 的外法线向量,等号右边第一项前的负号是因为采用了受压为正的假定。

将式(5-2)和式(5-3)代入式(5-8),可得,

$$\int_V W \mathrm{d}V = -\int_A [n_\mathrm{M} S_\mathrm{r}^\mathrm{M} u_l (f_i^l - v_i) + n_\mathrm{M}(1-S_\mathrm{r}^\mathrm{M}) u_\mathrm{g} (f_i^\mathrm{g} - v_i) + \sigma_{ij} v_i] n_j \mathrm{d}A +$$
$$\int_V [n_\mathrm{M} S_\mathrm{r}^\mathrm{M} \rho_l (f_i^l - v_i) + n_\mathrm{M}(1-S_\mathrm{r}^\mathrm{M}) \rho_\mathrm{g} (f_i^\mathrm{g} - v_i) + \rho v_i] g_i \mathrm{d}V \qquad (5\text{-}9)$$

将式(5-6)代入式(5-9),可知,

$$\int_V W \mathrm{d}V = -\int_A (u_l w_i^l + u_\mathrm{g} w_i^\mathrm{g} + \sigma_{ij} v_i) n_j \mathrm{d}A + \int_V (\rho_l w_i^l + \rho_\mathrm{g} w_i^\mathrm{g} + \rho v_i) g_i \mathrm{d}V \qquad (5\text{-}10)$$

运用高斯定理,式(5-10)可变换为,

$$\int_V W \mathrm{d}V = \int_V [-(u_l w_i^l + u_\mathrm{g} w_i^\mathrm{g} + \sigma_{ij} v_i)_{,j} + (\rho_l w_i^l + \rho_\mathrm{g} w_i^\mathrm{g} + \rho v_i) g_i] \mathrm{d}V \qquad (5\text{-}11)$$

式中,等号右边第一项下标的逗号表示对空间坐标的求导。由于式(5-11)对任何土体单元均成立,所以等号两边的被积分量必须相等,故有,

$$W = -(u_l w_i^l + u_\mathrm{g} w_i^\mathrm{g} + \sigma_{ij} v_i)_{,j} + (\rho_l w_i^l + \rho_\mathrm{g} w_i^\mathrm{g} + \rho v_i) g_i \qquad (5\text{-}12)$$

整理式(5-12),并将式(5-4)和式(5-7)代入,可知,

$$W = -u_{l,j} w_i^l - u_{\mathrm{g},j} w_i^\mathrm{g} - \sigma_{ij} v_i - u_l w_{i,i}^l - u_\mathrm{g} w_{i,i}^\mathrm{g} - \sigma_{ij} v_{i,j} +$$
$$\rho_l w_i^l g_i + \rho_\mathrm{g} w_i^\mathrm{g} g_i + \rho v_i g_i \qquad (5\text{-}13)$$
$$= -\tilde{u}_{l,i} w_i^l - \tilde{u}_{\mathrm{g},i} w_i^\mathrm{g} - u_l w_{i,i}^l - u_\mathrm{g} w_{i,i}^\mathrm{g} - \sigma_{ij} v_{i,j}$$

宏观尺度上,聚集体、毛细水和气体的质量守恒方程为,

$$\int_A \rho_{\mathrm{ag}}(1-n_\mathrm{M}) v_i n_i \mathrm{d}A - \int_V c_{\mathrm{ag}} \mathrm{d}V = -\int_V \frac{\mathrm{d}[\rho_{\mathrm{ag}}(1-n_\mathrm{M})]}{\mathrm{d}t} \mathrm{d}V \qquad [5\text{-}14(\mathrm{a})]$$

$$\int_A \rho_l n_\mathrm{M} S_\mathrm{r}^\mathrm{M} f_i^l n_i \mathrm{d}A - \int_V c_l \mathrm{d}V = -\int_V \frac{\mathrm{d}(\rho_l n_\mathrm{M} S_\mathrm{r}^\mathrm{M})}{\mathrm{d}t} \mathrm{d}V \qquad [5\text{-}14(\mathrm{b})]$$

$$\int_A \rho_\mathrm{g} n_\mathrm{M}(1-S_\mathrm{r}^\mathrm{M}) f_i^\mathrm{g} n_i \mathrm{d}A - \int_V c_\mathrm{g} \mathrm{d}V = -\int_V \frac{\mathrm{d}[\rho_\mathrm{g} n_\mathrm{M}(1-S_\mathrm{r}^\mathrm{M})]}{\mathrm{d}t} \mathrm{d}V \qquad [5\text{-}14(\mathrm{c})]$$

式中,$c_{\mathrm{ag}}$,$c_l$ 和 $c_\mathrm{g}$ 分别是聚集体,毛细水和气体与微观结构的质量交换量。

假定液体是不可压缩的,同时考虑式(5-14)在任何情况下均成立,式(5-14)简化为,

$$v_{i,i} = \frac{\dot{n}_\mathrm{M}}{1-n_\mathrm{M}} - \frac{\dot{\rho}_{\mathrm{ag}}}{\rho_{\mathrm{ag}}} + \frac{c_{\mathrm{ag}}}{\rho_{\mathrm{ag}}(1-n_\mathrm{M})} \qquad [5\text{-}15(\mathrm{a})]$$

$$f_{i,i}^l = -\frac{\dot{n}_\mathrm{M}}{n_\mathrm{M}} - \frac{\dot{S}_\mathrm{r}^\mathrm{M}}{S_\mathrm{r}^\mathrm{M}} + \frac{c_l}{\rho_l n_\mathrm{M} S_\mathrm{r}^\mathrm{M}} \qquad [5\text{-}15(\mathrm{b})]$$

$$f_{i,i}^{g}=-\frac{\dot{n}_{M}}{n_{M}}+\frac{\dot{S}_{r}^{M}}{1-S_{r}^{M}}+\frac{c_{g}}{\rho_{g}n_{M}(1-S_{r}^{M})}-\frac{\dot{\rho}_{g}}{\rho_{g}} \qquad [5\text{-}15(c)]$$

式中,"·"表示对时间的导数。在上式简化过程中,假定了土体的孔隙率和宏观饱和度在空间上是均匀分布的。将式(5-15)代入式(5-6),可得,

$$w_{i,i}^{l}=n_{M}S_{r}^{M}(f_{i,i}^{l}-v_{i,i})=-S_{r}^{M}\dot{n}_{M}-n_{M}\dot{S}_{r}^{M}+\frac{c_{l}}{\rho_{l}}+n_{M}S_{r}^{M}\dot{\varepsilon}_{v}$$

$$=S_{r}^{M}\dot{\varepsilon}_{v}-n_{M}\dot{S}_{r}^{M}-(1-n_{M})S_{r}^{M}\frac{\dot{\rho}_{ag}}{\rho_{ag}}+\frac{c_{l}}{\rho_{l}}+S_{r}^{M}\frac{c_{ag}}{\rho_{ag}} \qquad [5\text{-}16(a)]$$

$$w_{i,i}^{g}=n_{M}(1-S_{r}^{M})(f_{i,i}^{g}-v_{i,i})=-(1-S_{r}^{M})\dot{n}_{M}+n_{M}\dot{S}_{r}^{M}+\frac{c_{g}}{\rho_{g}}-n_{M}(1-S_{r}^{M})\frac{\dot{\rho}_{g}}{\rho_{g}}+n_{M}(1-S_{r}^{M})\dot{\varepsilon}_{v}$$

$$=(1-S_{r}^{M})\dot{\varepsilon}_{v}+n_{M}\dot{S}_{r}^{M}-(1-n_{M})(1-S_{r}^{M})\frac{\dot{\rho}_{ag}}{\rho_{ag}}+\frac{c_{g}}{\rho_{g}}+(1-S_{r}^{M})\frac{c_{ag}}{\rho_{ag}}-n_{M}(1-S_{r}^{M})\frac{\dot{\rho}_{g}}{\rho_{g}} \qquad [5\text{-}16(b)]$$

式中,$\dot{\varepsilon}_{v}$是总的体应变速率,$\dot{\varepsilon}_{v}=-v_{i,i}$。聚集体的质量变化是通过与宏观孔隙中的毛细水和气体交换实现的,即式[5-14(a)]中的$c_{ag}$项,所以聚集体的密度变化可以表示为$c_{ag}$的函数,

$$\dot{\rho}_{ag}=\rho_{ag}\frac{\dot{n}_{M}}{1-n_{M}}+\frac{c_{ag}}{1-n_{M}}-\rho_{ag}v_{i,i} \qquad (5\text{-}17)$$

由式(5-1)可知,宏观孔隙率的定义为,

$$n_{M}=\frac{V_{l}^{M}+V_{g}^{M}}{V_{s}+V_{l}^{M}+V_{g}^{M}+V_{l}^{m}+V_{g}^{m}}=\frac{e^{M}}{1+e} \qquad [5\text{-}18(a)]$$

$$e^{M}=\frac{V_{l}^{M}+V_{g}^{M}}{V_{s}}, \quad e^{m}=\frac{V_{l}^{m}+V_{g}^{m}}{V_{s}}, \quad e=\frac{V_{l}^{M}+V_{g}^{M}+V_{l}^{m}+V_{g}^{m}}{V_{s}}=e^{M}+e^{m} \qquad [5\text{-}18(b)]$$

对式[5-18(a)]求时间的导数,可得,

$$\dot{n}_{M}=\frac{\dot{e}^{M}}{1+e}-\frac{e^{M}}{(1+e)^{2}}\dot{e}=-\dot{\varepsilon}_{v}^{M}+n_{M}\dot{\varepsilon}_{v} \qquad [5\text{-}19(a)]$$

$$\dot{\varepsilon}_{v}=-\frac{\dot{e}}{1+e}=-\frac{\dot{e}^{M}+\dot{e}^{m}}{1+e}=\dot{\varepsilon}_{v}^{M}+\dot{\varepsilon}_{v}^{m} \qquad [5\text{-}19(b)]$$

式中,$\dot{\varepsilon}_{v}^{M}$和$\dot{\varepsilon}_{v}^{m}$分别是宏观体应变速率和微观体应变速率。将式(5-19)代入式(5-17),可得,

$$\dot{\rho}_{ag}=\frac{\dot{\varepsilon}_{v}^{m}}{1-n_{M}}\rho_{ag}+\frac{c_{ag}}{1-n_{M}} \qquad (5\text{-}20)$$

微观结构中吸附水和气相的质量守恒方程为,

$$\int_{A}\rho_{l}n_{m}S_{r}^{m}f_{i}^{lm}n_{i}\,dA-\int_{V}c_{lm}\,dV=-\int_{V}\frac{d(\rho_{l}n_{m}S_{r}^{m})}{dt}\,dV \qquad [5\text{-}21(a)]$$

$$\int_{A}\rho_{g}n_{m}(1-S_{r}^{m})f_{i}^{gm}n_{i}\,dA-\int_{V}c_{gm}\,dV=-\int_{V}\frac{d[\rho_{g}n_{m}(1-S_{r}^{m})]}{dt}\,dV \qquad [5\text{-}21(b)]$$

式中,$f_{i}^{lm}$和$f_{i}^{gm}$是吸附水和微观孔隙中气相的速率,它们与固相的速率相等。由于吸附水受物理化学的作用,它均匀地分布在矿物质的表面,所以可以假定它的密度在空间上是均匀

分布的,并且不随时间变化。同时假定微观孔隙中的气体密度在空间和时间上也是均匀分布的。在水势能的作用下,毛细水和吸附水可以相互转化,微观孔隙和宏观孔隙中的气体也可以发生交换,并且满足,

$$c_{lm}+c_l=0 \qquad\qquad [5\text{-}22(a)]$$

$$c_{gm}+c_g=0 \qquad\qquad [5\text{-}22(b)]$$

由于式(5-21)在任何积分体积 $V$ 内均成立,所以运用高斯定理后,被积分量在等号两边必须相等。故有,

$$-\rho_l \dot{n}_m S_r^m - \rho_l n_m \dot{S}_r^m + c_{lm} = \rho_l n_m S_r^m f_{i,i}^{lm} \qquad [5\text{-}23(a)]$$

$$-\dot{\rho}_g n_m (1-S_r^m) - \rho_g \dot{n}_m (1-S_r^m) + \rho_g n_m \dot{S}_r^m + c_{gm} = \rho_g n_m (1-S_r^m) f_{i,i}^{gm} \qquad [5\text{-}23(b)]$$

考虑,

$$f_i^{lm} = f_i^{gm} = v_i \qquad\qquad (5\text{-}24)$$

$$\dot{n}_m = \frac{\dot{e}^m}{1+e} - \frac{e^m}{(1+e)^2}\dot{e} = -\dot{\varepsilon}_v^m + n_m \dot{\varepsilon}_v \qquad\qquad (5\text{-}25)$$

式(5-23)可以简化为,

$$S_r^m \dot{\varepsilon}_v^m - n_m \dot{S}_r^m + \frac{c_{lm}}{\rho_l} = 0 \qquad\qquad [5\text{-}26(a)]$$

$$(1-S_r^m)\dot{\varepsilon}_v^m + n_m \dot{S}_r^m + \frac{c_{gm}}{\rho_g} = 0 \qquad\qquad [5\text{-}26(b)]$$

将式(5-26),式(5-22)和式(5-20)代入式(5-16),可得,

$$w_{i,i}^l = S_r^M \dot{\varepsilon}_v - n_M \dot{S}_r^M - n_m \dot{S}_r^m - \dot{S}_r^M \dot{\varepsilon}_v^m + \dot{S}_r^m \dot{\varepsilon}_v^m \qquad [5\text{-}27(a)]$$

$$w_{i,i}^g = (1-S_r^M)\dot{\varepsilon}_v + n_M \dot{S}_r^M + n_m \dot{S}_r^m - (S_r^m - S_r^M)\dot{\varepsilon}_v^m - n_M (1-S_r^M)\frac{\dot{\rho}_g}{\rho_g} \qquad [5\text{-}27(b)]$$

将式(5-27)代入非饱和土的输入功方程(5-13),可得,

$$\begin{aligned} W &= -\tilde{u}_{l,i} w_i^l - \tilde{u}_{g,i} w_i^g - u_l w_{i,i}^l - u_g w_{i,i}^g - \sigma_{ij} v_{i,j} \\ &= -\tilde{u}_{l,i} w_i^l - \tilde{u}_{g,i} w_i^g + u_g n_M (1-S_r^M)\frac{\dot{\rho}_g}{\rho_g} + \sigma_{ij}\dot{\varepsilon}_{ij} - \\ &\quad u_l S_r^M \dot{\varepsilon}_v + u_l n_M \dot{S}_r^M + u_l n_m \dot{S}_r^m + u_l \dot{S}_r^M \dot{\varepsilon}_v^m - u_l \dot{S}_r^m \dot{\varepsilon}_v^m - \\ &\quad u_g (1-S_r^M)\dot{\varepsilon}_v - u_g n_M \dot{S}_r^M - u_g n_m \dot{S}_r^m + u_g (S_r^m - S_r^M)\dot{\varepsilon}_v^m \\ &= [\sigma_{ij} - u_g \delta_{ij} + (u_g - u_l) S_r^M \delta_{ij}]\dot{\varepsilon}_{ij} - n_M (u_g - u_l)\dot{S}_r^M - n_m (u_g - u_l)\dot{S}_r^m + \\ &\quad (u_g - u_l)(S_r^m - S_r^M)\dot{\varepsilon}_v^m - \tilde{u}_{l,i} w_i^l - \tilde{u}_{g,i} w_i^g + u_g n_M (1-S_r^M)\frac{\dot{\rho}_g}{\rho_g} \end{aligned} \qquad (5\text{-}28)$$

式(5-28)最后一个等号右端的第一项是土骨架变形所做的功,第二项是毛细水饱和度变化所做的功,第三项是吸附水饱和度变化所做的功,第四项是聚集体膨胀或压缩所做的功,第五项和第六项分别是毛细水和气体渗流所做的功,最后一项是宏观孔隙中气相压缩所做的功。

很明显式(5-28)中第一项与应变共轭的应力变量,即经典土力学中的有效应力,故有,

$$\sigma_{ij}' = \sigma_{ij} - u_g \delta_{ij} + s S_r^M \delta_{ij} \qquad\qquad (5\text{-}29)$$

式中, $s$ 为基质吸力,定义为,

$$s = u_g - u_l \tag{5-30}$$

本书假定宏观孔隙内的水是毛细水,所以,

$$S_r^M = S_r^c \tag{5-31}$$

将式(5-31)代入式(5-29)中,可得,

$$\sigma'_{ij} = \sigma_{ij} - u_g \delta_{ij} + s S_r^c \delta_{ij} \tag{5-32}$$

在吸湿过程中,孔隙水首先充填微观孔隙,以吸附水的形式存在,此时的毛细水饱和度几乎为 0。当微观孔隙中的吸附水达到饱和后,孔隙水开始以毛细水的形式填充宏观孔隙。所以,式(5-32)可以改写为,

$$\sigma'_{ij} = \begin{cases} \sigma_{ij} - u_g \delta_{ij}, & S_r^a < 1 \\ \sigma_{ij} - u_g \delta_{ij} + s S_r^c \delta_{ij}, & S_r^a = 1 \end{cases} \tag{5-33}$$

由式(5-33)可知,只有毛细水作用部分的吸力对有效应力产生影响。

为了准确描述非饱和土的水-力特性,不仅需要与(有效应力,应变)这一对功共轭变量,还需要其他功共轭对。式(5-28)等号右端第二项是与毛细水饱和度功共轭的应力变量 $n_M s$。该应力变量被定义为等效吸力,与 Houlsby(1996),Borja 和 Koliji(2009),赵成刚和张雪东(2008)等研究得到的结果相同。式(5-28)等号右端第三项是与吸附水饱和度功共轭的应力变量 $n_m s$。这里与吸附水和毛细水的功共轭应力变量相同,是由于假定了吸附水和毛细水的水势能平衡导致的。但是这并不引起矛盾,因为在高吸力范围内,毛细水的饱和度恒为 0,仅有功共轭对 $(n_m s, S_r^m)$ 存在;而在低吸力范围内,吸附水的饱和度恒为 1,仅有功共轭对 $(n_M s, S_r^M)$ 存在。Borja 和 Koliji(2009)也进行了双孔隙土体结构的热动力学分析,得到了同样的结论:宏观孔隙和微观孔隙的储水过程应分别采用对应的土水特征曲线进行描述。但是他们并没有区分毛细水和吸附水的不同作用,因而得到的有效应力形式与本书不同。

式(5-28)等号右端第四项是聚集体变形所做的功,与微观体积变形功共轭的应力变量为 $s(S_r^m - S_r^M)$。这说明吸附水的吸力以内力的形式作用在聚集体上的假定是合理的。同时,该项也是反映了土体孔隙结构比例参数 $\xi$ 的影响。

由式(5-28)可知,为了描述非饱和土的变形,需要以下四对功共轭对:

$$\sigma'_{ij} = f(\varepsilon_{ij}) \tag{5-34(a)}$$

$$n_M s = f(S_r^c) \tag{5-34(b)}$$

$$n_m s = f(S_r^a) \tag{5-34(c)}$$

$$s(S_r^a - S_r^c) = f(\varepsilon_v) \tag{5-34(d)}$$

由于宏观孔隙率和微观孔隙率的变化可以用上述第一个功共轭对和第四个功共轭对进行计算,故式(5-34)可以简化为,

$$\sigma'_{ij} = f(\varepsilon_{ij}) \tag{5-35(a)}$$

$$s = f(S_r^c) \tag{5-35(b)}$$

$$s = f(S_r^a) \tag{5-35(c)}$$

$$s(S_r^a - S_r^c) = f(\varepsilon_v) \tag{5-35(d)}$$

所以,为了充分地描述非饱和土的变形,需要以下四个因子:描述土骨架变形的力学本构模型,描述毛细水储水过程的 CWRC 模型,描述吸附水储水过程的 AWRC 曲线,以及描述微观孔隙变化的本构关系(或者是描述孔隙结构变化的本构关系)。

当吸附水对整个土体的储水能力贡献较小时，可以忽略不计，如砂土。此时，式(5-28)中的第三项和第四项也可以忽略，所以式(5-35)退化为，

$$\sigma'_{ij} = f(\varepsilon_{ij}) \qquad [5\text{-}36(a)]$$

$$s = f(S_r) \qquad [5\text{-}36(b)]$$

式(5-36)就是非饱和土力学中常用的功共轭对。

### 5.1.3 考虑双孔隙结构的非饱和土模型框架

土体的总应变 $\varepsilon_{ij}$ 可以分解为宏观结构的应变 $\varepsilon_{ij}^M$ 和微观结构的应变 $\varepsilon_v^m$，它们之间的关系如式(5-37)所示，

$$\varepsilon_{ij} = \varepsilon_{ij}^M + \frac{1}{3}\varepsilon_v^m \delta_{ij} \qquad (5\text{-}37)$$

将式(5-37)代入式(5-28)中，并整理可得，

$$W = \left[\sigma_{ij} - u_g \delta_{ij} + (u_g - u_l)S_r^M \delta_{ij}\right]\dot{\varepsilon}_{ij}^M + \left[p - u_g + (u_g - u_l)S_r^m\right]\dot{\varepsilon}_v^m -$$

$$n_M(u_g - u_l)\dot{S}_r^M - n_m(u_g - u_l)\dot{S}_r^m - \tilde{u}_{l,i}w_i^l - \tilde{u}_{g,i}w_i^g + u_g n_M(1 - S_r^M)\frac{\dot{\rho}_g}{\rho_g} \qquad (5\text{-}38)$$

式中，第一项是宏观孔隙对应的有效应力和应变所做的功，第二项是微观孔隙对应的有效应力和应变所做的功，第三项是宏观孔隙中吸力和饱和度所做的功，第四项是微观孔隙中吸力和饱和度所做的功。

综上所述，考虑双孔隙结构的非饱和土本构模型需要分别单独考虑宏观孔隙和微观孔隙尺度上的水力耦合模型，并通过两个尺度之间的相互作用得到整个非饱和土的本构模型。它们之间的关系如图 5-1 所示。模型由 4 个部分构成，分别为① 宏观结构的有效应力-应变模型；② 宏观孔隙的土水特征曲线模型 CWRC；③ 微观结构的有效应力-应变模型；④ 微观孔隙的土水特征曲线模型 AWRC。在每个结构尺度上，力学模型通过改变体积应变和土水特征曲线的进气值来影响土体的储水特性，而土水特征曲线模型过程通过改变对应的有效应力来实现对力学性质的影响。宏观和微观之间的相互作用是通过调整结构参数 $\xi$ 来实现的。

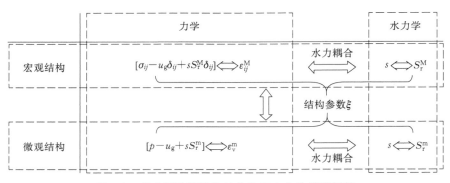

图 5-1　考虑双孔隙结构的非饱和土本构模型框架

图 5-1 所示本构模型框架的核心为每个结构尺度上的水-力耦合模型，以及两个尺度间的相互作用。每个结构尺度上的水-力耦合模型可以采用已经成熟的本构模型进行描述，如宏观尺度上的 ACMEG-s 模型（Nuth 和 Laloui，2008a）、SFG 模型（Zhou 和 Sheng，2009）

等,微观尺度上的 DDL 模型(Komine 和 Ogata,2003)、Gens 和 Alonso(1992)提出的模型等。两个尺度间的相互作用除了通过调整结构参数 $\xi$ 实现外,也可以通过尺度间的相互作用方程实现,如 Gens 和 Alonso(1992)以及 Mašín(2013)提出的相互作用方程。

　　目前已存在的考虑双孔隙结构的非饱和本构模型可以简单地分为三类。第一类模型忽略宏观结构和微观结构的独立性,采用全局的变量进行描述,如 Sun 和 Sun(2012)提出的模型。第二类模型认为膨胀变形是微观结构变形的结果,并忽略宏观结构的影响或者简单地考虑宏观结构的影响,如 Cui 等(2002)和 Koliji 等(2010)提出的模型。第三类模型是与图 5-1 所示框架类似的模型,主要包括 Gens 和 Alonso(1992),Alonso 等(1999),Vecchia 等(2015)和 Mašín(2013)提出的模型。但是他们的模型都是基于试验观察结果构建的,并且 Gens 和 Alonso(1992)的模型是建立在双应力变量(净应力和吸力)的基础上的。而本书提出的图 5-1 所示模型框架是建立在热力学推导的基础上,其理论支撑更强。

　　Khalili 等(2005)以及 Borja 和 Koliji(2009)推导了考虑双孔隙结构的全局有效应力公式。在他们的框架里,双孔隙结构的力学特性通过全局的有效应力和应变关系进行描述,而水力学特性则需要从微观结构和宏观结构两个层次进行描述。该模型框架虽然减少了一个应力-应变力学模型,但却使全局的有效应力公式特别复杂,并且目前还没有得到试验验证。因此,基于全局有效应力的本构模型框架还处于研究的初始阶段,需要大量试验和理论进行验证。

　　综上所述,当前基于图 5-1 所示的分别考虑宏观结构和微观结构水-力耦合特性的本构模型框架是目前最合理的,并且得到试验验证的用于描述双孔隙结构非饱和土水-力特性的模型框架。

## 5.2　全吸力范围内的有效应力模型

### 5.2.1　模型的假定

　　非饱和土内部的孔隙水主要由吸附水和毛细水构成,它们的形成机理、物理性质均不相同。与自由水相比,吸附水的密度大、冰点低、移动性差。它存储的原因主要是土颗粒表面与水之间的物理化学作用。毛细水的性质与自由水基本相似,其存储的原因主要是水-气交界面的表面张力和水-土颗粒的接触角作用。

　　以砂土为例,在高吸力范围内,孔隙水以吸附水的形式存在。假定土颗粒表面分布均匀,则吸附水均匀地分布在土颗粒的表面,并且孔隙水之间不连续[图 5-2(a)]。此时的吸力 $s$ 均匀地分布在砂粒的周围,其方向垂直于接触面并指向砂颗粒,因此,吸力的合力为 0 [图 5-2(b)]。假定砂颗粒是不可压缩的,则均匀分布在砂颗粒周围的吸力不能够引起砂颗粒的变形。另外,吸力 $s$ 不能增加颗粒间的接触应力,也不能使砂颗粒间发生重排。所以,吸力 $s$ 对砂颗粒间的孔隙没有影响。砂土的强度取决于土体的摩擦角和土颗粒间的接触应力,因为吸力 $s$ 对土颗粒间的接触应力没有影响,所以吸力 $s$ 对砂土的强度也没有影响。综上所述,当仅有吸附水时,吸力 $s$ 的变化对砂土的变形和强度均没有影响。由 Terzaghi (1936)定义的有效应力概念可知,此时的吸力 $s$ 对有效应力并没有贡献。

　　随着吸力的减小,吸附水层的厚度不断增加。在某一吸力时,毛细冷凝现象发生,孔隙水之间变得连续。此时的孔隙水以吸附水和毛细水的形式存在,并且吸附水的存储量达到了最大值[图 5-2(c)]。毛细水与空气的交界面处存在表面张力,如图 5-2(c)所示。在表面张力的作用下,两个砂颗粒间的接触应力将增加。吸力 $s$ 所产生的拉应力将使砂颗粒产生相对移动[图 5-2(d)],进而压缩了土颗粒间的孔隙,并增加了土体的抗剪强度。综上所述,此时吸力 $s$ 的变化,将引起砂土的变形和强度变化。因此,此时的吸力 $s$ 对有效应力有贡献。

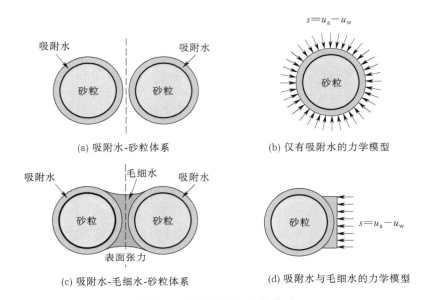

图 5-2　砂颗粒的水-固体体系

　　由上述分析可知:仅有吸附水时,吸力 $s$ 与有效应力无关;而当存在毛细水时,吸力 $s$ 的变化则引起了有效应力的改变。因此可以假定仅有毛细水作用部分的吸力对有效应力有影响。这一结论也得到了 Zhou 等(2016)的证实。由图 5-2(b)可知,吸附水作用部分的吸力均匀分布在土颗粒的周围并且对外的合力为 0,所以可以认为此时的吸力是砂颗粒的内力。当砂颗粒不可压缩时,吸附水的吸力对整个砂土的变形和强度没有影响。但当砂颗粒可压缩时,吸附水的吸力将对砂土的变形和强度产生影响,但这并不是通过 Terzaghi 定义的有效应力形式产生的,而是以内力的形式产生的。

　　上述的分析结果同样适合于粘土等粘性颗粒含量高的土体。以层状分布的蒙脱石矿物为例,吸附水分布在蒙脱石晶片之间和外表面上[图 5-3(a)],而毛细水分布在两个蒙脱石矿物聚集体之间[图 5-3(c)]。当仅有吸附水作用时,吸力均匀地作用在蒙脱石矿物的表面,并且其合力为 0[图 5-3(b)]。所以,吸力对两个矿物之间的接触应力没有影响。当有毛细水存在时,表面张力会使两个矿物之间的接触应力增大[图 5-3(d)],从而压缩矿物间的孔隙,增加土体的抗剪强度。因此,毛细水作用部分的吸力是通过改变有效应力的大小来影响土体的变形和强度的。由于蒙脱石的活性较高,具有很强的膨胀性,所以蒙脱石在仅有吸附水的作用时也会发生变形,从而影响土体的变形和强度。但是它的作用机理却不是改变有效应力的大小,而是以内力的形式改变了土体自身的结构和强度。

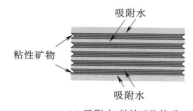

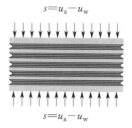

(a) 吸附水-粘性矿物体系

(b) 仅有吸附水的力学模型

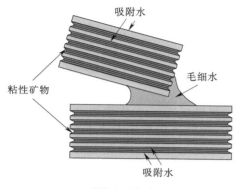

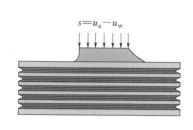

(c) 吸附水-毛细水-粘性矿物体系

(d) 吸附水与毛细水的力学模型

图 5-3 蒙脱石矿物的水-固体体系

因此,土体的变形和强度并不是唯一地由土体的有效应力决定的,Terzaghi 的假定仅在土颗粒不可压缩或者土颗粒本身没有活性的情况下成立。在饱和情况下,考虑 Biot 系数的有效应力公式是一种将内力作用和有效应力概念混合等效的结果。本书在建模过程中,也会考虑内力作用与有效应力作用的耦合现象。

为了区分毛细作用和吸附作用对土体变形和强度的不同影响,并建立全吸力范围内的有效应力模型,本章采用以下假定:

(1) 吸附水作用的吸力以内力的形式作用在土颗粒/粘性矿物的内部;毛细水作用的吸力通过改变土体的有效应力来影响土体的变形和强度。

(2) 在高吸力范围内,土体内部仅有吸附水的存在。当且仅当吸附水完全饱和后,孔隙中才会出现毛细水。

(3) 吸附水和毛细水之间的水势平衡,并且不考虑渗透吸力的影响。

(4) 吸附水对应的吸力部分可以通过改变土体的孔隙分布情况,来影响有效应力的大小,进而改变土体的变形和强度。

(5) 吸附水和毛细水的土水特征曲线可采用第 4 章构建的模型进行描述。

## 5.2.2 模型的构建

图 5-4 是土体全吸力范围内的孔隙水存储状态示意。在吸力为 0 时,土体处于饱和状态,土体内部的孔隙全部由孔隙水充填[图 5-4(a)]。此时,吸附水的体积为 $V_v^a$,毛细水的体积为 $V_v^c$,并且满足,

$$V_v = V_v^a + V_v^c \tag{5-39}$$

式中,$V_v$ 是土体孔隙的总体积。假定土体的孔隙结构随着干湿循环不发生变化,则吸附水和毛细水的最大存储量为 $V_v^a$ 和 $V_v^c$。所以,吸附水的贡献比例为,

$$\xi = \frac{V_v^a}{V_v} \tag{5-40}$$

随着吸力的增大,毛细水首先被排出,如图 5-4(b)所示。此时,毛细水和吸附水的饱和度分别为,

$$S_r^a = \frac{V_w^a}{V_v^a} = 1 \tag{5-41(a)}$$

$$S_r^c = \frac{V_w^c}{V_v^c} \tag{5-41(b)}$$

$$S_r = \frac{V_w^c + V_w^a}{V_v} = \xi + (1-\xi)S_r^c \tag{5-41(c)}$$

式中,$V_w^a$ 和 $V_w^c$ 分别是此时吸附水和毛细水的存储量,如图 5-4(b)所示。

当吸力进一步增大时,毛细水将被全部排出,吸附水也被部分排出,如图 5-4(c)所示。此时,毛细水和吸附水的饱和度分别为

$$S_r^a = \frac{V_w^a}{V_v^a} \tag{5-42(a)}$$

$$S_r^c = \frac{V_w^c}{V_v^c} = 0 \tag{5-42(b)}$$

$$S_r = \frac{V_w^c + V_w^a}{V_v} = \xi S_r^a \tag{5-42(c)}$$

当吸力达到 1 000 MPa 左右时,土体内部的水将被全部排出,土体进入完全干燥状态,如图 5-4(d)所示。

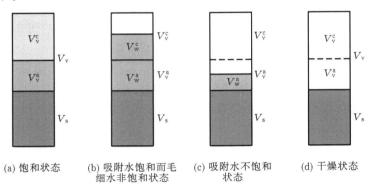

(a) 饱和状态　　(b) 吸附水饱和而毛　　(c) 吸附水不饱和　　(d) 干燥状态
　　　　　　　　　细水非饱和状态　　　　状态

图 5-4　土体不同饱和状态的示意图

图 5-4 所示的全吸力范围内的储水过程可以用第 6 章的双土水特征曲线模型进行描述,如图 5-5 所示。图 5-5 中 a,b 和 c 三点分别对应图 5-4(a),图 5-4(b)和图 5-4(c)的储水状态。在 b 点处,吸附水饱和,而毛细水不饱和,并且毛细水的饱和度可以采用 CWRC 曲线进行计算。在 c 点处,无毛细水存在,吸附水不饱和,并且吸附水的饱和度可以采用 AWRC 曲线进行计算。

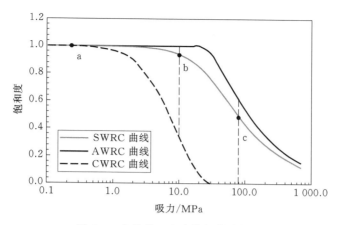

图 5-5　土体的双土水特征曲线模型

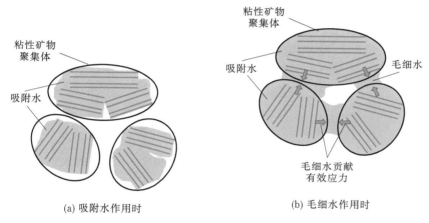

(a) 吸附水作用时　　　　　　(b) 毛细水作用时

图 5-6　有效应力的不同形式

　　由于吸附水对应的吸力以内力的形式作用在土颗粒/粘性矿物上,所以它对颗粒间的接触应力没有影响,如图 5-6(a)所示。所以,此时的有效应力为,

$$\sigma'_{ij} = \sigma_{ij} - u_a \delta_{ij} \tag{5-43}$$

式中　$\sigma'_{ij}$——有效应力;

　　　　$\sigma_{ij}$——总应力;

　　　　$u_a$——气体压力;

　　　　$\delta_{ij}$——Kronecker 张量。

式(5-43)与净应力的定义一致。在完全干燥的情况下,式(5-43)显然是成立的。

　　毛细水的存在影响了土颗粒间的接触应力,从而改变了土体的有效应力,如图 5-6(b)所示。此时的有效应力为,

$$\sigma'_{ij} = \sigma_{ij} - u_a \delta_{ij} + S_r^c s \delta_{ij} \tag{5-44}$$

式中,采用 $S_r^c$ 作为有效应力的系数,是采用类比广义有效应力的方法,并且其可以从热动力学理论中找到理论支撑。

　　综上所述,全吸力范围内的有效应力可以定义为,

$$\sigma'_{ij} = \begin{cases} \sigma_{ij} - u_a \delta_{ij}, & S_r^a < 1 \\ \sigma_{ij} - u_a \delta_{ij} + S_r^c s \delta_{ij}, & S_r^a = 1 \end{cases} \tag{5-45}$$

式(5-45)与双土水特征曲线模型的对应关系如图 5-7 所示。在高吸力范围内,土体孔隙内仅存在吸附水,土颗粒间的有效应力与净应力相等。随着吸湿过程的发展,吸附水饱和,毛细水开始存在于土颗粒之间,吸力的存在将使有效应力增加。此时有效应力的值可以采用广义有效应力的概念进行计算,但是有效应力的系数应选用毛细作用的饱和度 $S_r^c$。

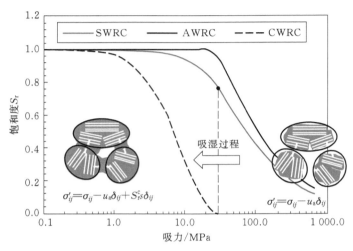

图 5-7　全吸力范围内的有效应力定义

为了保证式(5-45)的一般性,可将式中的毛细水饱和度 $S_r^c$ 和吸附水饱和度 $S_r^a$ 用土体的饱和度 $S_r$ 和土体的结构参数 $\xi$ 进行替换。故式(5-45)变为,

$$\sigma'_{ij} = \sigma_{ij} - u_a \delta_{ij} + \frac{\langle S_r - \xi \rangle}{1 - \xi} s \delta_{ij} \tag{5-46(a)}$$

$$\langle S_r - \xi \rangle = \begin{cases} 0, & S_r < \xi \\ S_r - \xi, & S_r \geqslant \xi \end{cases} \tag{5-46(b)}$$

由式(5-46)可知,土体的结构参数 $\xi$ 影响土体有效应力的大小。而土体的结构参数 $\xi$ 又与土体的类型有关,所以不同土体的有效应力形式可能不同。砂土的比表面积很小,吸附作用的贡献量也很小,因此 $\xi$ 值很小,几乎可以忽略不计,尤其是对于大孔隙的疏松砂。如果假定 $\xi = 0$,那么式(5-46)可退化为广义的有效应力形式,如式(5-47)所示,

$$\sigma'_{ij} = \sigma_{ij} - u_a \delta_{ij} + S_r s \delta_{ij} \tag{5-47}$$

粘性土的比表面积很大,吸附作用的贡献量也很大,尤其是密实的细颗粒粘土。假如在土体饱和时,孔隙水全部以吸附水的形式存在,则 $\xi = 1$,式(5-47)将退化为净应力的形式,如式(5-48)所示,

$$\sigma'_{ij} = \sigma_{ij} - u_a \delta_{ij} \tag{5-48}$$

对于具有膨胀性的土体,其孔隙结构随着干湿循环不断变化,从而导致 $\xi$ 不是一个定值。因此,膨润土的有效应力形式很难显式地给出,而只能用式(5-46)进行概念性的定义。根据土体矿物质含量和外界作用压力的不同,$\xi$ 值可能增大、减小或不变,如图 5-8 所示。

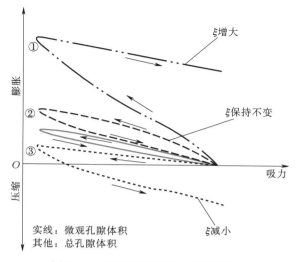

图 5-8  ξ 值在干湿循环中的变化趋势

当干湿循环不引起土体的总体积发生变化时,微观结构的膨胀会导致 ξ 的增大(曲线①);微观结构的收缩会引起 ξ 的减小(曲线③)。如果微观孔隙的体积在干湿循环中也保持为定值,则 ξ 保持不变(曲线②)。为了计算 ξ 的变化规律,必须依据土体的微观变形机理构建相应的本构模型,并进行水-力耦合的计算。这一点将在第 7 章中依据膨润土的特性进行论述。本章仅假定 ξ 值可随着吸力的变化而变化,但不深究其变化的量值和规律。

### 5.2.3  模型响应及验证

类比 Bishop 的有效应力公式,由式(5-46)可知,本章定义的有效应力公式所采用的有效应力系数 $\chi$ 为,

$$\chi = \frac{\langle S_r - \xi \rangle}{1 - \xi} \tag{5-49}$$

由于土体结构参数 $\xi$ 的存在,使得 $\chi$ 与饱和度 $S_r$ 之间并没有固定的关系,而是随 $\xi$ 的改变而变化,其概念示意如图 5-9 所示。当 $\xi = 0$ 时,$\chi$ 与 $S_r$ 呈 1:1 的线性关系,是所有情况下 $\chi$ 的最大临界值。当 $\xi \approx 1$ 时,$\chi$ 几乎为 0,只在饱和度接近 1 的时候,快速增加为 1。当 $\xi$ 为 0~1 之间的一个定值时,$\chi$ 与 $S_r$ 呈双折线关系。如图 5-9 所示,当 $\xi = 0.5$ 时,$S_r <$ 0.5 的区间对应的 $\chi$ 为 0,而在 $S_r > 0.5$ 的区间内,$\chi$ 与 $S_r$ 呈线性关系。如果在吸附水内力的作用下,土颗粒发生膨胀,$\xi$ 值将增大,那么在 $S_r > 0.5$ 的区间内,$\chi$ 与 $S_r$ 呈下凸的关系。反之,如果土颗粒收缩,$\xi$ 值将减小,则在 $S_r > 0.5$ 的区间内,$\chi$ 与 $S_r$ 呈上凸的关系。

由图 5-9 可知,有效应力系数 $\chi$ 的取值范围在 0 到 $S_r$ 之间,分布在 $(\chi - S_r)$ 平面的右下半部分。$\chi$ 与 $S_r$ 的关系与土颗粒的孔隙分布变化有直接关系,也与土体的类型有关。模型的这种响应得到了很多试验的验证,如图 5-10 所示。不同土体或者同种土体不同压缩状态下的 $(\chi - S_r)$ 关系均不相同,并且大部分土体的有效应力系数 $\chi$ 小于饱和度 $S_r$。但试验结果显示,部分土体在接近饱和时,出现了其有效应力系数 $\chi$ 大于 $S_r$ 的情况。这是因为在估算有效应力系数时采用了土体弹性变形的假定。但土体的变形是弹塑性的,采用弹性假定

会使有效应力偏大，进而导致 $\chi$ 值偏大。总之，本章构建的有效应力模型能够反映不同土体、同种土体不同状态下的有效应力形式，并且可以考虑孔隙结构变化带来的影响。

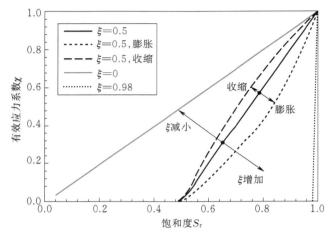

图 5-9  $\chi$ 与 $S_r$ 之间关系的模型响应

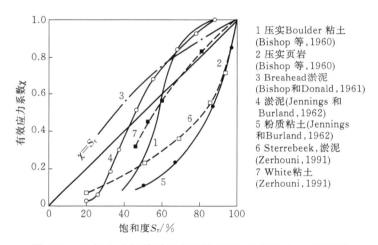

图 5-10  $\chi$ 与 $S_r$ 之间关系的实测结果（Nuth 和 Laloui，2008b）

Singhal 等（2015）研究了膨润土的膨胀性能，并根据实测的膨胀压力计算了有效应力系数 $\chi$ 与饱和度 $S_r$ 的关系，结果如图 5-11 所示。在恒定体积的条件下，膨润土的吸湿膨胀会使其比表面积不断增大，从而导致了吸附作用贡献比例的增大，即 $\xi$ 值增大。这就使有效应力系数 $\chi$ 将远远小于其对应的饱和度 $S_r$。如图 5-11（a）所示，当膨润土的饱和度 $S_r$ 在 $0.8\sim1.0$ 之间时，其对应的有效应力系数 $\chi$ 在 $0.2\sim0.4$ 之间。

为了分析试验结束时吸附水的贡献比例，假定土体的结构参数 $\xi$ 为定值，可以得到不同 $\xi$ 值下的（$\chi-S_r$）关系曲线，如图 5-11（a）所示。土样 4 的 $\xi$ 值在 $0.9\sim1.0$ 之间，土样 1 的 $\xi$ 值在 $0.8\sim0.9$ 之间，土样 2 的 $\xi$ 值在 0.8 左右，土样 3 的 $\xi$ 值分布较为随机。为了分析土体膨胀性的影响，假定所有膨润土土样的初始结构参数为 0.5，但拥有不同膨胀能力，分析结果如图 5-11(b)所示。土样 4 拥有最大的膨胀能力,土样 3 的膨胀能力随试样的波动性很大。

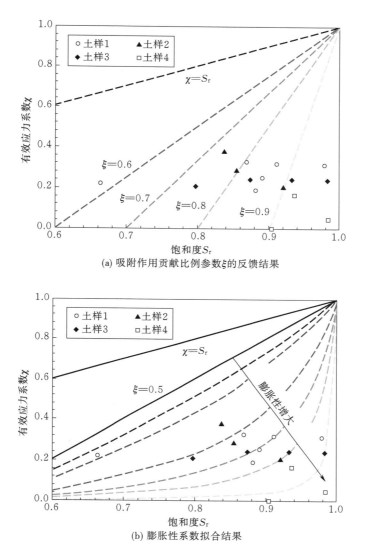

(a) 吸附作用贡献比例参数$\xi$的反馈结果

(b) 膨胀性系数拟合结果

图 5-11　膨润土有效应力系数与饱和度的关系

　　图 5-12 是干湿循环过程中有效应力与水压之间的关系曲线。其中,外界施加应力与大气压相等,即净应力为 0,所以有效应力全部来自吸力。由图可知,本章构建的有效应力模型能够实现饱和状态和非饱和状态的平滑过渡,从而很好地解决了有限元模拟中饱和土和非饱和土的相互转换问题。在饱和状态下,式(5-46)退化为 Terzaghi 的有效应力,有效应力变化量与水压变化量大小相等,符号相反。在非饱和状态下,有效应力首先随着水压的减小而不断增大,达到最大值后,随着水压的增大而减小。当水压足够小时,孔隙水仅以吸附水的形式存在,此时的有效应力减小为 0(图 5-12)。
　　由于吸附水对有效应力不产生影响,所以随着 $\xi$ 的增大,同等水压下的有效应力值将不

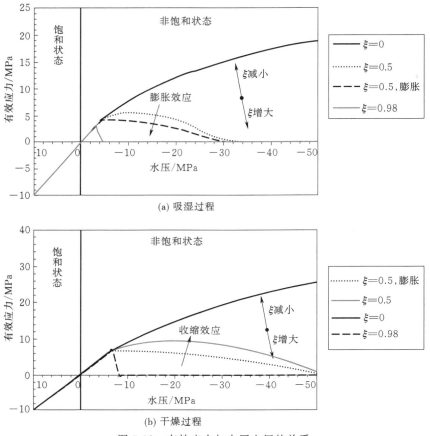

图 5-12　有效应力与水压之间的关系

断减小。另外,在吸湿过程中,膨润土的微观结构会不断膨胀,在恒定体积条件下,$\xi$ 值将不断增大,所以有效应力将会减小[图 5-12(a)]。而在干燥过程中,微观结构的收缩使 $\xi$ 值减小,有效应力将增大[图 5-12(b)]。由于土水特征曲线的滞回性,同等水压下干燥过程中的有效应力大于吸湿过程中的有效应力。

　　由于有效应力形式的不同,土体在干湿循环过程中的净应力路径和有效应力路径也不相同。以吸湿过程为例,图 5-13 给出了 $\xi=1$,$\xi=0$ 和 $0<\xi<1$ 情况下的有效应力路径和净应力路径。当 $\xi=1$ 时,孔隙水全部以吸附水的形式存在,吸力对有效应力不产生影响,所以有效应力与净应力相等。此时的有效应力路径与净应力路径相重合[图 5-13(a)]。当 $\xi=0$ 时,孔隙水全部以毛细水的形式存在。由图 5-12(a)可知,在同等吸力条件下,此时的有效应力最大,有效应力与净应力之间的差距也最大[图 5-13(b)]。而正常情况下,$\xi$ 的值在 0～1 之间,也就是说,有效应力路径处于净应力路径和图 5-13(b)中的有效应力路径之间,如图 5-13(c)所示。这很好地解释了为什么基于广义有效应力计算得到的有效应力路径并不能很好地反映土体的实际有效应力路径。在高吸力范围内,孔隙水仅以吸附水的形式存在,吸力对有效应力没有影响,所以有效应力路径与净应力路径重合(AB 段)。随着吸力的减小,土体孔隙内开始出现毛细水,从而使有效应力大于净应力(BC′ 段)。但由图 5-12(b)可知,吸力贡献的有效应力随着吸力的减小先增大后减小,所以有效应力路径与净应力路径之间的差距也先

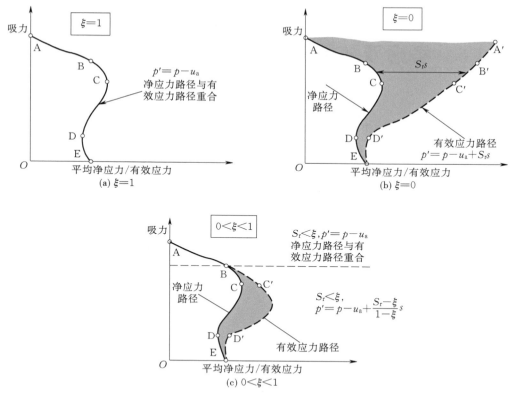

图 5-13　有效应力路径与净应力路径

增大(BC'段)后减小(D'E段)。在吸力为 0 时,有效应力路径与净应力路径相重合。

　　图 5-13 中的曲线均是 $\xi$ 为定值的结果,但实际上 $\xi$ 可能随着湿化过程而不断改变,从而使得有效应力路径和净应力路径的关系与图 5-13 中的模式并不完全相同。但一般情况下,净应力路径和有效应路径的关系应与图 5-13(c)相类似。

　　由图 5-13 可知,在同样的净应力路径下,不同的 $\xi$ 值会导致不同的有效应力路径,从而影响基于有效应力模型的参数校验。因此,了解 $\xi$ 的影响规律以及 $\xi$ 的变化趋势是构建全吸力范围内非饱和土本构模型的基础。即在建立本构模型时,要区分吸附水和毛细水的不同作用,并分别采用对应的本构关系进行描述,然后再基于有效应力公式(5-46)进行统一的水-力耦合计算。因此,第 6 章构建的区分毛细作用和吸附作用的双土水特征曲线模型是建立非饱和土本构模型的必要水力构成部分。

# 6 考虑双孔隙结构的土水特征曲线模型

土水特征曲线(Water Retention Curve,WRC)是土体中含水率与土中吸力的关系曲线。它反映了土体的储水能力和特征,是非饱和土研究中的重要组成部分。其中,土的含水率可以是重量含水率、体积含水率或者饱和度,吸力可以是基质吸力或者总吸力。

本章首先对土体的储水机理进行分析,对常用的土水特征曲线模型进行评估,并总结它们的主要缺陷。然后,基于土体的主要储水机理,分析考虑毛细作用和吸附作用的微观土体储水模型。结合土体的孔隙分布曲线,提出分别由毛细作用和吸附作用引起的土水特征曲线模型。最后,建立同时考虑毛细作用和吸附作用的土水特征曲线模型,并进行试验验证。

## 6.1 土体的储水特性及其模型

土体是典型的多孔介质,其固体骨架由土体颗粒(砂粒、粘性矿物聚集体等)构成,固体骨架间的孔隙由水、气或者油等物质填充。岩土工程中常说的饱和土,是指孔隙完全由水充满的土体[图 6-1(a)]。但由于自然条件(蒸发等)和人工因素(抽水等)的影响,工程中的很多土体常处于非饱和状态。此时,它的孔隙由水和气体共同填充[图 6-1(b)]。因此,非饱和土是土颗粒骨架、水和气体构成的三相体。

土中的水根据其物理形态不同,可以分为矿物结合水和孔隙水。矿物结合水存在于矿物质的晶格结构中,参与矿物质的构成,是矿物质的一部分。孔隙水又可分为自由水、吸附水和结晶水[图 6-1(c)和图 6-1(d)]。不同状态和性质的水对土体的水-力耦合性质影响也不同。

土体持有和存储上述各种状态水的能力统称为土体的储水能力,常用土水特征曲线描述。土水特征曲线反映了土体含水量(体积含水量或饱和度)随土体吸力(基质吸力或总吸力)的变化规律,并常用于分析非饱和土的渗流特性和抗剪强度等。

### 6.1.1 土体的储水机理

#### 1. 吸附作用

Derjaguin(1992)回顾总结了土体颗粒表面作用力的类型并着重分析了吸附水的特征。他认为土体颗粒表面的作用力可以分为两类。第一类包括紧贴土颗粒表面的范德华力和氢键作用,以及土颗粒表面负电荷引起的静电场力。前者的作用范围在 10 nm 以内,它主要影响水分子的结构以及水与土颗粒间的相互作用,后者的主要作用范围在 50 nm 以上,并且可以采用 DDL 模型进行描述[图 6-1(d)]。第二类是由于相邻土颗粒表面相互重叠而引起的作用力。在上述两类作用力的影响下,孔隙水被吸附在土颗粒的表面。吸附水的性质不同于正常状态的水,它的密度较大,粘度也大。虽然吸附水在垂直于土颗粒表面方向上的移动性受到了限制,但却能在土颗粒表面自由移动。

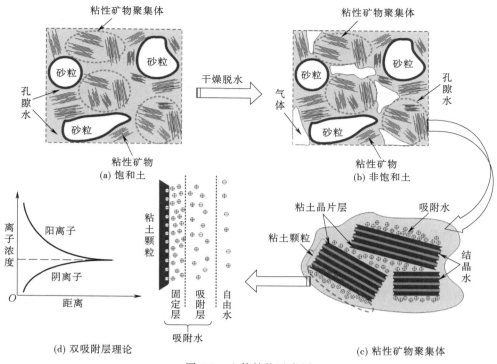

图 6-1　土体结构示意图

由于上述两类力的作用,使吸附水的势能与自由水的势能不同。Derjaguin(1992)定义了界面分离压(Disjoining Pressure)来描述吸附水与自由水间的势能差。界面分离压是吸附水层的厚度的函数,它与热动力学中的吉布斯自由能的关系如式(6-1)所示,

$$G(h) = - \int_{\infty}^{h} \pi(h) \mathrm{d}h \qquad (6-1)$$

式中　$G(h)$——吉布斯自由能;

　　　$\pi(h)$——界面分离压;

　　　$h$——吸附水层的厚度。

$G(h)$是指在等温等压条件下,将吸附水层从无穷厚弹性脱水到 $h$ 厚度所需要的能量。界面分离压与自由水中的压力、温度、吸附水的势能、液-气界面的电势能和液-固界面的电势能有关。

采用界面分离压描述吉布斯自由能的一大优点是截面分离压的不同组成部分可明确分离。等温条件下的界面分离压主要包括由分子作用引起的压差 $\pi_m(h)$,由静电场作用引起的压差 $\pi_e(h)$,由土颗粒结构引起的压差 $\pi_s(h)$ 和由吸附作用引起的压差 $\pi_a(h)$。

$$\pi(h) = \pi_m(h) + \pi_e(h) + \pi_s(h) + \pi_a(h) \qquad (6-2)$$

分子作用引起的压差 $\pi_m(h)$ 主要由范德华力构成,它与 $h^{-3}$ 成正比(Paunov 等,1996)。静电作用引起的压差 $\pi_e(h)$ 可以采用 DDL 理论进行计算,其大小与 $h^{-2}$ 成比例关系(Derjaguin,1992)。土颗粒结构引起的压差 $\pi_s(h)$ 与水化排斥力有关,它可以阻止胶体的凝固,其大小与 $h^{-1}$ 成比例关系(Novy 等,1989)。吸附作用引起的压差 $\pi_a(h)$ 与吸附水中的离子

不均匀浓度有关。

在各种界面分离压的组成部分中,$\pi_m(h)$一直存在,而其他几个部分的作用却依赖于土颗粒表面的特征、水分子的极性以及水中的离子浓度等。比如,在浓度为$10^{-7} \sim 10^{-6}$ mol/L 的单电子稀释溶液中,静电场力的作用范围为 0.3~1.0 $\mu$m。因此,在吸附水层厚度大于 50 nm 时,$\pi_e(h)$占据主导地位(Tuller 等,1999)。在吸附水层厚度小于 50 nm 时,$\pi_s(h)$开始起作用,并在吸附水层厚度为 10 nm 左右时主导吸附作用。$\pi_a(h)$主要在非极性的分子间起作用。

土颗粒表面的吸附水就是在上述各种作用下形成的,并且越靠近土颗粒的表面,吸附作用越强,水分子的排列越紧密,活动性越小。随着离土颗粒表面距离的增大,吸附水的活动性增强。当距离达到一定值后,吸附水转变为自由水,其流动规律遵循达西定律,如图 6-1(d)所示。吸附水按照其所处的位置,又可分为结晶水、强吸附水(固定层)和弱吸附水(吸附层)。结晶水处于粘性矿物晶片之间,性质完全不同于自由液态水,常被当作土颗粒的一部分,如图 6-1(c)所示。粘性矿物晶片间的结晶水会随着粘性矿物的断裂转变为强吸附水和弱吸附水。比如,蒙脱石矿物在其自由吸湿膨胀过程中,矿物颗粒会逐渐断裂成只有 2~3 层晶片的细小结构(Seiphoori,2014)。强吸附水层被土颗粒牢固吸附,大约有几个水分子层的厚度,移动性受到限制,也常被认为是固体颗粒的一部分[图 6-1(d)中固定层]。弱吸附水层距离土颗粒的表面较远,位于强吸附水层的外侧,是吸附水的主要存在形式[图 6-1(d)中吸附层]。弱吸附水的性质介于强吸附水和自由水之间。吸附水的含量与土颗粒的表面积大小、土体矿物质的成分和含量,以及孔隙水中的离子类型和浓度有关。

在土体干燥过程中,由于弱吸附水的吸附力较低,将首先被排出,随后是土颗粒表面的强吸附水和晶片之间的结晶水被排出。但是结晶水的最后两层水分子和强吸附水的最内层水分子很难被剥离,需要高达 1 000 MPa 的作用力。室内试验观察到的残余含水量就是由强吸附水和结晶水构成的。随着土体塑性的增加,粘性矿物的含量增加,强吸附水的含量也随之增加,最终导致了残余含水量的增加。

**2. 毛细作用**

水气交界面上存在着表面张力(Lu 和 Likos,2004)。为了数学计算方便,常假定表面张力为作用在交界面边界上的集中力,其大小可由式(6-3)计算,

$$T_s = \int_0^d (\sigma - u_w) \mathrm{d}z \tag{6-3}$$

式中    $T_s$——表面张力;

       $d$——水-气界面层厚度,约为水分子直径的 10 倍;

       $\sigma$——水相的总应力;

       $u_w$——液体压力,其值在界面处等于气体压力。

气-液-固三相体系中,固体颗粒的几何形状和固-液之间的接触角是控制三者相互作用的主要因素。对于非饱和土来讲,接触角可以定义为水气交界面的切线与水固交界面上的夹角。由于大部分土体可以被水浸湿,所以接触角的范围为 0°~90°。图 6-2 所示为浸湿类型固体的毛细管作用。由于土体的接触角小于 90°,在水气表面张力的作用下,毛细管内的水柱会上升。水气交界面的曲率半径 $R$ 与毛细管的半径 $r$ 之间的关系满足式(6-4),

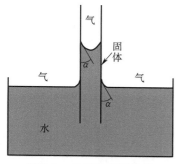

$$R = \frac{r}{\cos \alpha} \tag{6-4}$$

式中，$\alpha$ 为接触角，如图 6-2 所示。

因为上述毛细作用，在土体较小的孔隙中(直径为 $0.002\sim0.005$ mm)存储着大量的毛细水。当孔隙更小时，吸附作用将占据主导地位。当孔隙较大时，毛细作用较弱，难以形成毛细水。

分析水气交界面的压力平衡，可以得到交界面处压力差与表面张力的关系，如式(6-5)所示，

$$u_a - u_w = \frac{2T_s \cos \alpha}{r} \tag{6-5}$$

式中  $u_a$ 和 $u_w$——气体压力和水压力；
$(u_a - u_w)$——基质吸力。

图 6-2  浸湿类型固体的毛细管作用

在 20℃时，水气交界面的表面张力 $T_s$ 为 72.75 m·N/m。

根据式(6-4)可知，毛细作用主导储水过程的吸力范围在 150 kPa 以内，远小于前文所述的界面分离压。因此，在干燥过程中，毛细水先于吸附水被排出。

**3. 其他形式的水**

除了吸附水和毛细水以外，土体中水的可能存在形式还包括重力水、气态水和固态水。重力水存在于较大的孔隙中，能够自由流动，在水压差的作用下按照达西定律流到土体之外。气态水以蒸气的形式存在，从气压高的地方流到气压低的地方，并且在迁移过程中可以冷凝为液态水。气态水的含量可以根据亨利定律进行计算。当温度较低时，土体中的孔隙水可能出现冻结现象，以固态的形式存在。本书不考虑固态水的影响。

综上所述，不同储水机理作用下的孔隙水具有不同的性质，并且不同储水机理的作用范围也有差异。以两个圆形砂粒组成的土体结构为例(图 6-3)。在饱和状态时，其孔隙水包括重力水和吸附水[图 6-3(a)]。在干燥过程中，重力水在水压差的作用下首先被排出。当孔隙水减少到一定程度后，由于水气交界面表面张力的作用，会在两个砂粒之间形成毛细作

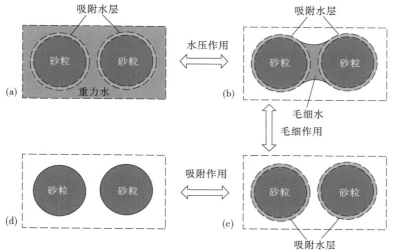

图 6-3  不同储水机理之间的关系

用［图 6-3(b)］,阻碍孔隙水的进一步排出。如果土体进一步干燥,毛细水也将被排出,只在颗粒表面存在一层吸附水［图 6-3(c)］。为了使吸附水层剥离,需要施加很大的作用力。反之,在吸湿过程中,由于吸附作用力最大,孔隙水最先在土颗粒的表面形成吸附水层。当吸附水层相互重叠时,水气交界面形成,毛细水开始增多。最后,重力水在水压的作用下进入大孔隙中,使土体饱和。

### 6.1.2 常用的土水特征曲线模型

#### 1. 土水特征曲线的基本概念

土体的吸力范围较大,可以为 $0 \sim 1\,000$ MPa(烤箱干燥情况)(Fredlund 和 Xing,1994)。因此,土水特征曲线常绘制于半对数坐标轴系中,这有利于解释和确定土水特征曲线的参数值。图 6-4 是一条典型的干燥过程中的土水特征曲线。图中的纵坐标是水的饱和度,也可以采用重力含水量和体积含水量,横坐标是吸力,可以是基质吸力,也可以是总吸力。

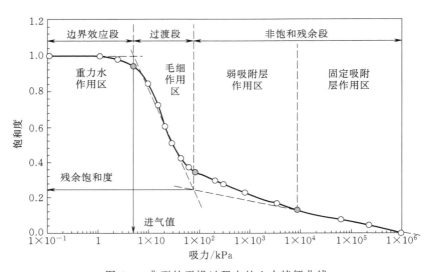

图 6-4　典型的干燥过程中的土水特征曲线

由前文的分析可知,在干燥过程中,依次排出土体的孔隙水为重力水、毛细水、弱吸附水和强吸附水,它们对应的作用区域如图 6-4 所示。在重力水作用区内,土体近似饱和状态,其吸力作用范围一般较小。在毛细作用区,孔隙水随着吸力的增大而迅速被排出,饱和度快速减小,其对应的吸力范围在几千帕到几百千帕。随着吸力的进一步增大,弱吸附水将被排出。但由于土颗粒表面的吸附作用很大,所以吸力在此范围内快速增大,其作用范围常在几百千帕到几十兆帕之间。最后,土颗粒表面的强吸附水将被排出,其对应的吸力范围为几十兆帕到几百兆帕。由于强吸附水的含量有限,并且它的吸附作用比弱吸附水对应的作用大,所以该阶段内的土水特征曲线斜率将进一步减小。

当土体开始失去吸附水时,孔隙水变得不连续,从而改变了土体渗流的主要途径。假定不区分弱吸附水和强吸附水的区别,可以将只含有吸附水的阶段定义为土体的非饱和残余段,如图 6-4 所示。重力水作用区域是饱和土与非饱和土的临界区域,饱和度几乎为 1,因此可认为该区域为非饱和的边界效应段。毛细作用区是从近饱和段向残余段的过渡阶段。

描述图 6-4 中所示土水特征曲线的主要参数包括进气值、残余饱和度和残余饱和度对应的吸力。进气值是指引起土体内部最大孔隙排水所需的吸力值。如图 6-4 所示,进气值是饱和度为 1 的直线与过渡段近似直线段延长线的交点所对应的吸力值。残余饱和度是孔隙水开始变得不连续时的饱和度。当土体的饱和度低于残余饱和度时,孔隙水的平衡和流动主要通过蒸气的形式实现。土体的残余饱和度可按照图 6-4 的方法确定。它是过渡段近似直线段的延长线与经过吸力为 1 000 MPa 和残余段测点直线交点处的饱和度。

根据土体的储水机理可知,影响土水特征曲线的主要因素包括土体的孔隙结构特征和矿物质成分。其中,孔隙结构主要通过毛细作用来影响土体的储水特性,矿物质成分通过吸附作用影响土体的储水能力。通过改变土体的应力状态、温度和应力历史,可以改变土体的孔隙结构,进而影响土体的储水特性。土体微观结构的断裂和形成可以影响土体的吸附作用。例如,在蒙脱石吸水膨胀时,晶片结构不断断裂,增加了土颗粒的比表面积,从而提高了吸附作用的储水比例。

图 6-5 是典型的砂土、粉土和粘土的土水特征曲线。砂土的比表面积和表面电荷较小,因此吸附作用贡献的储水能力较小,导致其残余饱和度较低。另外,砂土颗粒形成的孔隙结构比粉土和粘土大,所以其进气值最小。因此,毛细作用对非饱和砂土的储水特性和力学特性尤为重要。粉土的比表面积比同体积的砂土大,所以其吸附作用贡献的储水比例较大。粉土内的孔隙结构尺寸较小使得其进气值比砂土大。粘土的比表面积最大,并且颗粒表面的电荷密度也较大,所以其吸附作用贡献的储水比例最大。由于粘土矿物会填充在孔隙结构中[图 6-1(a)],所以其孔隙结构最小,进气值最大。综上所述,毛细作用和吸附作用对土体储水能力贡献的比例决定了土水特征曲线的具体形状。随着粘性矿物含量的增多,土体的储水能力增强。

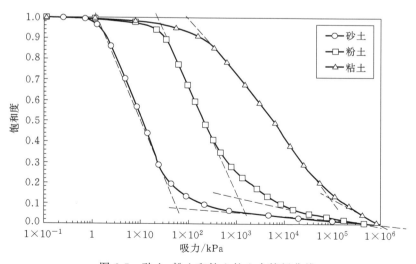

图 6-5　砂土、粉土和粘土的土水特征曲线

大量试验结果表明,土体的土水特征曲线具有滞回性(Hillel,1998;Fredlund,2000),即土体在干燥过程和吸湿过程中的土水特征曲线不重合。图 6-6 是典型的干燥过程和吸湿过

程中的土水特征曲线,表现土水特征曲线的滞回性。干燥曲线位于吸湿曲线的上方,表明在同等吸力作用下,干燥过程中的含水量较大。引起土水特征曲线滞回性的原因有:① 在干燥过程中,孔隙结构的不规则分布使得孔隙夹角和孔隙端部处的水只有在较高的吸力作用下才能被排出,从而导致同等吸力下干燥过程中的含水量较高;② 图 6-7 所示的瓶颈效应;③ 吸湿过程中的水-土接触角比干燥时的水-土接触角大;④ 土颗粒的微观结构和孔隙结构变化引起的滞回现象。土体的干燥曲线和吸湿曲线是土水特征曲线的两条边界线。如果土体从干燥曲线上的初始点开始吸湿加载,其土水特征曲线将沿图 6-6 中的扫描线过渡到吸湿曲线,然后按照吸湿曲线变化。反之,如果土体的初始状态不在干燥曲线上,那么在干燥过程中,土体首先沿扫描线移动至干燥曲线,然后沿干燥曲线变化。

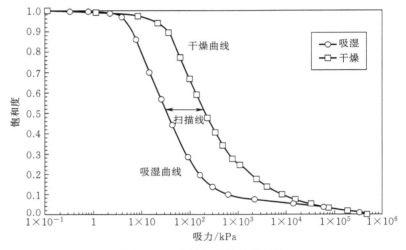

图 6-6　土水特征曲线的滞回性

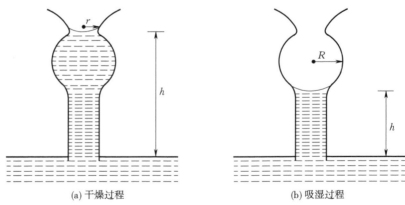

图 6-7　瓶颈效应

## 2. 常用的土水特征曲线模型

大部分土水特征曲线模型都是依据试验数据拟合得到的,但是它们可以用毛细管模型,并结合土体的结构(孔隙)分布特征来进行理论解释。常用的土水特征曲线模型有幂函数模型、对数模型和指数模型。

（1）幂函数模型。

Brooks 和 Corey(1964)提出了如式(6-6)所示的幂函数模型，

$$\frac{\theta-\theta_r}{\theta_s-\theta_r}=\left(\frac{s_a}{s}\right)^\lambda \tag{6-6}$$

式中　$\theta$——体积含水量；

　　$\theta_s$ 和 $\theta_r$——饱和状态的体积含水量和残余体积含水量；

　　$s_a$——进气值；

　　$s$——吸力；

　　$\lambda$——与孔隙分布有关的参数。

Van Genuchten(1980)提出了更普遍的幂函数模型，如式(6-7)所示，被广泛应用。

$$\frac{\theta-\theta_r}{\theta_s-\theta_r}=\left[\frac{1}{1+(as)^n}\right]^m \tag{6-7}$$

式中，$a$ 是与进气值有关的模型参数；$m$ 和 $n$ 与土水特征曲线的斜率和高吸力范围内的含水量有关。为了求得闭合的水力渗透系数，Van Genuchten(1980)指出，

$$m=1-\frac{1}{n} \tag{6-8}$$

式(6-8)限制了式(6-7)的灵活性。为了更好地拟合土水特征曲线，可以不限制 $m$ 与 $n$ 之间的关系。

Fredlund 和 Xing(1994)采用毛细管作用[式(6-5)]，并结合土体的孔隙分布规律，给出了式(6-7)的理论基础，但他们指出式(6-7)不适合描述高吸力范围内的土水特征曲线。为此，他们提出了适合全吸力范围内的土水特征曲线模型，如式(6-9)所示，

$$S_r=\left[1-\frac{\ln(1+s/s_r)}{\ln(1+10^6/s_r)}\right]\left\{\frac{1}{\ln[e+(as)^n]}\right\}^m \tag{6-9}$$

式中　$S_r$——土体的饱和度；

　　$s_r$——残余饱和度对应的吸力值(kPa)。

饱和度与体积含水量的关系可采用式(6-10)计算，

$$S_r=\frac{\theta}{\theta_s} \tag{6-10}$$

土体的质量分布、孔隙数目和孔径之间均具有分形关系。基于毛细作用假定，依据分形孔隙数目和孔径之间的关系，可以得到通用的土水特征曲线模型(徐永福和董平，2002)，如式(6-11)所示，

$$\frac{\theta-\theta_r}{\theta_s-\theta_r}=\left(\frac{s}{s_a}\right)^{D_v-3} \tag{6-11}$$

式中，$D_v$ 是孔隙体积分布的分维值，其值小于 3。式(6-11)与式(6-6)一致，表明了 Brooks 和 Corey 模型的理论基础也是毛细作用。

（2）对数模型。

Williams 等(1983)基于澳大利亚多种土体的试验结果，提出了对数形式的土水特征曲线模型，如式(6-12)所示，

$$\ln(s)=a+b\ln(\theta) \tag{6-12}$$

式中,$a$ 和 $b$ 是模型拟合参数。

　　Bao 等(1998)研究指出土水特征曲线在进气值和残余含水量之间近乎是一条直线,并可采用式(6-13)进行描述,

$$\frac{\theta-\theta_r}{\theta_s-\theta_r}=\frac{\lg(s_r)-\lg(s)}{\lg(s_r)-\lg(s_a)} \tag{6-13}$$

　　Nuth 和 Laloui(2008a)基于弹塑性硬化概念提出了增量的土水特征曲线模型,其主要的干燥曲线和吸湿曲线为自然对数形式,其中,干燥曲线如式(6-14)所示,

$$S_r=\begin{cases} 1, & s\leqslant s_{eH} \\ 1-\dfrac{\ln(s/s_{eH})}{K_H}, & s_{eH}<s\leqslant s_{D0} \\ 1-\dfrac{\ln(s_{D0}/s_{eH})}{K_H}-\dfrac{\ln(s/s_{D0})}{\beta_H K_H/(K_H+\beta_H)}, & s_{D0}<s\leqslant s_{res} \\ S_{res}, & s>s_{res} \end{cases} \tag{6-14}$$

式中　$s_{eH}$ 和 $s_{D0}$——吸湿曲线土体饱和时的吸力值和干燥曲线的进气值;

　　　　$K_H$ 和 $\beta_H$——扫描线和干燥曲线的斜率;

　　　　$S_{res}$——残余饱和度,其对应的吸力值为 $s_{res}$。

　　(3)指数模型。

　　McKee 和 Bumb(1984)提出了指数函数形式的土水特征曲线模型,式(6-15)所示,

$$\frac{\theta-\theta_r}{\theta_s-\theta_r}=e^{\left(-\frac{s-a}{b}\right)} \tag{6-15}$$

式中,$a$ 和 $b$ 是模型拟合参数。

　　由于式(6-15)不适合描述吸力值较小范围内的土水特征曲线,McKee 和 Bumb(1987)给出了如式(6-16)所示的改进模型,

$$\frac{\theta-\theta_r}{\theta_s-\theta_r}=\frac{1}{1+e^{(s-a/b)}} \tag{6-16}$$

　　分析上述三类不同函数形式的土水特征曲线模型,并结合 Leong 和 Rahardjo(1997)的研究成果,整理不同土水特征曲线模型的特点,如表 6-1 所示。不同形式的模型均能较好地模拟过渡段的土水特征曲线,但在描述高吸力范围内的土水特征曲线时,均存在不同的缺陷。这是因为表 6-1 中的模型均是基于土体的孔隙结构分布,并采用毛细作用假定建立起来的经验模型。但在高吸力范围内,吸附作用主导着土体的储水能力,其作用机理不同于毛细作用,所以导致了表 6-1 中的模型不能很好地拟合高吸力范围内的土水特征曲线。虽然 Fredlund 和 Xing 的模型可以较好地拟合高吸力范围土水特征曲线,但这是基于经验性的修正[式(6-9)中第一项]得到的,缺乏相应的理论基础。

　　为了描述土水特征曲线的滞回性,常采用图 6-6 所示的基于干燥曲线和吸湿曲线的扫描线模型(Nuth 和 Laloui,2008a)。本书也采用这种方式模拟土水特征的滞回性。

**3. 现有土水特征曲线模型的不足**

　　土水特征曲线模型作为非饱和土力学中的重要本构关系,常用来预测非饱和土的各种性质,如非饱和土的渗流特性,抗剪强度等。

表 6-1 不同土水特征曲线模型的总结

| 类型 | 模型 | 适用范围及特点 |
|---|---|---|
| 幂函数模型 | Brooks 和 Corey 模型 | 不适合描述饱和状态和临近饱和状态的土水特征曲线,模型形式简单,参数简单 |
| | Van Genuchten 模型 | 不适合描述高吸力范围的土水特征曲线,模型形式较简单,参数有较好的物理解释 |
| | Fredlund 和 Xing 模型 | 适合描述全吸力范围内的土水特征曲线,但模型形式复杂,不利于模型的应用。式(6-9)中的第一项常取 1 |
| | 徐永福和董平模型 | 适合描述进气值到残余饱和度之间的土水特征曲线,模型形式简单 |
| 对数函数模型 | Williams 模型 | 适合模拟过渡段的土水特征曲线 |
| | Bao 等模型 | 适合模拟过渡段的土水特征曲线,避免了高吸力范围内的误差 |
| | Nuth 和 Laloui 模型 | 适合模拟全吸力范围内的土水特征曲线,但在高吸力范围内存在着较大的误差,模型形式复杂 |
| 指数函数模型 | McKee 和 Bumb 模型 1 | 不适合描述饱和状态和临近饱和状态的土水特征曲线,并且不适合模拟高吸力范围内的土水特征曲线 |
| | McKee 和 Bumb 模型 2 | 不适合描述高吸力范围内的土水特征曲线 |

（1）非饱和土的渗流特性。

由于非饱和土是三相体系,所以其孔隙内的流动为气、水两相流。为了单独描述水或气的流动,常采用相对渗透系数的概念。相对渗透系数是非饱和状态下的渗透系数与饱和状态下的渗透系数的比值。

$$k_{rw} = \frac{k_w}{k_{sw}} \qquad [6\text{-}17(a)]$$

$$k_{ra} = \frac{k_a}{k_{sa}} \qquad [6\text{-}17(b)]$$

式中　$k_{rw}$ 和 $k_{ra}$——水和气的相对渗透系数;

$k_w$ 和 $k_{sw}$——非饱和状态和水饱和状态下的水渗透系数;

$k_a$ 和 $k_{sa}$——非饱和状态和气饱和状态下的气体渗透系数。

相对渗透系数是介于 0～1 的无量纲量,其大小与土体的饱和度有关。图 6-8 所示就是典型的相对渗透系数和土体饱和度之间的关系曲线。随着(水)饱和度的增加,气体的相对渗透系数逐渐减小,水的相对渗透系数逐渐增加。当土体完全水饱和时,水的渗透系数达到最大值。

采用相对渗透系数的概念可以很好地模拟非饱和砂土中的渗流现象,但不能很好地反映粘土颗粒含量较高的土体的非饱和渗流。大量的试验结果表明粘土等粘性矿物含量较高的土体具有典型的双孔隙结构,包括:① 砂颗粒/粘性矿物聚集体之间的宏观孔隙,毛细作用主导着该尺度孔隙的储水能力;② 粘性矿物聚集体内部的微观孔隙,该尺度内的孔隙水大多被吸附在土颗粒的表面,移动性较差(Romero 等,2011)。两个孔隙尺度内的孔隙水具有不同的物理性质和移动能力(Navarro 等,2015)。在宏观孔隙内,水可以自由移动,且遵

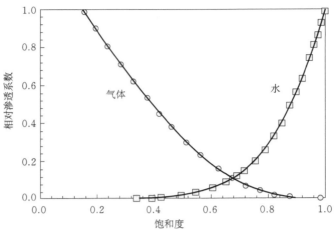

图 6-8　相对渗透系数与饱和度的关系曲线

循达西定律。但其对应的固有渗透系数应该是宏观孔隙率对应的固有渗透系数而非整个土体的固有渗透系数,并且相对渗透系数应该改用宏观孔隙的饱和度进行计算而非采用整个土体的饱和度进行估算。在微观孔隙内,孔隙水受到土颗粒表面吸附作用的影响不能够自由移动,其流动规律可能不遵循达西定律,并且相对渗透系数的概念是否适用还有待进一步研究。另外,宏观孔隙内的水和微观孔隙内的水因其势能不同,也存在着相互流动。因此,采用常用的土水特征曲线模型和相对渗透系数的概念不能够很好地模拟该类土体的非饱和渗流现象,尤其是具有膨胀性的土体(Dixon 等,2002;Navarro 等,2015)。比如,采用常规土水特征曲线模型预测的现场核废料存储模型中膨润土的吸水量明显高于实测值(Dixon 等,2002)。为了更好地描述这类土体的渗流特性,必须区分宏观孔隙结构和微观孔隙结构内的水,采用不同的模型描述其饱和程度和流动特性。也就是说,土水特征曲线模型需要区分毛细作用和吸附作用的贡献值,并能分别给出毛细作用和吸附作用引起的饱和度值。

Or 和 Tuller(1999)提出了一个微观结构模型,用于区分毛细作用和吸附作用对土体储水能力的贡献,但在分析吸附作用时,仅考虑了范德华力的影响,却忽略了其他界面分离压的构成部分。并且,他们提出的宏观土水特征曲线模型依赖于缩放函数,形式复杂,影响了模型的应用性。Romero 等(2011)提出了一个区分毛细作用和吸附作用的宏观土水特征曲线模型,但是其目的是描述水-力耦合作用下的水力状态,而未涉及非饱和土的渗流模型。并且,他们没有明确给出毛细作用和吸附作用的贡献值。Vecchia 等(2015)基于土体的双孔隙结构特征,结合孔隙尺度的分布曲线提出了一个适合描述双孔隙结构土体的土水特征曲线模型,但是并没有区分不同尺度孔隙的储水机理。上述土水特征曲线模型虽然尝试区分了毛细作用和吸附作用,但并没有具体给出毛细作用和吸附作用的贡献值以及二者的相互关系。

(2)非饱和土的抗剪强度。

有效应力原理可以很好地解释饱和土的变形和强度特征,并且能够实现饱和土和非饱和土的平滑过渡,因此它被广泛应用到非饱和土力学中。基于有效应力原理,很多学者建立了不同的非饱和土本构模型(Nuth 和 Laloui,2008b;Alonso 等,2010;Wheeler 等,2003;Sheng 等,2004;Lloret-Cabot 等,2013)。在各种非饱和土有效应力定义中,式(6-18)被广泛认可,并且得到了热动力学分析的验证(Houlsby,1997;Laloui 等,2003;Coussy,2004)。

$$\sigma'_{ij}=\sigma_{ij}-p_{g}\delta_{ij}+S_{r}s\delta_{ij} \qquad [6\text{-}18(a)]$$

$$S_{r}=f(s) \qquad [6\text{-}18(b)]$$

式中　$\sigma_{ij}$ 和 $\sigma'_{ij}$——总应力和有效应力；

　　　$\delta_{ij}$——Kronecker 张量；

　　　$p_{g}$——气压力。

式[6-18(b)]是描述饱和度 $S_{r}$ 和吸力 $s$ 之间关系的土水特征曲线模型。由式[6-18(a)]可知，$S_{r}$ 在计算土体的有效应力时非常重要。

结合莫尔-库仑破坏准则，可以得到非饱和土的抗剪强度，如式(6-19)所示，

$$\tau=c'+\sigma'\tan \phi'=c'+(\sigma-p_{g})\tan \phi'+S_{r}s\tan \phi' \qquad (6\text{-}19)$$

式中　$\tau$——抗剪强度；

　　　$c'$ 和 $\phi'$——土体的有效粘聚力和有效内摩擦角；

　　　$\sigma$——总的竖向应力。

Alonso 等(2010)指出非饱和土的剪切模量与土体的平均有效应力 $p'$ 成正比，故有，

$$G=Ap'=A(p-p_{g}+S_{r}s) \qquad (6\text{-}20)$$

式中，$A$ 是土体的拟合参数。

常规的土水特征曲线模型并不区分毛细作用和吸附作用，因此式[6-18(b)]中的 $S_{r}$ 是毛细作用和吸附作用共同引起的饱和度。但实际上只有毛细作用引起的饱和度对有效应力有贡献(Zhou 等,2016)。因此，直接采用常规的土水特征曲线模型分析吸附作用占据主导地位的非饱和土时，会引起较大的误差，主要包括：

① 采用式(6-19)会超估非饱和土的抗剪强度，尤其在高吸力范围内(吸附作用占据主导地位)，如图 6-9 所示。

② 采用式(6-20)计算会超估非饱和土的剪切模量，尤其在高吸力范围内，如图 6-10 所示。

③ 超估吸力对有效应力的贡献值 $S_{r*s}$(图 6-11)，进而影响非饱和土的参数校验。

④ 使非饱和土体的应力路径变得不真实(图 6-12)，从而影响本构模型参数的选取。

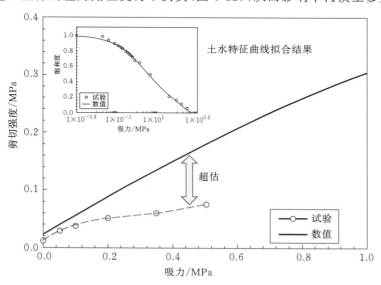

图 6-9　超估非饱和土的抗剪强度

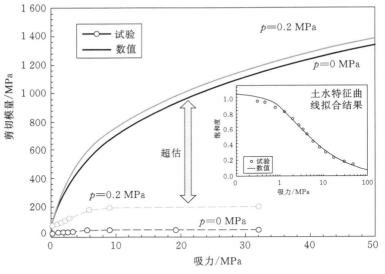

图 6-10 超估非饱和土的剪切模量

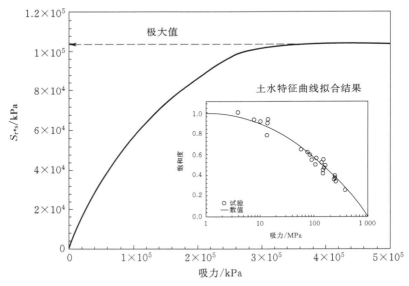

图 6-11 超估吸力对有效应力的贡献值

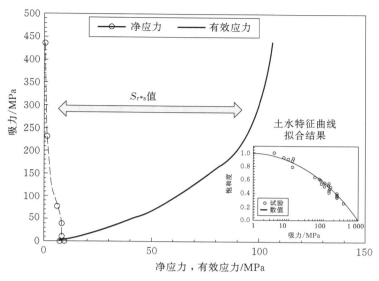

图 6-12　非饱和土的有效应力路径

为了解决上述问题,许多学者提出了用有效饱和度取代式[6-17(a)]中饱和度的概念(Alonso 等,2010;Konrad 和 Lebeau,2015)。采用有效饱和度可以有效地改进图 6-9—图 6-12 的预测结果,这进一步表明了区分毛细作用和吸附作用的必要性。Alonso 等(2010)假定微观孔隙中的孔隙水受吸附作用影响,在干湿循环中保持为定值。Zhou 等(2016)假定吸附水随着吸力的减小而逐渐增大。这些假定忽略了吸附作用的形成机理,不能很好地描述对应阶段的土水特征曲线。比如,当假定吸附水的含量为定值时,残余段的土水特征曲线将变为一条平行于吸力轴的直线。另外,采用有效饱和度不能考虑孔隙结构变化带来的影响。

综上所述,目前的土水特征曲线还不能够很好地区分毛细作用和吸附作用,并明确给出每种作用的贡献值。但是对于吸附作用占主导地位的非饱和土来说(如膨润土等),区分毛细作用和吸附作用在描述非饱和渗流和力学特征时十分重要。因此,本章将从机理分析出发并结合室内试验测试结果,提出能够区分毛细作用和吸附作用的土水特征曲线模型,并对其应用进行探讨。

## 6.2　区分毛细作用和吸附作用的微观模型

非饱和土中的孔隙水主要是通过毛细作用和吸附作用存储在不同尺度的孔隙内。在大孔隙中(宏观孔隙),毛细作用占据主导地位,并且其储水量可以通过拉普拉斯方程计算,如式(6-5)所示。在小孔隙中(微观孔隙),吸附作用起主要作用,其储水量与土颗粒的表面积和表面积上的电荷浓度有关。基于上述特征,本节从微观结构出发,建立能够区分毛细作用和吸附作用的微观单元模型,并对其响应进行分析。

### 6.2.1 基本假定

常用土水特征曲线模型的微观单元模型是毛细管模型，其横截面如图 6-13(a)所示。毛细管的直径与吸力的关系可以采用拉普拉斯方程描述，

$$s(D) = \frac{4T_s \cos \theta}{D} \tag{6-21}$$

式中，$s(D)$ 是直径为 $D$ 的毛细管被水充满时对应的吸力值。

在吸力为 $s(D)$ 时，所有直径小于 $D$ 的毛细管均充满水，而直径大于 $D$ 的毛细管却是干燥的。结合土体的孔隙分布曲线，假定不同直径的孔隙可以由对应的毛细管模型进行描述，Fredlund 和 Xing(1994)运用毛细管模型很好地解释了多种土水特征曲线的特征。Lu 和 Likos(2004)指出毛细管模型只适用于解释小吸力范围内的土水特征曲线，而高吸力范围内的土水特征曲线应该由吸附作用对应的模型进行解释，但是他们并没有给出对应的吸附微观模型。另外，试验测试表明：① 土体内部的孔隙断面大多不是圆形的，而是带有棱角的不规则形状或者是长条形；② 很大一部分孔隙水存储在孔隙的棱角处和粘土矿物的表面上(Tuller 等，1999；Or 和 Tuller，1999；Mason 和 Morrow，1991)。由于这些吸附水的存在，使得粘性土在较大吸力作用时，也有很高的饱和度。比如，干密度为 1.8 g/cm³ 的 MX-80 膨润土在 100 MPa 的吸力作用下，其饱和度高达 0.4(Seiphoori 等，2014)，这是毛细管模型不能够解释的。

考虑土体孔隙截面的形状和吸附作用的影响，Tuller 等(1999)提出了如图 6-13(b)所示的毛细作用和吸附作用的组合模型。该模型由一个边长为 $D$ 的方形截面和两个长度为 $\beta D$ 的裂隙状截面构成，裂隙的宽度为 $H$。由于 Tuller 等提出的模型同时考虑了毛细作用和吸附作用，并且很好地反映了土体孔隙的结构特征，所以本书就采用图 6-13(b)中的微观单元模型来描述和区分毛细作用和吸附作用。为此，需要满足以下假定：

(1) 图 6-13(b)中的方形截面用来描述毛细作用，且可以采用拉普拉斯方程［式(6-21)］描述吸力和其储水状态的关系。

(2) 图 6-13(b)中的裂隙状截面用来描述吸附作用，且可以采用界面分离压方程［式(6-2)］来描述吸附作用力与吸附水层厚度的关系。

(3) 图 6-13(b)中的方形截面可以用三角形或多边形截面替换，该尺度截面的形状影响毛细作用的贡献量，但不影响区分毛细作用和吸附作用。

(4) 裂隙状截面的长度与方形截面的边长 $D$ 有关，随着 $D$ 的增大，$\beta$ 逐渐减小。当 $D$ 足够大时，单元模型近似退化为方形截面(毛细作用占绝对主导)；当 $D$ 较小时，单元模型近似退化为裂隙状截面(吸附作用)。

(5) 吸附作用对应的吸力值远大于毛细作用对应的吸力值，所以在吸水过程中，裂隙状截面首先被水充填，然后方形截面再被水充填。

(6) 图 6-13(b)所示模型中毛细作用的存水量 $v_c$ 可采用式(6-22)计算，

$$v_c = \frac{\pi}{4} D^2 \tag{6-22}$$

(7) 图 6-13(b)所示模型中吸附作用的存水量 $v_a$ 可采用式(6-23)计算，

$$v_a = 2\beta D H + \frac{4-\pi}{4} D^2 \tag{6-23}$$

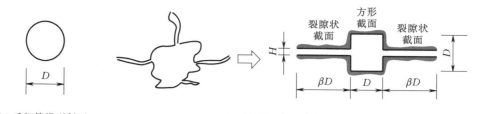

(a) 毛细管模型断面　　　　　　　　　　(b) 毛细作用与吸附作用组合模型断面

图 6-13　土体孔隙的微观模型(Tuller 等,1999)

## 6.2.2　模型响应

对于一个给定几何尺寸的微观单元模型,其吸湿过程可以分为 4 个阶段,如图 6-14 所示。在高吸力范围内(A 区域),孔隙水仅吸附在微观单元模型的外表面。随着吸力的减小,孔隙水开始进入裂隙状截面(B 区域)。在 A 和 B 区域内,孔隙水主要靠吸附作用存储在微观单元模型中,其储水量的大小与裂隙状截面的表面积成正比。虽然吸附作用对应的吸力范围较广(几百千帕到几百兆帕),但它对应的裂隙状截面面积较小,所以吸附作用的最大储水量较小。因此,在吸附作用为主导的阶段,储水量-吸力曲线的斜率较小。如果模型继续吸水,水开始进入方形截面中,并且在表面张力的作用下,形成一个内切中空的圆形截面(图 6-14 中 C 阶段)。此时,毛细作用开始主导储水过程。随着吸力的进一步降低,孔隙水会逐渐充满整个方形截面,使微观结构饱和,达到最大的储水量(D 阶段)。拉普拉斯方程可以描述上述的 C 和 D 阶段。由于方形截面的面积较大,孔隙水的存储量在 C 和 D 阶段快速增加。相反,若从饱和状态开始干燥(D 到 A),则会发生类似的过程。首先毛细水脱离大尺寸的方形孔隙,然后吸附水脱离裂隙状的孔隙。综上所述,在微观单元模型中,吸附作用主导大吸力范围内的吸水和脱水过程,而毛细作用主导小吸力范围内的干湿循环。这与实测的土体储水机理相同,说明微观模型能够很好地描述土体的实际储水过程。

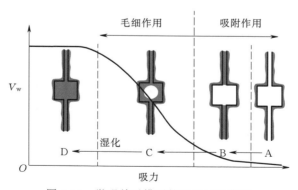

图 6-14　微观单元模型的吸湿过程曲线

模型假定方形断面的边长 $D$ 与裂隙状断面的长度 $\beta D$ 成反比,$D$ 越大,$\beta D$ 越小。因此,拥有较大方形断面的微观单元模型具有较短的裂隙状截面,这表明毛细作用在该类模型中占据主导地位,并且吸附作用可以近似忽略。砂土的孔隙尺寸较大,并且它的比表面积也很小,所以砂土的储水能力主要由毛细作用提供。因此,砂土对应的微观单元模型具有较大的方形断面和较短的裂隙状截面。与之相反,粘土的孔隙尺寸较小,且比表面积较大,吸附作用对其储水能力的贡献不可忽略。所以,粘土对应的微观单元模型具有较小的方形截面和较长的裂隙状截面。

然而,土体并不是单一孔隙尺寸的介质,其孔隙分布范围较广,可以从几纳米到几毫米。因此,土体的干湿循环特征并不能由单个的微观单元模型来反映,而应由不同孔隙尺寸对应的微观单元模型响应叠加而成。为此,需要确定孔隙尺寸与微观单元模型参数的关系。由第 6.1.1 节可知,当孔隙尺寸小于 10 nm 时,以范德华力为主的吸附作用主导着土体的储水过程,并且毛细作用可以忽略。所以可以假定当孔隙尺寸小于 10 nm 时,只有吸附作用,其微观单元模型为只有裂隙状截面的模型,如图 6-15 所示。随着孔隙尺度的增大,毛细作用的贡献值越来越大,而吸附作用的贡献值逐渐减小。当孔隙尺寸达到一定值后,吸附作用的贡献值相对于毛细作用的贡献值几乎可以忽略。此时对应的孔隙尺寸定义为临界孔隙尺寸。本书假定临界孔隙的直径为 1 μm。这是因为当孔隙直径为 1 μm 时,毛细作用引起的吸力值为 288 kPa(依据拉普拉斯方程),而考虑范德华力和静电场作用力的吸附作用引起的吸力值仅在 1 kPa 左右。当孔隙直径大于临界孔隙尺寸时,只有毛细作用对土体的储水特性有贡献。当孔隙直径处于 10 nm~1 μm 之间时,吸附作用和毛细作用的贡献值均不可忽略。综上可知,不同孔隙直径及其对应的微观单元模型如图 6-15 所示。这种基于储水机理的孔隙划分方式与 Romero 等(2011)提出的孔隙划分方式类似。他们将土体孔隙划分为砂粒/粘土矿物聚集体之间的孔隙和粘土矿物聚集体内的孔隙(孔隙直径分界值为 0.2~0.5 μm 之间一定值),并且毛细作用主导前者的储水过程而吸附作用在后者的干湿循环过程中起主要作用。Seiphoori 等(2014)也给出了类似的孔隙划分方式,并且定义了更小一层次的孔隙分类:纳米级的孔隙(小于 4 nm)。纳米级的孔隙主要是指粘土矿物晶片之间的孔隙,这类孔隙在压汞实验中不能被探测到。总结上述各种不同的孔隙结构划分方式,如图 6-15 所示。由图可知,本书提出的孔隙划分方式与其他学者的划分方式相类似,这间接证明了本书假定的合理性。因此,图 6-15 所示的孔隙划分方式也被应用到宏观土水特征曲线模型的构建当中。

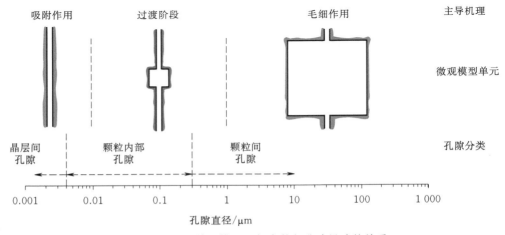

图 6-15　微观单元模型几何参数与孔隙尺寸的关系

## 6.3　区分毛细作用和吸附作用的宏观模型

基于第 6.2 节中的微观单元模型,并结合土体的孔隙分布特征曲线(Pove Size Distribution,PSD),本节探索区分毛细作用和吸附作用对土体特征曲线贡献的方法,并通过理论分析和试验结果拟合,总结分析单独由毛细作用或吸附作用引起的土水特征曲线的特点。

### 6.3.1　微观模型与宏观模型的关系

土体的孔隙分布曲线是孔隙的等效圆直径与其孔隙多少的定量表征曲线,它能直观、定量地反映土体孔隙的分布情况。典型的单峰值孔隙分布曲线如图 6-16 所示。孔隙分布曲线通常采用函数 $f(\phi)$ 描述,其中 $\phi$ 为孔隙的等效圆直径。$f(\phi)$ 满足式(6-24)的要求,

$$\int_{\phi_{\min}}^{\phi_{\max}} f(\phi)\,\mathrm{d}\phi = 1 \tag{6-24}$$

式中,$\phi_{\max}$ 和 $\phi_{\min}$ 分别为孔隙等效直径的最大值和最小值。

直径为 $\phi$ 的孔隙能够存储的最大毛细水量和最大吸附水量可分别采用式(6-22)和式(6-23)计算。结合式(6-24)可以得到孔隙分布曲线为 $f(\phi)$ 的毛细水存储量和吸附水存储量的最大值,

$$V_c = \int_{\phi_{\min}}^{\phi_{\max}} f(\phi)\frac{v_c(\phi)}{v_a(\phi)+v_c(\phi)}\,\mathrm{d}\phi \tag{6-25}$$

$$V_a = \int_{\phi_{\min}}^{\phi_{\max}} f(\phi)\frac{v_a(\phi)}{v_a(\phi)+v_c(\phi)}\,\mathrm{d}\phi \tag{6-26}$$

式中,$V_c$ 和 $V_a$ 分别是归一化的毛细水的最大存储量和吸附水的最大存储量。

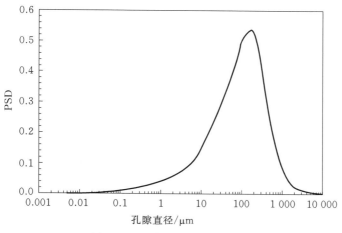

图 6-16　土体的孔隙分布曲线

如果土体的孔隙比为 $e$,则式(6-25)和式(6-26)可以分别改写为,

$$e_c = e \int_{\phi_{\min}}^{\phi_{\max}} f(\phi) \frac{v_c(\phi)}{v_a(\phi) + v_c(\phi)} d\phi \tag{6-27}$$

$$e_a = e \int_{\phi_{\min}}^{\phi_{\max}} f(\phi) \frac{v_a(\phi)}{v_a(\phi) + v_c(\phi)} d\phi \tag{6-28}$$

式中 $e_c$——毛细水体积对应的孔隙比;

$e_a$——吸附水体积对应的孔隙比。

$e_c$ 与 $e_a$ 满足,

$$e = e_c + e_a \tag{6-29}$$

所以,吸附作用贡献的土体储水能力可以采用参数 $\xi$ 来表述,$\xi$ 的定义为,

$$\xi = \frac{e_a}{e} \tag{6-30}$$

为了说明孔隙分布曲线对土水特征曲线的影响,分析总结两种典型孔隙分布曲线下的毛细作用和吸附作用贡献值。单峰值的孔隙分布曲线常见于砂土,它对应的分析结果如图 6-17 所示。单峰值孔隙分布曲线的峰值在 $100~\mu m$ 左右,大于临界孔隙直径,所以该范围的孔隙水主要以毛细水的形式存在。另外,图 6-17 所示的孔隙分布曲线中小于 $1~\mu m$ 的部分几乎可以忽略。因此,毛细作用(图 6-17 中浅灰色阴影部分)主导该类型孔隙分布曲线所对应的土体的储水过程,而吸附作用的贡献(图 6-17 中深灰色阴影部分)几乎可以忽略。这很好地解释了为什么常规的土水特征曲线能够很好地模拟砂土的水-力耦合特性。图 6-18 为双峰值孔隙分布曲线(常见于压密的粘土)的分析结果。由于 $20~nm$ 左右峰值的存在,吸附作用的贡献量(图 6-18 中深灰色阴影部分)较大,并且与毛细作用的贡献量(图 6-18 中浅灰色阴影部分)相接近。此时,吸附作用的贡献不能被忽略,这间接说明了图 6-9—图 6-12 所示问题的原因。

假定吸附作用与毛细作用之间没有相互作用,则室内试验测得的土水特征分布曲线可以认为是毛细作用引起的土水特征曲线和吸附作用引起的土水特征曲线的叠加结果。为了

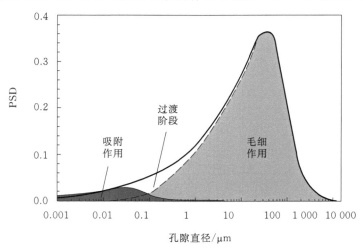

图 6-17　单峰值孔隙分布曲线的吸附作用和毛细作用分析结果

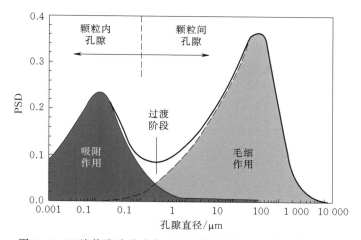

图 6-18  双峰值孔隙分布曲线的吸附作用与毛细作用分析结果

方便起见,本书假定毛细水和吸附水的水势能相等,也就是说毛细作用和吸附作用所对应的吸力值相等,并且等于室内试验测得的吸力值。因此,室内试验测得的水饱和度为,

$$S_r = \xi S_r^a + (1-\xi) S_r^c \tag{6-31}$$

式中,$S_r^c$ 和 $S_r^a$ 分别为毛细作用和吸附作用引起土水特征曲线的水饱和度,它们的定义分别为,

$$S_r^c = \frac{V_w^c}{e_c V_s} \tag{6-32}$$

$$S_r^a = \frac{V_w^a}{e_a V_s} \tag{6-33}$$

式中   $V_w^c$ 和 $V_w^a$——毛细水和吸附水的体积;

$V_s$——土颗粒的固体体积。

为了计算 $S_r^c$ 和 $S_r^a$,必须分别定义毛细作用引起的土水特征曲线(CWRC)和吸附作用引起的土水特征曲线(AWRC)。它们将在第 6.3.2 节和第 6.3.3 节中分别被叙述。

## 6.3.2  基于毛细作用的土水特征曲线(CWRC)特征

根据拉普拉斯方程,孔隙直径 $\phi$ 与吸力 $s$ 的关系可以采用式(6-34)描述,

$$s(\phi) = \frac{4T_s \cos\theta}{\phi} \tag{6-34}$$

引入图 6-17 中浅色阴影部分对应的孔隙分布曲线 $f_c(\phi)$,则当直径为 $\phi$ 的孔隙充满水时,毛细水的饱和度为,

$$S_r^c(\phi) = \int_{\phi\min}^{\phi} f(x) \mathrm{d}\lg x \tag{6-35}$$

结合式(6-34)和式(6-35),可以得到由毛细作用引起的土水特征曲线的理论模型,

$$S_r^c(s) = \int_{s\max}^{s} \left[ -\frac{1}{y\ln(10)} f\left(\frac{4T\cos\theta}{y}\right) \right] \mathrm{d}y \tag{6-36}$$

如果知道了显式的 $f_c(\phi)$,就可以得到显式的 CWRC 曲线。Fredlund 和 Xing(1994)

基于不同分布形式的 $f_c(\phi)$,给出了不同的土水特征曲线模型,并用试验结果进行了验证。图 6-19 是孔隙分布曲线与土水特征曲线关系的概念示意图。当吸力为 2.88 kPa 时,由式(6-34)可知所有小于 100 $\mu m$ 的孔隙将充满水(假定 $\theta=0$)。由图 6-19(a)可知,直径小于 100 $\mu m$ 的孔隙累积体积占总体积的 51.2%。所以吸力为 2.88 kPa 时的毛细水饱和度为 0.512[图 6-19(b)]。

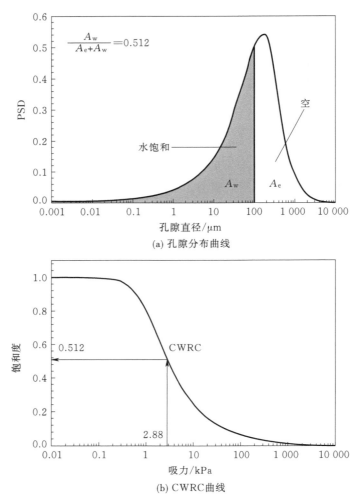

图 6-19　孔隙分布曲线与 CWRC 曲线关系的概念示意图

　　然而,很多传统的土水特征曲线模型都不是依据式(6-36)计算得到的,而是基于室内试验结果拟合计算得到的,如 Van Genuchten 模型。这是因为:① 式(6-36)形式复杂,不便于计算;② 土体的毛细等效孔隙分布曲线函数 $f_c(\phi)$ 在大多情况下是未知的;③ 室内测量吸力和饱和度比测量孔隙分布曲线简单易行。然而,室内的测量结果并不能直观地区分毛细水和吸附水,所以室内的测量结果并不能直接反映毛细作用引起的土水特征曲线的特征。但是,由图 6-17 的分析结果可知,砂土的吸附作用可以近似忽略,尤其是疏松的砂土。所以可以采用砂土的室内试验结果来近似地总结 CWRC 曲线的特征,尤其是在小吸力范围内。

为此,本节分别分析了一组疏松砂和一组密实砂的试验结果,并采用经验公式的方法进行了拟合,最后总结了 CWRC 曲线的特征。在分析过程中,吸附水的贡献比例参数 $\xi$ 假定为定值。分析结果如图 6-20 所示,图中拟合结果采用 Van Genuchten 模型。

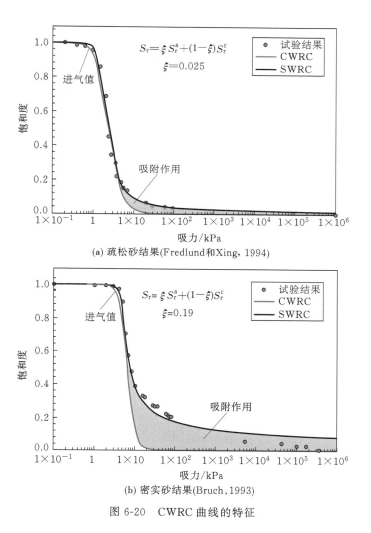

图 6-20　CWRC 曲线的特征

　　疏松砂的孔隙尺寸较大,吸附作用只在砂颗粒的表面起作用。由于疏松砂的比表面积较小,所以吸附作用的贡献值几乎可以忽略,约为 0.025[图 6-20(a)]。而密实砂由于被压密,其孔隙尺寸变小,比表面积增加,所以吸附作用的贡献值也增大,为 0.19[图 6-20(b)]。尽管疏松砂和密实砂的土水特征曲线有明显的差别,但是它们对应的 CWRC 曲线却很相似。在较小的吸力范围内,毛细水的饱和度迅速下降。很多学者发现土水特征曲线的进气值随着孔隙比的增大而逐渐减小(Nuth 和 Laloui,2008a;Wheeler 等,2003;Sun 等,2007)。本书认为这主要是由 CWRC 曲线的进气值随着孔隙比的增大而逐渐减小引起的。因此,由毛细作用引起的土水特征曲线具有以下特征:

　　(1) CWRC 曲线的形状依赖于孔隙分布函数 $f_c(\phi)$。一般来讲,CWRC 曲线具有较小的进气值。当吸力值大于进气值后,毛细水的饱和度迅速减小。

(2)CWRC 曲线的进气值随着孔隙比的增大而减小。

(3)考虑到在干湿循环过程中,土水的接触角不同,CWRC 曲线在干湿循环过程中具有滞回性。

(4)常用的土水特征曲线模型能很好地描述 CWRC 曲线的形状和特征。

### 6.3.3　基于吸附作用的土水特征曲线(AWRC)特征

由第 6.1.1 节可知,吸附作用的大小可以用界面分离压来衡量,并且它是吸附层厚度的函数,可以表示为

$$s = s_m(h^{-3}) + s_e(h^{-2}) + s_h(h) + s_a(h) = G(h) \tag{6-37}$$

式中,$s_m(h^{-3})$、$s_e(h^{-2})$、$s_h(h)$、$s_a(h)$ 分别是范德华力、静电场作用、水化及土体结构作用和吸附作用引起的吸力值。若土体在吸湿循环过程中,土颗粒的表面积保持不变,则可以认为在吸附作用的范围内,吸力值与吸附水层的厚度是一一对应关系。因此,吸附水层的厚度为,

$$h = G^{-1}(s) \tag{6-38}$$

在给定吸力 $s$ 的情况下,等效直径为 $\phi$ 的孔隙内的吸附水饱和度为,

$$S_{r\phi} = \begin{cases} 1, & \phi \leqslant 2G^{-1}(s) \\ \dfrac{2G^{-1}(s)}{\phi}, & \phi > 2G^{-1}(s) \end{cases} \tag{6-39}$$

类似 CWRC 曲线,结合吸附作用等效的孔隙分布曲线 $f_a(\phi)$(图 6-18 深灰色阴影部分),可以计算吸附水的饱和度为,

$$S_r^a(s) = \int_{\phi\min}^{\phi\max} S_{r\phi} g(\phi) \mathrm{dlg}\phi \tag{6-40}$$

将式(6-38)、式(6-39)代入式(6-40),可以得到 AWRC 曲线的理论函数表达式,

$$S_r^a(s) = \int_{\phi\min}^{2G^{-1}(s)} g(\phi)\mathrm{dlg}\phi + \int_{2G^{-1}(s)}^{\phi\max} \frac{2G^{-1}(s)}{\phi} g(\phi)\mathrm{dlg}\phi \tag{6-41}$$

当知道 $g(\phi)$ 和 $G^{-1}(s)$ 的显式表达式时,就可以由式(6-41)得到 AWRC 曲线的显式形式。比如,Or 和 Tuller(1999)仅考虑范德华力对吸附作用的影响,给出了显式的 $G^{-1}(s)$,然后结合土体的孔隙分布曲线 $f(\phi)$,推导了能够同时考虑吸附作用和毛细作用的土水特征曲线模型。图 6-21 是式(6-41)的概念示意图。如果仅考虑范德华力的影响,当吸力为 25.5 kPa 时,所有直径小于 10 nm 的孔隙均充满了水[图 6-21(a)中 $S_{r\phi}=1$ 部分],而直径大于 10 nm 的孔隙仅部分充满水,且随着直径的增大,$S_{r\phi}$ 逐渐减小。图 6-21(a)中两部分阴影面积之和代表着孔隙内吸附水的归一化存储量,为 0.453。所以,当仅考虑范德华力时,吸力 25.5 kPa 对应的饱和度为 0.453,如图 6-21(b)中 A 点所示。然而吸附作用还包括其他的作用力,如式(6-36)所示。所以,在同等饱和度的情况下(吸附水层厚相同),吸力值将大于

25.5 kPa,意味着 AWRC 曲线将向右移动,如图 6-21(b)中箭头所示。但由于式(6-41)形式复杂,且吸附水的孔隙分布曲线很难获得,所以接下来将通过室内的试验结果来探索 AWRC 曲线的特征。

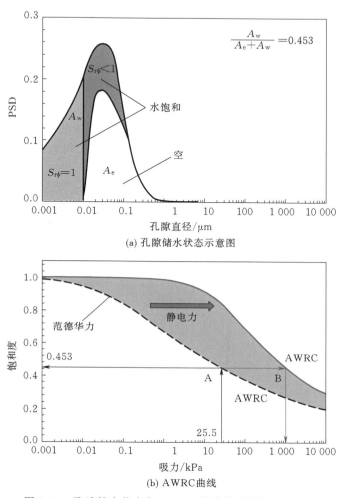

(a) 孔隙储水状态示意图

(b) AWRC曲线

图 6-21　孔隙储水状态与 AWRC 曲线关系的概念示意图

　　非饱和压密的 MX-80 膨润土具有双峰值的孔隙分布曲线,如图 6-22(a)中 A 曲线所示,并且具有很强的膨胀能力。在恒定体积的边界条件下,MX-80 膨润土的孔隙结构随着饱和度的变化而不断变化,如图 6-22 所示。如果试样的初始干密度很大,则 MX-80 膨润土的膨胀将压缩所有的大孔隙结构。此时,孔隙水全部由吸附水构成,所以此刻的土水特征曲线则反映了 AWRC 曲线的特征。因此,本节分析整理了 Seiphoori 等(2014)研究的试验结果(图 6-22)。试验试样的初始干密度为 1.8 g/cm³,初始饱和度为 0.27,吸力为 170 MPa。干湿循环加载在恒定体积下进行,并测量加载过程中的吸力值、含水量,以及 A、B、C 和 D 四个状态的孔隙分布曲线,其结果如图 6-22(a)和 6-22(c)所示。基于孔隙分布(PSD)曲线,按照图 6-18 所示的方法可以得到参数 $\xi$ 的值,其变化趋势如图 6-22(b)所示。在初始时刻(A 点),PSD 曲线为双峰值曲线,表明吸附作用和毛细作用均对土体的储水量有贡献,此时

的 $\xi$ 值为 0.557。在第一次吸湿过程中,MX-80 膨润土不断膨胀。在初次饱和时,所有的宏观孔隙均被膨胀填充,PSD 曲线由双峰值曲线变为了单峰值曲线,且其峰值在 20 nm 左右,如图 6-22(a)中 B 曲线所示。由于在干湿循环过程中,试样的总体积保持恒定,所以 $\xi$ 值随着吸湿过程不断增大,在 B 状态达到最大值 1[图 6-22(b)]。这说明在 B 状态,所有的孔隙水均以吸附水的形式存在。在后续的干燥过程(B 到 C,B 到 D)和吸湿过程(C 到 B,D 到 B)中,PSD 曲线基本保持恒定,$\xi$ 值也几乎不变。由于 $\xi$ 值在第一次吸湿过程后几乎保持为 1,所以可以认为除了第一次吸湿过程外的土水特征曲线均是由吸附作用引起的。也就是说,图 6-22(c)中除了第一次吸湿过程外的土水特征曲线均是 AWRC 曲线(图中阴影部分)。与 CWRC 曲线类似,AWRC 曲线也具有滞回性,干燥曲线与吸湿曲线之间的过渡可以通过扫描线模型进行描述。AWRC 曲线的形状与 CWRC 曲线的形状类似,但却拥有较大的进气值和较小的斜率。因此,常用的土水特征曲线模型也可以用来拟合 AWRC 曲线,采用 Nuth 和 Laloui 模型拟合的结果如图 6-22(d)所示。

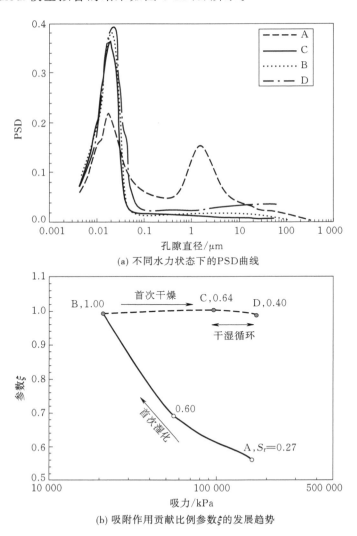

(a) 不同水力状态下的PSD曲线

(b) 吸附作用贡献比例参数 $\xi$ 的发展趋势

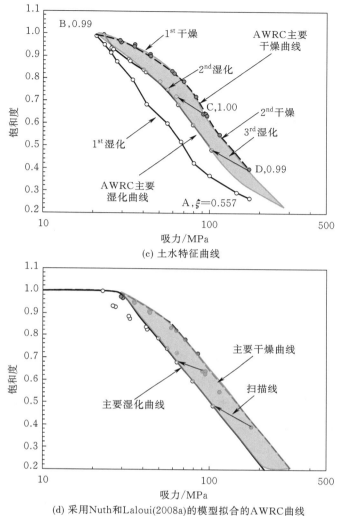

(c) 土水特征曲线

(d) 采用Nuth和Laloui(2008a)的模型拟合的AWRC曲线

图 6-22　依据 MX-80 膨润土试验结果的 AWRC 曲线的特征

综上所述,AWRC 曲线具有以下特征:

(1) AWRC 曲线的形状依赖于孔隙分布函数 $f_a(\phi)$。一般来讲,AWRC 曲线具有很大的进气值,在吸力值大于进气值后,吸附水的饱和度缓慢地减小。

(2) AWRC 曲线在干湿循环过程中具有滞回性,但其原因还有待进一步探索。

(3) AWRC 曲线的进气值与孔隙大小的关系尚不清楚。但由于吸附水的储水量与土颗粒的表面积成正比,所以可以假定其进气值与孔隙的大小无关。

(4) 常用的土水特征曲线模型能很好地描述 AWRC 曲线的形状和特征。

## 6.4　基于毛细作用和吸附作用的土水特征曲线模型

### 6.4.1　基本假定

由本书第 6.3 节的分析结果可知,宏观实测的土水特征曲线是毛细作用与吸附作用共同叠加的结果。为了构建同时考虑毛细作用和吸附作用的土水特征曲线模型,本节采用以下假定:

(1) 毛细作用引起的土水特征曲线(CWRC)可以采用常用的土水特征曲线模型进行描述。

(2) 吸附作用引起的土水特征曲线(AWRC)可以采用常用的土水特征曲线模型进行描述。

(3) CWRC 曲线和 AWRC 曲线均具有滞回性。

(4) 毛细作用与吸附作用之间没有相互影响,实测的土水特征曲线是 CWRC 曲线和 AWRC 曲线的简单叠加。

(5) 吸附作用的贡献比例可用参数 $\xi$ 来衡量,毛细作用的贡献比例为 $(1-\xi)$。

(6) 土体的饱和度采用式(6-31)计算。

(7) 参数 $\xi$ 与土体的孔隙分布规律有关,并且可能随着土体的水力加载路径不同而发生变化。

定义由 CWRC 曲线和 AWRC 曲线构成的土水特征曲线模型为双土水特征曲线模型,其概念示意如图 6-23 所示。由于吸附作用对应的吸力范围大于毛细作用对应的吸力范围,所以 AWRC 曲线在 CWRC 曲线的右侧。因为 AWRC 曲线和 CWRC 曲线均具有滞回性,所以 SWRC 曲线也具有滞回性。

由于参数 $\xi$ 在 $0\sim1$ 之间,所以实测的土水特征曲线(SWRC)在 AWRC 曲线和 CWRC 曲线之间,并随着 $\xi$ 的变化而变化。当 $\xi=1$ 时,SWRC 曲线与 AWRC 曲线重合;当 $\xi=0$ 时,SWRC 曲线与 CWRC 曲线重合。实际上,$\xi$ 随着土体孔隙结构的变化而变化,所以 $\xi$ 值受力学加载、温度加载和干湿循环加载的影响。以干湿循环为例,根据土体活性的不同,$\xi$ 的发展趋势也不相同,如图 6-23(b)所示。对于非活性土体(如砂土),其孔隙结构在干湿循环中基本保持不变,所以 $\xi$ 保持为恒定值,如图 6-23(b)中虚线所示。对于活性土(如膨润土),在恒定体积条件下,$\xi$ 值随着吸湿过程而不断增大,在后续的干燥过程中可能不变或减小,如图 6-23(b)中实线所示。随着 $\xi$ 值的变化,SWRC 曲线也会发生偏移。比如,当 $\xi$ 增大时,吸附作用贡献比例增大,SWRC 曲线向右偏移[图 6-23(a)]。

为了描述 CWRC 曲线和 AWRC 曲线的滞回性特征,定义参数 $\alpha$ 如式(6-42)所示,

$$\alpha^{a}=\frac{s_{W0}^{a}}{s_{D0}^{a}} \qquad [6\text{-}42(a)]$$

$$\alpha^{c}=\frac{s_{W0}^{c}}{s_{D0}^{c}} \qquad [6\text{-}42(b)]$$

式中　$\alpha^{a}$ 和 $\alpha^{c}$——AWRC 曲线和 CWRC 曲线的滞回特征参数;

　　　　$s_{D0}^{a}$ 和 $s_{D0}^{c}$——AWRC 曲线和 CWRC 曲线的进气值;

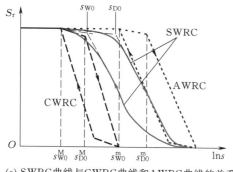
(a) SWRC曲线与CWRC曲线和AWRC曲线的关系

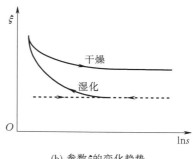
(b) 参数ξ的变化趋势

图 6-23　双土水特征曲线模型的概念示意图

$s_{W0}^a$ 和 $s_{W0}^c$——AWRC 和 CWRC 的吸湿分支曲线达到饱和时的吸力值。

针对某一类特定的土体,可以假定它的 $\alpha^a$ 和 $\alpha^c$ 值保持不变。$\alpha^a$ 和 $\alpha^c$ 的取值范围在 $0\sim1$ 之间。如果 $\alpha^a$ 和 $\alpha^c$ 的值为 1,那么表明干燥曲线与吸湿曲线相重合,土水特征曲线不再具有滞回性。

SWRC 曲线的进气值随着土体的压缩和膨胀不断变化。为了描述这种关系,常假定 SWRC 曲线的进气值与土体的孔隙比(总孔隙比或塑性孔隙比)有关,并采用经验公式进行拟合。本节也采用类似的方法,假定 CWRC 曲线的进气值是毛细作用对应孔隙比 $e^c$ 的函数。由于吸附作用的储水量与土颗粒的表面积成正比,所以本书假定 AWRC 曲线的进气值为定值。因此,

$$s_{D0}^a = \text{const} \tag{6-43(a)}$$

$$s_{D0}^c = f(e^c) \tag{6-43(b)}$$

确定毛细作用对应的孔隙比 $e^c$ 需要知道毛细作用的等效孔隙分布曲线。但是一般情况下,孔隙的分布曲线是不可知的。所以,假定 $e^c$ 与宏观孔隙比 $e^M$ 相等,宏观孔隙比 $e^M$ 是总孔隙比 $e$ 与微观孔隙比 $e^m$ 的差值,它具体定义可以参见图 6-15。Remero 等(2011)认为宏观孔隙的孔隙直径一般大于 $0.2\sim0.5\ \mu m$,具体分界值可以通过压汞实验获得。

综上所述,土水特征曲线(SWRC)的滞回性是由 CWRC 曲线和 AWRC 曲线的滞回性共同作用引起的。SWRC 曲线进气值的孔隙比依赖性主要是由 CWRC 曲线进气值的孔隙比依赖性决定的,而与 AWRC 曲线的关系不大。力学加载、温度加载对 SWRC 曲线的影响是通过改变 $\xi$ 值和 CWRC 曲线的进气值实现的。

## 6.4.2　模型构建

采用 Nuth 和 Laloui(2008a)提出的增量性土水特征曲线模型来描述 CWRC 曲线和 AWRC 曲线,并结合第 6.4.1 节的假定,构建显式的双土水特征曲线模型。式(6-31)的增量表达式为,

$$dS_r = \xi dS_r^a + (1-\xi) dS_r^c + (S_r^a - S_r^c) d\xi \tag{6-44}$$

由式(6-44)可知,饱和度的增量与三个因素有关,一是毛细水的饱和度增量 $dS_r^c$,二是吸附水的饱和度增量 $dS_r^a$,三是吸附作用的贡献比例参数增量 $d\xi$。根据 Nuth 和 Laloui 的模型,CWRC 曲线和 AWRC 曲线对应的饱和度增量可以分为弹性增量部分和塑性增量部分,所以,

$$dS_r^c = dS_r^{ec} + dS_r^{pc} \qquad [6\text{-}45(a)]$$

$$dS_r^a = dS_r^{ea} + dS_r^{pa} \qquad [6\text{-}45(b)]$$

式中,上标 e 和 p 分别表示弹性部分和塑性部分。其中,弹性部分可由式(6-46)计算,

$$dS_r^{ec} = -\frac{ds}{\kappa^c s} \qquad [6\text{-}46(a)]$$

$$dS_r^{ea} = -\frac{ds}{\kappa^a s} \qquad [6\text{-}46(b)]$$

式中,$\kappa^c$ 和 $\kappa^a$ 分别为 CWRC 曲线和 AWRC 曲线的弹性模量。塑性部分可由式(6-47)计算,

$$dS_r^{pc} = -\frac{ds}{\beta^c} \mathrm{sgn}\left[\ln\left(\frac{s}{s_D^c}\right) + \frac{1}{2}\ln(\alpha^c)\right]\frac{\partial f^c}{\partial s} \qquad [6\text{-}47(a)]$$

$$dS_r^{pa} = -\frac{ds}{\beta^a} \mathrm{sgn}\left[\ln\left(\frac{s}{s_D^a}\right) + \frac{1}{2}\ln(\alpha^a)\right]\frac{\partial f^a}{\partial s} \qquad [6\text{-}47(b)]$$

式中,$\beta^c$ 和 $\beta^a$ 分别为 CWRC 曲线和 AWRC 曲线的塑性模量。$\mathrm{sgn}(x)$ 是符号函数,其定义为,

$$\mathrm{sgn}(x) = \begin{cases} 1, & x > 0 \\ 0, & x = 0 \\ -1, & x < 0 \end{cases} \qquad (6\text{-}48)$$

CWRC 曲线和 AWRC 曲线的屈服函数分别为,

$$f^c = \left| \ln(s) - \ln(s_D^c) - \frac{1}{2}\ln(\alpha^c) \right| + \frac{1}{2}\ln(\alpha^c) \qquad [6\text{-}49(a)]$$

$$f^a = \left| \ln(s) - \ln(s_D^a) - \frac{1}{2}\ln(\alpha^a) \right| + \frac{1}{2}\ln(\alpha^a) \qquad [6\text{-}49(b)]$$

CWRC 和 AWRC 的硬化准则为,

$$s_D^c = s_{D0}^c \exp(\beta^c S_r^{pc}) \qquad [6\text{-}50(a)]$$

$$s_D^a = s_{D0}^a \exp(\beta^a S_r^{pa}) \qquad [6\text{-}50(b)]$$

式中,$s_D^c$ 和 $s_D^a$ 分别是 CWRC 和 AWRC 干燥曲线上更新后的屈服吸力值。CWRC 曲线进气值的孔隙比依赖性采用式(6-43)计算,具体的显示表达式依据不同的土体确定。AWRC 曲线的进气值假设为定值。$\xi$ 值的变化规律可以依据试验结果进行反馈拟合,也可以引入相关的变形机理进行计算。为了不失双土水特征曲线模型的一般性,本章采用拟合的方法。

## 6.4.3　模型参数及选取方法

第 6.4.2 节构建的双土水特征曲线模型共有九个参数,可以分为三类。第一类是 CWRC 曲线的参数,包括 $s_{D0}^c$,$\alpha^c$,$\kappa^c$ 和 $\beta^c$;第二类是 AWRC 曲线的参数,包括 $s_{D0}^a$,$\alpha^a$,$\kappa^a$ 和 $\beta^a$;第三类是土体的结构参数 $\xi$。CWRC 曲线和 AWRC 曲线参数的定义如图 6-24 所示。$s_{D0}^c$ 和 $s_{D0}^a$ 分别为 CWRC 曲线和 AWRC 曲线的进气值;$\alpha^c$ 和 $\alpha^a$ 分别是 CWRC 曲线和 AWRC 曲线的滞回性参数,由式(6-42)确定;$\kappa^c$ 和 $\kappa^a$ 分别是 CWRC 曲线和 AWRC 曲线扫描线斜率的倒数;$\beta^c$ 和 $\beta^a$ 分别是 CWRC 曲线和 AWRC 曲线屈服段斜率的倒数与 $\kappa^c$ 和 $\kappa^a$ 的差值。参数 $\xi$ 在本章中通过试验数据拟合的方法获得。

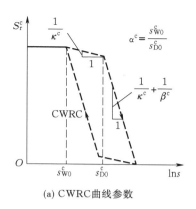
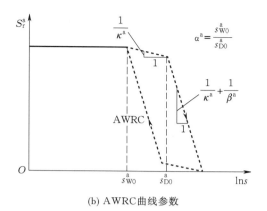

(a) CWRC曲线参数　　　　　　　　　(b) AWRC曲线参数

图 6-24　模型参数定义

但由于室内试验测得的结果均是 SWRC 曲线,而不是 CWRC 曲线和 AWRC 曲线,所以模型参数不能直接由试验直接测得。但考虑到吸附作用对应的吸力范围远大于毛细作用对应的吸力范围,本书假定吸附水达到饱和后,毛细作用才开始起作用。故式(6-31)变为,

$$S_r = \begin{cases} \xi S_r^a, & S_r < \xi \\ \xi + (1-\xi)S_r^c, & S_r \geqslant \xi \end{cases} \tag{6-51}$$

根据此假定,可以选取 SWRC 曲线上的五个点来初步计算 CWRC 曲线和 AWRC 曲线的参数。参数 $\xi$ 的值可由压汞实验获得。当压汞实验数据不可知时,由式(6-51)可知,$\xi$ 值与 SWRC 曲线的残余饱和度 $S_{res}$ 相等。因此,残余饱和度对应的吸力值为 AWRC 曲线的 $s_{w0}^a$,如图 6-25(a)所示。选取 SWRC 曲线上的饱和度远小于 $S_{res}$ 的两点 A 和 B,其对应的吸力值分别为 $s_A$ 和 $s_B$,饱和度分别为 $S_{rA}$ 和 $S_{rB}$。则 A 点和 B 点对应的 AWRC 曲线上的饱和度 $S_{rA}^a$ 和 $S_{rB}^a$ 为,

$$S_{rA}^a = \frac{S_{rA}}{\xi} = \frac{S_{rA}}{S_{res}} \tag{6-52(a)}$$

$$S_{rB}^a = \frac{S_{rB}}{\xi} = \frac{S_{rB}}{S_{res}} \tag{6-52(b)}$$

由图 6-24 的定义可知,

$$S_{rA}^a = 1 - \frac{\ln(\alpha^a)}{\kappa^a} - \frac{\ln(s_A) - \ln(\alpha^a s_{w0}^a)}{\kappa^a \beta^a / (\kappa^a + \beta^a)} \tag{6-53(a)}$$

$$S_{rB}^a = 1 - \frac{\ln(\alpha^a)}{\kappa^a} - \frac{\ln(s_B) - \ln(\alpha^a s_{w0}^a)}{\kappa^a \beta^a / (\kappa^a + \beta^a)} \tag{6-53(b)}$$

由于土水特征曲线的扫描线斜率远小于屈服段的斜率,根据经验可以假定,

$$\kappa^a = (8 \sim 10)\beta^a = \eta \beta^a \tag{6-54}$$

由式(6-52),式(6-53)和式(6-54)可知,

$$\kappa^a = \frac{(\eta+1)S_{res}\ln(s_B/s_A)}{S_{rA} - S_{rB}} \tag{6-55(a)}$$

$$\beta^a = \frac{\eta+1}{\eta} \frac{S_{res}\ln(s_B/s_A)}{S_{rA} - S_{rB}} \tag{6-55(b)}$$

$$\alpha^{\mathrm{a}}=\exp\left[\frac{\ln(s_{\mathrm{A}}/s_{\mathrm{res}})}{\eta}-\frac{\eta+1}{\eta}\frac{(S_{\mathrm{res}}-S_{\mathrm{rA}})}{S_{\mathrm{rA}}-S_{\mathrm{rB}}}\ln\left(\frac{s_{\mathrm{B}}}{s_{\mathrm{A}}}\right)\right] \qquad [6\text{-}55(\mathrm{c})]$$

$$s_{\mathrm{D0}}^{\mathrm{a}}=\alpha^{\mathrm{a}}s_{\mathrm{res}} \qquad [6\text{-}55(\mathrm{d})]$$

采用类似的方法可以获取 CWRC 曲线的参数。选取 SWRC 曲线的吸湿曲线上饱和度为 1 的 P 点,如图 6-25(b)所示。由式(6-51)可知,P 点对应的吸力值 $s_{\mathrm{P}}$ 为 CWRC 曲线的 $s_{\mathrm{w0}}^{\mathrm{c}}$。残余饱和度对应的 CWRC 曲线饱和度为 0。选取饱和度大于 $S_{\mathrm{res}}$ 的 C 点[图 6-25(b)],其对应的吸力值分别为 $s_{\mathrm{C}}$,饱和度为 $S_{\mathrm{rC}}$。则 C 点处的 $S_{\mathrm{rC}}^{\mathrm{c}}$ 为,

$$S_{\mathrm{rC}}^{\mathrm{c}}=\frac{S_{\mathrm{rC}}-S_{\mathrm{res}}}{1-S_{\mathrm{res}}} \qquad (6\text{-}56)$$

$$S_{\mathrm{rC}}^{\mathrm{c}}=1-\frac{\ln(\alpha^{\mathrm{c}})}{\kappa^{\mathrm{c}}}-\frac{\ln(s_{\mathrm{C}})-\ln(\alpha^{\mathrm{c}}s_{\mathrm{w0}}^{\mathrm{c}})}{\kappa^{\mathrm{c}}\beta^{\mathrm{c}}/(\kappa^{\mathrm{c}}+\beta^{\mathrm{c}})} \qquad [6\text{-}57(\mathrm{a})]$$

$$0=1-\frac{\ln(\alpha^{\mathrm{c}})}{\kappa^{\mathrm{c}}}-\frac{\ln(s_{\mathrm{res}})-\ln(\alpha^{\mathrm{c}}s_{\mathrm{w0}}^{\mathrm{c}})}{\kappa^{\mathrm{c}}\beta^{\mathrm{c}}/(\kappa^{\mathrm{c}}+\beta^{\mathrm{c}})} \qquad [6\text{-}57(\mathrm{b})]$$

$$\kappa^{\mathrm{c}}=(8\sim10)\beta^{\mathrm{c}}=\eta\beta^{\mathrm{c}} \qquad (6\text{-}58)$$

由式(6-56),式(6-57)和式(6-58)可知,

$$\kappa^{\mathrm{c}}=\frac{(\eta+1)(1-S_{\mathrm{res}})\ln(s_{\mathrm{res}}/s_{\mathrm{C}})}{S_{\mathrm{rC}}-S_{\mathrm{res}}} \qquad [6\text{-}59(\mathrm{a})]$$

$$\beta^{\mathrm{c}}=\frac{\eta+1}{\eta}\frac{(1-S_{\mathrm{res}})\ln(s_{\mathrm{res}}/s_{\mathrm{C}})}{S_{\mathrm{rC}}-S_{\mathrm{res}}} \qquad [6\text{-}59(\mathrm{b})]$$

$$\alpha^{\mathrm{c}}=\exp\left\{\frac{\eta+1}{\eta}\left[\ln\left(\frac{s_{res}}{s_{\mathrm{p}}}\right)-\frac{1-S_{\mathrm{res}}}{S_{rC}-S_{\mathrm{res}}}\ln\left(\frac{s_{res}}{s_{\mathrm{C}}}\right)\right]\right\} \qquad [6\text{-}59(\mathrm{c})]$$

$$s_{\mathrm{D0}}^{\mathrm{c}}=\alpha^{\mathrm{c}}s_{\mathrm{p}} \qquad [6\text{-}59(\mathrm{d})]$$

需要注意的是,在上述计算过程中假定参数 $\xi$ 保持不变,但实际过程中 $\xi$ 值可能随着干湿循环发生变化,尤其是对于活性土。所以,上述参数仅为模型的初始假定参数,需要结合更多的土水特征曲线实测点来反馈模型的参数。为了简化模型参数的取值,可以假定 SWRC 曲线和 AWRC 曲线在吸力为 1 000 MPa 时饱和度为 0,即式(6-55)中 B 点的坐标为(1 000,0)。但这并不是必要的。

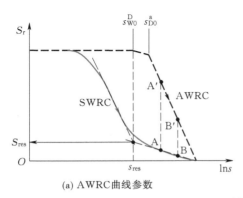 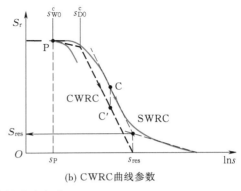

(a) AWRC曲线参数　　(b) CWRC曲线参数

图 6-25　模型参数的选取方法

### 6.4.4 模型验证

本节从两个方面对第 6.4.3 节提出的双土水特征曲线模型进行验证,包括① 土水特征曲线的描述和预测;② 非饱和土抗剪强度的预测。验证的土体范围包括活性土和非活性土。

**1. 土水特征曲线的描述和预测**

由于形成历史的原因,硅藻土拥有典型的双孔隙结构,并且土体活性较低。在干湿循环过程中,硅藻土的孔隙结构基本保持不变。因此,对于特定的硅藻土,其吸附作用贡献比例参数 $\xi$ 是定值。但对于砂-硅藻土混合物来讲,$\xi$ 值随着硅藻土含量的增加而变大,它们的关系可以用幂函数进行描述,如图 6-26 所示。

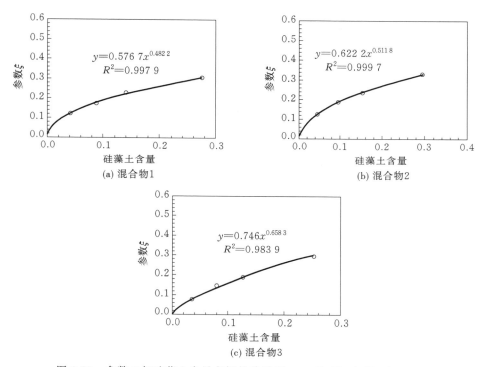

图 6-26　参数 $\xi$ 与硅藻土含量之间的关系(Burger 和 Shackelford,2001a)

硅藻土的进气值与孔隙比有关,如图 6-27(a)所示。随着宏观孔隙尺寸的增大,进气值逐渐减小。本书假定 SWRC 曲线的进气值变化全部是由 CWRC 曲线的进气值变化引起的,而与 AWRC 曲线无关。依据第 6.4.3 节中的方法计算得到的模型参数如表 6-2 所示,其对应的拟合结果如图 6-27 所示。由图 6-27(a)可知,该模型能够很好地描述 SWRC 曲线进气值的孔隙比依赖性。

由于砂土的颗粒大小与硅藻土的颗粒大小相接近,所以同一类型不同比例的砂-硅藻土混合物的宏观孔隙尺寸几乎相等。因此,在反馈拟合试验结果时未考虑 CWRC 曲线进气值的孔隙比依赖性,而是假定特定类型的砂-硅藻土混合物拥有固定的进气值。由于吸附作用主要是由硅藻土的存在引起的,所以假定所有混合物的 AWRC 曲线相同,但与纯硅藻土的 AWRC 曲线不同。这是因为砂土的存在减弱了吸附作用,导致了 $\beta^a$ 值的增大。双土水特征

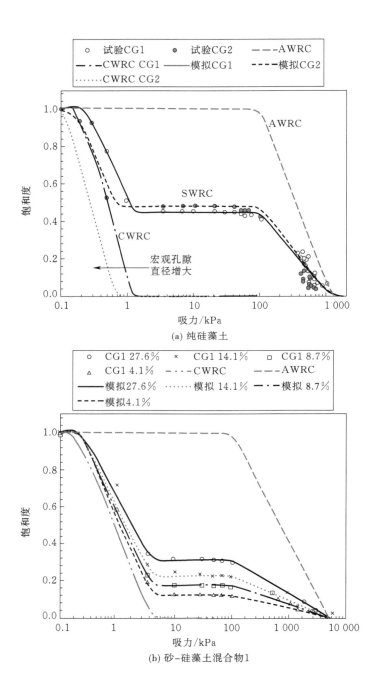

(a) 纯硅藻土

(b) 砂-硅藻土混合物1

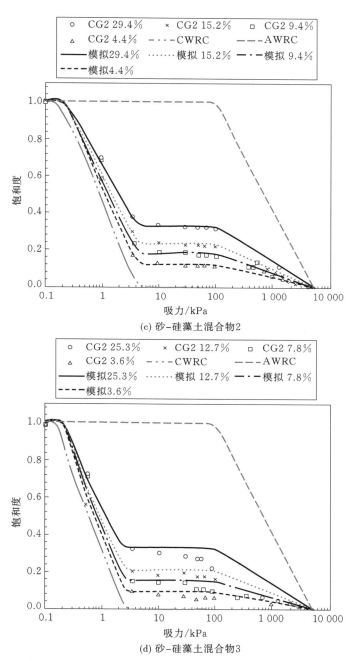

(c) 砂–硅藻土混合物2

(d) 砂–硅藻土混合物3

图 6-27　硅藻土的土水特征曲线校验与预测(Burger 和 Shackelford,2001a,2001b)

**表 6-2　硅藻土和砂-硅藻土混合物的双土水特征曲线模型参数**

| 土体类型 | 参数 | | |
|---|---|---|---|
| | AWRC 参数 | CWRC 参数 | 土体结构参数 |
| | $s_{D0}^a, \kappa^a, \beta^a, \alpha^a$ | $s_{D0}^c, \kappa^c, \beta^c, \alpha^c$ | $\xi = ax^{b*}$ |
| | [kPa], —, —, — | [kPa], —, —, — | —, — |
| 硅藻土 CG1 | 100, 25, 2.78, 0.9 | 0.2, 18, 2, 1.0 | 0.45, — |
| 硅藻土 CG2 | | 0.11, 18, 2, 1.0 | 0.479, — |
| 砂-硅藻土 CG1 混合物 1 | 100, 40, 4.44, 0.9 | 0.2, 30, 3.33, 1.0 | 0.5767, 0.4822 |
| 砂-硅藻土 CG2 混合物 2 | | 0.2, 30, 3.33, 1.0 | 0.6222, 0.5118 |
| 砂-硅藻土 CG2 混合物 3 | | 0.13, 30, 3.33, 1.0 | 0.7460, 0.6583 |

注: * $x$ 是硅藻土的含量。

曲线模型能够很好地再现纯硅藻土以及各种硅藻土含量的砂-硅藻土混合物的土水特征试验结果,表明了本章所构建模型的合理性。另外,与 Burger 和 Shackelford(2001a)提出的土水特征曲线模型相比,本章提出的模型需要较少的参数。比如,为模拟图 6-27(b)中的试验结果,Burger 和 Shackelford(2001a)的模型需要 32 个参数,而本章提出的模型仅需要 10 个参数(表 6-2)。

压实的 MX-80 膨润土和砂-MX-80 膨润土混合物也具有典型的双孔隙结构,但是它们具有很强的膨胀性,土体的孔隙结构随着土体的饱和状态不同而发生变化。因此,它们的参数 $\xi$ 随着吸力的变化而变化。尽管很多学者(Stoicescu 等,1998;Seiphoori 等,2014;Manca,2015)开展了关于 MX-80 膨润土土水特征曲线的研究,但目前的土水特征曲线模型还不能够很好地模拟和预测 MX-80 膨润土在干湿循环过程中的储水特征。这是因为:① 吸附作用在 MX-80 膨润土的储水能力中占据着重要地位,而常规的土水特征曲线模型却忽略了吸附作用的贡献;② 在干湿循环过程中,土体的孔隙结构发生了剧烈变化,但常规的土水特征曲线模型不能够考虑土体孔隙结构变化带来的影响。本章提出的双土水特征曲线模型能够同时考虑吸附作用和土体孔隙结构的影响,所以它应该可以很好地描述 MX-80 膨润土和砂-MX-80 膨润土混合物的土水特征曲线试验结果。

膨胀土的孔隙结构变化可以通过引入膨胀模型进行计算,如 Romero 等(2011)提出的模型。但为了方便分析,本节采用经验公式拟合的方法来反映参数 $\xi$ 与吸力 $s$ 的关系。采用幂函数对 MX-80 膨润土和砂-MX-80 膨润土混合物的试验数据进行拟合,其结果如图 6-28所示。当 MX-80 膨润土的干密度较大时,恒定体积下的膨胀会使所有的大孔隙闭合,从而导致毛细作用的贡献可以忽略。并且,在后续的干燥过程中,$\xi$ 值保持不变[图 6-28(a)]。但砂-MX-80 膨润土混合物的孔隙结构在干湿循环中的变化规律与此不同,如图 6-28(b)所示。首先,孔隙结构变化发生在较小的吸力范围内。其次,大孔隙能否被完全充填依赖于砂-MX-80膨润土的比例和混合物的初始干密度。但无论如何,幂函数均能较好地描述孔隙结构参数 $\xi$ 与吸力 $s$ 之间的关系。

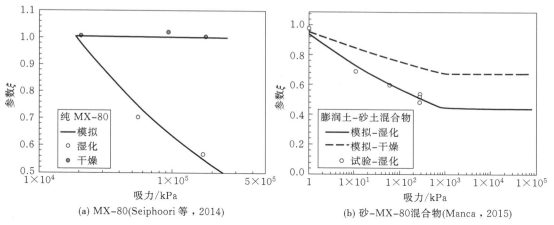

(a) MX-80(Seiphoori等,2014)　　　　(b) 砂-MX-80混合物(Manca,2015)

图 6-28　参数 $\xi$ 的校验

　　由于在较大的吸力时(约 20 MPa),MX-80 膨润土的 $\xi$ 值就变为了 1,且在后续的干湿循环中保持不变[图 6-28(a)],所以在模拟 MX-80 膨润土的土水特征曲线时,不需要 CWRC 曲线的参数。实测的 MX-80 膨润土土水特征曲线全部由吸附作用引起。但由于砂-MX-80 膨润土混合物的模型参数 $\xi$ 小于 1,所以它需要 CWRC 曲线的参数。假定相同砂-MX-80 膨润土比例的混合物拥有相同的 AWRC 曲线,但它们的 CWRC 曲线却随着干密度的变化而变化。不同比例和不同类型膨润土的混合物具有不同的 CWRC 曲线和 AWRC 曲线。依据上述假定,结合第 6.4.3 节的方法,可以得到模型的参数如表 6-3 所示,对应的拟合结果如图 6-29 所示。本书提出的双土水特征曲线模型能够很好地模拟纯膨润土(MX-80),不同砂-膨润土混合物的土水特征试验结果。

表 6-3　MX-80/砂-膨润土(MX-80)混合物的双土水特征曲线模型参数

| | 参数 | | |
|---|---|---|---|
| | AWRC 参数 | CWRC 参数 | 土体结构参数 |
| | $s_{D0}^{a},\kappa^{a},\beta^{a},\alpha^{a}$ | $s_{D0}^{c},\kappa^{c},\beta^{c},\alpha^{c}$ | $\xi=as^{b}$ |
| | [MPa],—,—,— | [MPa],—,—,— | —,— |
| MX-80 膨润土 | 59,10,2.5,0.49 | — | 1.1862,−0.273 |
| 砂-膨润土 | 1,35,8,75,0.8 | 0.01,33,3.67,0.9 | 0.6685,−0.044 |
| 砂-MX-80 膨润土(1.5 g/cm³) | | 0.01,30,3.33,0.3 | 1.11,−0.2(−0.08)* |
| 砂-MX-80 膨润土(1.8 g/cm³) | 3,40,4.44,0.8 | 0.05,30,3.33,0.1 | 0.4425(0.956)*,<br>−0.11(−0.05)* |

注:* 括号中数值为干燥过程中的参数。

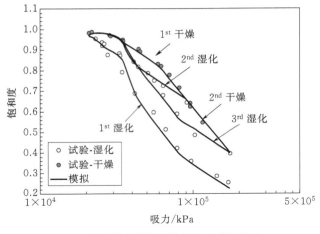

(a) MX-80膨润土(Seiphoori 等,2014)

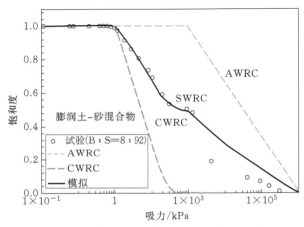

(b) 砂-膨润土混合物(Stoicescu 等,1998a)

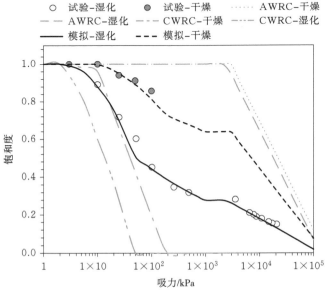

(c) 干密度为1.5 g/cm³的砂-MX-80混合物(Manca,2015)

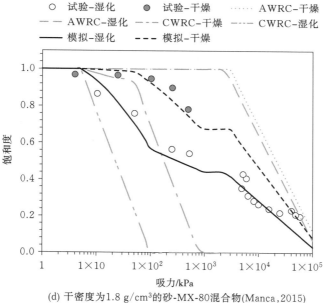

(d) 干密度为1.8 g/cm³的砂-MX-80混合物(Manca,2015)

图 6-29　膨润土的土水特征曲线校验与预测

**2. 非饱和土抗剪强度的预测**

由第 6.1.2 节的分析可知,只有毛细作用对有效应力有贡献。依据本章构建的双土水特征曲线模型,有效应力公式(6-18)可以修正为,

$$\sigma'_{ij} = \sigma_{ij} - p_{\mathrm{g}}\delta_{ij} + S_{\mathrm{r}}^{\mathrm{c}}s\delta_{ij} \qquad [6\text{-}60(\mathrm{a})]$$

$$S_{\mathrm{r}}^{\mathrm{c}} = f(s) \qquad [6\text{-}60(\mathrm{b})]$$

其中,式[6-60(b)]为本章提出的 CWRC 曲线的函数表达式。将式(6-60)代入莫尔-库仑准则[式(6-19)]可得,

$$\tau = c' + \sigma'\tan\phi' = c' + (\sigma - p_{\mathrm{g}})\tan\phi' + S_{\mathrm{r}}^{\mathrm{c}}s\tan\phi' \qquad (6\text{-}61)$$

为了验证式(6-61),本节收集分析了加拿大冰碛土的土水特征曲线和抗剪强度结果,如图 6-30 所示。图中土水特征曲线为干燥过程的测试结果。假设 $\xi$ 为定值。当 $\xi = 0.62$ 时,双土水特征曲线模型能够很好地重现试验结果,如图 6-30(a)所示。$\xi$ 的值与 Alonso 等(2010)研究的微观孔隙比 0.64 接近。冰碛土的抗剪强度是在 25 kPa 的围压下测得的,其有效摩擦角为 23°,粘聚力为 0。式(6-19)和式(6-61)的预测结果如图 6-30(b)所示。仅采用毛细水饱和度的有效应力模型能够很好地再现试验测得的土体抗剪强度与吸力的关系,而式(6-19)却引起了较大的误差。这再次说明了仅有毛细作用对非饱和土的有效应力有贡献,而吸附作用的影响几乎可以忽略。图 6-30(a)中的 CWRC 曲线位于 SWRC 曲线的下侧,表明了毛细水的饱和度小于整体的饱和度,这间接解释了为什么式(6-18)会超估有效应力(图 6-12)。

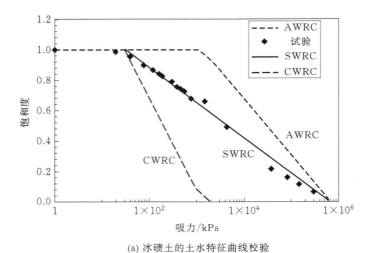

(a) 冰碛土的土水特征曲线校验

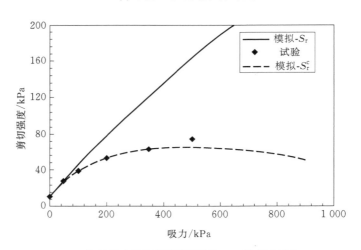

(b) 冰碛土的抗剪强度预测(Vanapalli 等,1996)

图 6-30　冰碛土的土水特征曲线校验和抗剪强度预测

　　为了说明土体孔隙结构对土水特征曲线和抗剪强度的影响,分析整理了拥有不同级配曲线的土体试验结果,如图 6-31 所示。试样 A 和试样 B 的级配较好,而试样 C 的颗粒大小主要为 0.1～1 mm。因此,试样 C 拥有较大的孔隙,所以它的 $\xi$ 值最小。CWRC 曲线与 SWRC 曲线偏差的大小代表着吸附作用的大小,偏差越大,吸附作用的贡献比例越大,$\xi$ 值越大。所以,试样 C 的 CWRC 曲线与 AWRC 曲线最接近。由式(6-19)和式(6-61)计算的抗剪强度如图 6-31(c),图 6-31(e)和图 6-31(f)所示。仅考虑毛细水饱和度的抗剪强度公式能够更好地拟合试验结果。

　　当采用有效应力概念构建本构模型时,不仅需要有效应力的总量表达式如式(6-18)或式(6-60),还需要它的增量表达式(Loret 和 Khalili,2002)。其中,总量表达式用于计算与应力路径无关的状态变量,如刚度等;增量表达式用于计算与应力路径有关的状态变量,并且应采用增量的形式进行计算。式[6-60(a)]的增量表达式为,

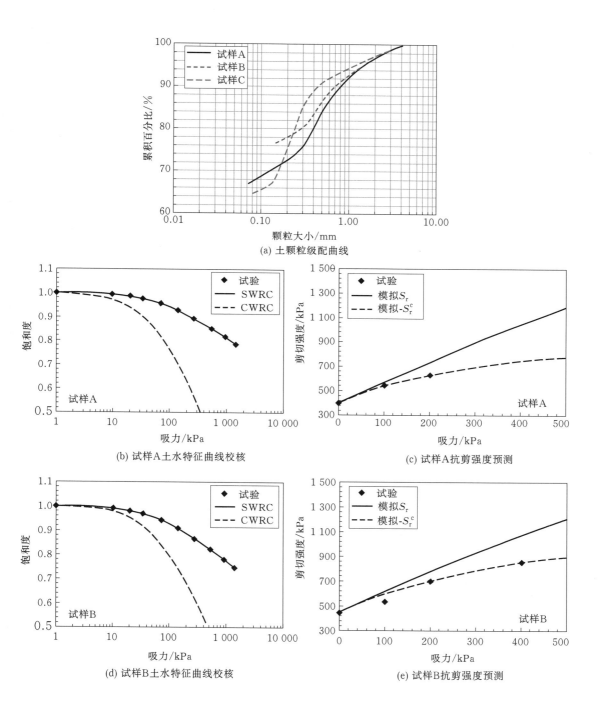

(a) 土颗粒级配曲线

(b) 试样A土水特征曲线校核

(c) 试样A抗剪强度预测

(d) 试样B土水特征曲线校核

(e) 试样B抗剪强度预测

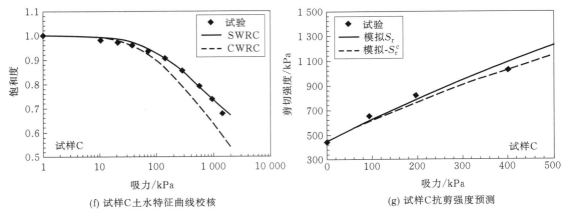

(f) 试样C土水特征曲线校核        (g) 试样C抗剪强度预测

图 6-31    孔隙结构对土体的影响(Khalili 等,2004)

$$\delta\sigma'_{ij}=\delta(\sigma_{ij}-p_g\delta_{ij})+(S_r^c\delta s+s\delta S_r^c)\delta_{ij}=\delta(\sigma_{ij}-p_g\delta_{ij})+s\left(S_r^c\frac{\delta s}{s}+\delta S_r^c\right)\delta_{ij} \quad (6\text{-}62)$$

式(6-62)中等号右边第二项是由于土体的水力状态变化引起的有效应力变化。显然,式(6-62)与式(6-60)中吸力前的系数(有效应力系数)不同,Blight(1967)的试验结果验证了这一点,如图 6-32 所示。式[6-60(a)]和式(6-62)的拟合结果与试验数据吻合较好(图 6-32),这进一步表明了式(6-60)的合理性。

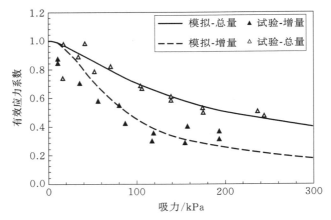

图 6-32    总有效应力和增量有效应力的参数校核(Blight,1967)

# 7  考虑双孔隙结构的膨润土膨胀模型

工程屏障层中的人工回填材料是保证核废料地质处置库长期安全的重要组成部分,需要满足低渗透性、良好的导热性、较好的化学稳定性、良好的膨胀性和自闭合性,以及一定的吸附性等特点。经过比选,富含蒙脱石的膨润土被公认为是目前最合适的回填材料,如西班牙的 FEBEX 膨润土、瑞士的 MX-80 膨润土和我国的高庙子膨润土等。蒙脱石具有吸水膨胀性,从而导致了膨润土具有较高的膨胀势能,从而满足了工程屏障层的膨胀性和自闭合性。同时,蒙脱石在膨胀过程中,不断改变膨润土的孔隙特征,进而影响膨润土的渗透性能。

对膨润土水-力耦合特性的认识和模拟是设计和施工工程屏障层的前提,也是进行核废料热-水-力耦合分析的基础。因此,本章针对膨润土的水-力耦合特性开展研究。首先,对膨润土的膨胀特性进行分析总结,主要从膨胀变形、膨胀压力和膨胀过程中的孔隙结构变化规律三个方面进行论述。其次,从蒙脱石的微观结构出发,解释说明膨润土的膨胀机理,并结合第 5、6 章的结论,提出考虑双孔隙结构(或者吸附水和毛细水)的非饱和土本构模型框架。再次,基于膨润土的膨胀变形规律,提出衡量膨润土变形能力的膨胀因子,建立考虑双孔隙结构的膨润土膨胀模型,并用试验结果进行验证。

## 7.1  膨润土的吸湿膨胀特性

本节从膨胀变形、膨胀压力和膨胀过程中的孔隙结构变化规律三个方面论述膨润土的吸湿膨胀特性。针对膨胀变形和膨胀压力,分别总结其在吸湿过程中的发展趋势,以及其影响因素,包括膨润土的干密度、膨润土种类、蒙脱石含量、外界施加荷载、水的离子浓度、水的离子类型和温度等因素。

### 7.1.1  膨胀变形

图 7-1 是温度为 15℃,初始干密度为 1.75 g/cm³,初始含水量为 10.5％的钙基高庙子(GMZ)膨润土在竖向荷载分别为 50 kPa、200 kPa 和 800 kPa 下的吸湿膨胀变形时程曲线。试验采用固结仪进行,温度由恒温箱控制。由图 7-1 所示结果可知,随着吸湿过程的进行,膨胀变形逐渐增大,大约在 1 000 min 到达最大值。在半对数坐标轴中,膨胀应变-时间曲线呈 S 形。随着竖向荷载的增加,同等干密度的钙基高庙子膨润土的最大膨胀变形逐渐减小。

图 7-2 是最大膨胀变形与干密度之间的关系曲线,其中 Kunigel-V1 和 MX-80 的膨胀变形量对应于右侧的坐标轴,其他膨润土对应左侧的坐标轴。由图可知,随着干密度的增大,最大膨胀变形呈指数式增长,并且这种变化趋势与膨润土的种类无关。但在同等干密度条件下,膨润土的最大变形量却与膨润土的种类有关,其中 Kunigel-V1 的膨胀能力最大,MX-80 次之。由于砂没有膨胀性,膨润土-砂混合物的膨胀能力将大幅度下降,如图中 GMZ

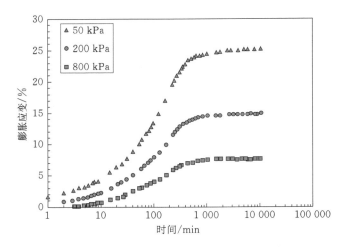

图 7-1  钙基高庙子膨润土膨胀变形时程曲线(朱赞成,2015)

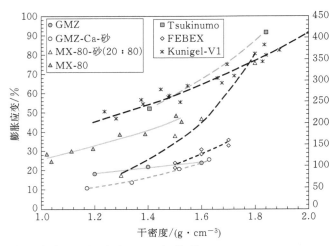

图 7-2  膨胀变形与干密度之间的关系(GMZ:杨婷 等,2013;FEBEX:Enresa,2004;Kunigel-V1:
Komine 和 Ogata,2003;Tsukinumo:崔素丽 等,2009;GMZ-Ca-砂:李培勇,2007;MX-80:
Komine 等,2009;MX-80-砂:Manca 等,2015)

和 GMZ-砂的混合物,MX-80 与 MX-80-砂的混合物所示。在干密度为 1.3 g/cm³ 的情况下,MX-80 的最大膨胀应变约为 180%,而按照 20:80 比例掺合成的 MX-80-砂的最大膨胀变形只有 18%左右。另外,膨润土最大膨胀变形随干密度的增长速率与膨润土的种类有关,研究表明与膨润土中的蒙脱石含量、蒙脱石中矿物离子种类($Na^+$,$Ca^{2+}$)等有关。

图 7-3 是施加不同竖向压力下的膨润土膨胀变形结果。随着竖向压力的增大,最大膨胀变形逐渐减小。在半对数坐标轴中,膨胀应变-竖向压力曲线近似呈 S 形。当施加的竖向压力等于膨胀压力时,膨润土的膨胀变形降为 0。由图可知,当施加的竖向压力大于 1 000 kPa 时,各类膨润土的最大膨胀变形均很小,低于 20%。作者认为,综合考虑施加的竖向荷载和最大膨胀变形的指标可以用来衡量膨润土的膨胀势能,即图 7-3 中的膨胀应变-竖向压力曲线。其中施加的竖向荷载可以认定为允许其对应膨胀变形条件下的膨胀压力,所以,最大膨胀变形(竖向荷载为 0)和膨胀压力(最大膨胀变形为 0)是该曲线的两种极限情

况。由图 7-3 可知,该曲线的形态与膨润土的种类、压缩状态等有关。假定选用膨胀变形 $\varepsilon_s$ 来衡量膨润土的膨胀能力,则有,

$$\varepsilon_s = f(\varepsilon_{s,\max}, p) \tag{7-1}$$

式中  $\varepsilon_{s,\max}$——最大膨胀变形,即竖向荷载为 0 时的膨胀应变,与膨润土的干密度、种类等
有关(图 7-2);

 $p$——施加的竖向荷载;

 $f()$——图 7-3 中试验结果的拟合函数曲线。

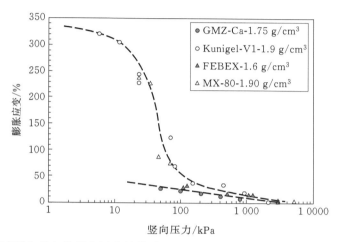

图 7-3  膨胀变形与施加的竖向压力的关系(GMZ-Ca:朱赞成,2015;Kunigel-V1:Komine 和
Ogata,2003;FEBEX:Lloret 和 Villar,2007;MX-80:Komine 和 Ogata,2004)

图 7-4 是膨润土最大膨胀变形与膨润土含量之间的关系曲线。在同等干密度条件下,随着膨润土含量的降低,最大膨胀变形逐渐减小。并且可以近似认为不同膨润土含量下的最大膨胀变形-干密度曲线近似平行,尤其是在膨润土含量为 60% 和 80% 的情况下。但是,这种趋势并不是恒成立的,特别是在膨润土含量较低的情况下。

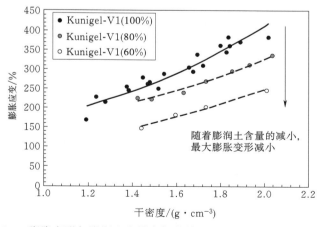

图 7-4  膨胀变形与膨润土含量之间的关系(Komine 和 Ogata,2003)

　　图 7-5 是试验用水中的离子浓度和种类对膨润土最大膨胀变形的影响结果。随着离子浓度的增加,膨润土的最大膨胀变形快速减小,当离子浓度足够大时,离子浓度的增加对最大膨胀变形的影响不再明显。$Na^+$ 和 $Ca^{2+}$ 对 FEBEX 膨润土的影响规律相似,这是因为 FEBEX 膨润土是同时含有钠基和钙基的膨润土(Enresa,2004),其中 $Na^+$ 和 $Ca^{2+}$ 的含量分别为 24 meq/100 g 和 43 meq/100 g。对于以钠基或钙基为主的膨润土,$Na^+$ 和 $Ca^{2+}$ 的影响趋势不同,其原因是钙基蒙脱石矿物晶片层之间能容纳 3 层水分子,而钠基蒙脱石矿物晶片层之间最多容纳 2 层水分子,但是钠基蒙脱石易吸水而分离成晶片层厚度更小的矿物。由图 7-5(b)可知,离子浓度增大虽然降低了膨润土的最大膨胀能力,但是对最大膨胀变形-干密度曲线的形状和斜率影响较小。

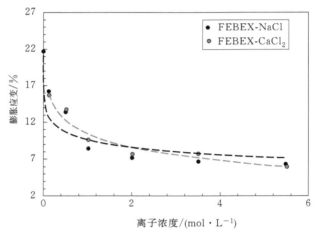

(a) FEBEX试验结果(Lloret和Villar,2007)

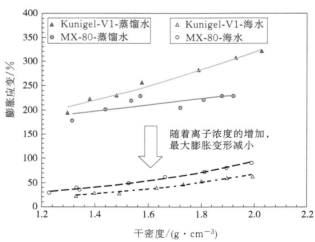

(b) 蒸馏水与海水的影响(Komine 等,2009)

图 7-5　膨胀变形与水中离子浓度和种类的关系

　　图 7-6 为温度对膨润土最大膨胀变形的影响规律。随着温度的升高,最大膨胀变形逐渐减小,但随着竖向施加荷载的增大,温度的影响程度越来越小。比如,对于 GMZ 钙基膨润

土来讲,在竖向荷载为 400 kPa 的情况下,升高温度对其最大膨胀变形几乎没有影响。温度对膨润土膨胀变形的影响机理是温度升高导致了吸附水(晶片层间的水、矿物表层的吸附水)转变为自由水,提高了膨润土的饱和度,减小了膨润土的膨胀变形。另外,温度升高也会改变膨润土的孔隙结构、屈服压力(第 3 章结论)和水的水力性质,从而进一步影响其膨胀变形能力。

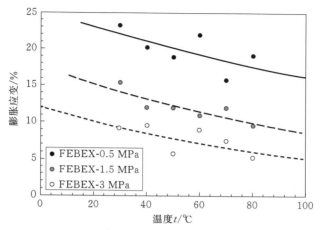

(a) FEBEX膨润土试验结果(Lloret和Villar,2007)

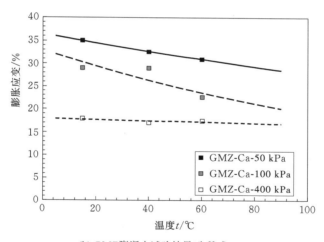

(b) GMZ膨润土试验结果(朱赞成,2015)

图 7-6　膨胀变形与温度之间的关系

综上所述,膨润土的干密度 $\rho_{dry}$、膨润土的含量 $\alpha$、膨润土的种类、矿物质浓度、矿物质种类和温度 $t$ 对膨润土的最大膨胀变形有影响,因此,膨润土的最大膨胀变形 $\varepsilon_{s,max}$ 可以表示为,

$$\varepsilon_{s,max} = g(\rho_{dry}, \alpha, CEC, R_{ion}, t)$$

(7-2)

式中,CEC 和 $R_{ion}$ 分别为水溶液的平均离子交换能力和平均离子半径。

## 7.1.2　膨胀压力

图 7-7 是在温度 15℃下,初始含水量为 20.8%,初始干密度分别为 1.68 g/cm³,1.59 g/cm³ 和 1.51 g/cm³ 的钙基高庙子(GMZ)膨润土在吸湿过程中的膨胀压力时程曲线。试验采用固结仪

进行,温度由恒温箱控制。最大膨胀压力是指在恒定体积下,竖向压力能达到的最大值。随着吸湿过程的进行,膨胀压力逐渐增大,在 5 000 min 左右到达最大值。对比图 7-1 可知,达到最大膨胀压力所需的吸湿时间比到达最大膨胀变形所需的时间长,这是由于在自由膨胀条件下,膨润土的孔隙比变大,水的渗透系数增大。在半对数坐标轴中,膨胀压力-时间曲线呈 S 形。

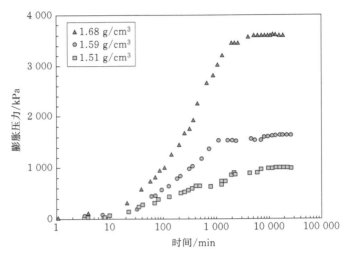

图 7-7　钙基高庙子膨润土膨胀压力时程曲线(朱赞成,2015)

钙基 GMZ 膨润土的最大膨胀压力随着干密度的增大而增大(图 7-7)。图 7-8 是不同膨润土(含膨润土与砂的混合物)的最大膨胀压力与其干密度的关系曲线。由图可知,最大膨胀压力随干密度增大呈指数式增长。当干密度小于 1.3 g/cm³ 时,所有类型膨润土的膨胀压力(以下如不特殊说明,均指最大膨胀压力)均小于 1 MPa。这是因为在干密度较小时,膨润土的孔隙比较大,其膨胀更多地用于填充土颗粒间的孔隙。膨胀压力-干密度曲线的斜率与膨润土的种类和压实状态有关,其中由于 FEBEX 膨润土是高压实的试样,表现出最强的膨胀能力。砂没有膨胀能力,掺砂膨润土的膨胀压力将大幅度降低。比如,按照 20:80(膨润土:砂)比例掺合的 MX-80-砂混合物的膨胀压力几乎为 0(图 7-8)。

图 7-9 是不同离子基膨润土的膨胀压力-干密度曲线。一般情况下,在同等干密度情况下,钠基膨润土的膨胀压力要大于钙基膨润土的膨胀压力。但当干密度较大时,MX-80 钙基膨润土表现出比 MX-80 钠基膨润土更强的膨胀能力,这与不同干密度阶段的膨胀机理有关。当干密度较小时,双吸附水层的膨胀作用主导着膨胀过程,由于钠基膨润土更容易分裂成晶片层更薄的结构,其表现出较大的膨胀能力。当干密度较大时,膨润土矿物来不及分裂,晶片层间的吸水膨胀主导着膨胀过程,故二价的钙基膨润土表现出比一价的钠基膨润土更强的膨胀能力。

图 7-10 是膨胀压力与膨润土含量之间的关系曲线。在同等干密度条件下,随着膨润土含量的增高,膨胀压力呈指数式增长。在相同膨润土含量情况下,膨胀压力-干密度曲线的斜率随着膨润土含量的减小而减小。比如,当膨润土含量为 10%～20% 时,不同干密度下的膨润土膨胀压力几乎相等。这主要因为当膨润土含量较小时,其膨胀能力主要以膨胀变形的形式体现,并用于填充土颗粒间的大孔隙。

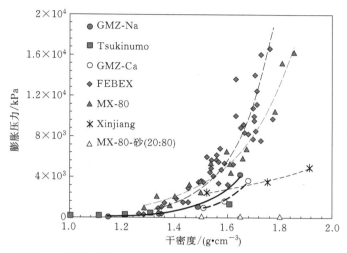

图 7-8　膨胀压力与干密度之间的关系（GMZ-Na：钱丽鑫，2007；FEBEX：Enresa，2004；
Tsukinumo：崔素丽 等，2009；GMZ-Ca：朱赞成，2015；MX-80：Seiphoori，2014；MX-80-砂：
Manca 等，2015；Xinjiang：周敏娟，2011）

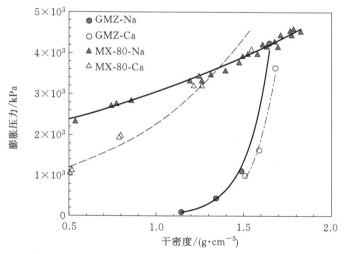

图 7-9　膨胀压力与膨润土种类的关系（GMZ-Na：钱丽鑫，2007；GMZ-Ca：
朱赞成，2015；MX-80：Liu，2013）

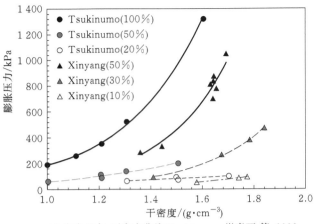

(a) 膨胀压力-干密度曲线(Tsukinumo:崔素丽 等,2009;
Xinyang:刘泉声和王志俭,2002)

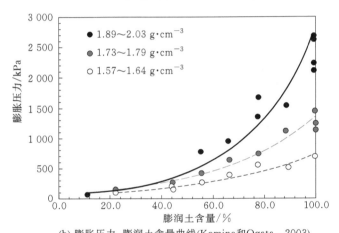

(b) 膨胀压力-膨润土含量曲线(Komine和Ogata ,2003)

图 7-10　膨胀压力与膨润土含量的关系

图 7-11 是试验用水中矿物质浓度和种类对膨胀压力的影响结果。随着离子浓度的增大,膨润土的膨胀压力逐渐减小。对于 GMZ 钠基膨润土来讲,同等浓度情况下,$CaCl_2$ 溶液饱和得到的膨胀压力小于 NaCl 溶液饱和得到的膨胀压力,这是因为钠基晶片层间的 $Na^+$ 与溶液中 $Ca^{2+}$ 交换而形成部分钙基晶片层的结果。由于 FEBEX 膨润土同时含有钠基和钙基晶片层,所以 NaCl 溶液和 $CaCl_2$ 溶液对其膨胀压力的影响趋势相同[图 7-11(a)]。

图 7-11(b)是试验过程中改变离子浓度的膨胀压力时程曲线。试验初始采用浓度为 0.3 g/L 的溶液,其对应的膨胀压力为 3.37 MPa。当溶液浓度增加至 1 g/L 时,其膨胀压力迅速降为 3.30 MPa,3 g/L 时降为 3.16 MPa。当溶液溶度为 12.3 g/L 时,其膨胀压力为 2.87 MPa,与初始采用浓度为 12.3 g/L 试验得到的膨胀压力 2.91 MPa 基本相等,这表明盐溶液的浓度加载历史与膨胀压力的大小几乎没有影响。

图 7-12 是温度对膨胀压力的影响结果。对于不同的膨润土,温度对其的影响趋势不同。FEBEX 膨润土的膨胀压力随着温度的升高而逐渐降低,并且其影响程度随着干密度的减小而降低。但 GMZ 钠基膨润土的膨胀压力随着温度的升高而增大。Pusch 等(1990)

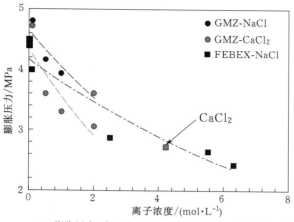

(a) 膨胀压力–离子浓度曲线(FEBEX:Lloret和Villar,2007;
GMZ:Zhu 等,2013a)

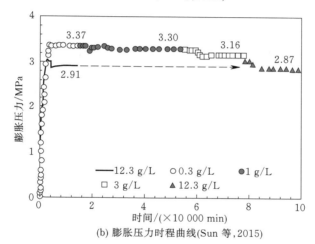

(b) 膨胀压力时程曲线(Sun 等,2015)

图 7-11　膨胀压力与离子浓度之间的关系

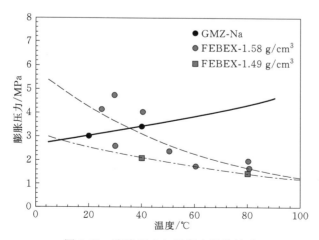

图 7-12　膨胀压力与温度之间的关系
(GMZ:Ye 等,2013;FEBEX:Lloret 和 Villar,2007)

指出温度对膨胀压力的影响与晶片层间的离子种类有关：钠基膨润土的膨胀压力随着温度的升高而增大，钙基膨润土的膨胀压力随着温度的升高而降低。这与图 7-12 中的试验结果相符合。FEBEX 膨润土中钙基膨润土含量高于钠基膨润土，故其表现出膨胀压力随温度升高而降低的趋势。Villar 和 Lloret（2007）指出：温度引起膨胀压力变化是升温导致吸附水转变为自由水而引起的微观膨胀能力降低和宏观屈服压力降低的综合结果。因此，温度对膨胀压力的影响是复杂的，需综合考虑膨润土晶片层类型、宏观结构和微观结构等因素。

### 7.1.3 孔隙结构变化规律

由第 5 章和第 6 章的分析可知，粘性颗粒含量较高的土体在分析其水-力特性时需区分考虑吸附水和毛细水的贡献，即要考虑宏观孔隙（大孔隙，毛细水为主）和微观孔隙（小孔隙，吸附水为主）的影响。膨润土富含蒙脱石粘性矿物，因此在分析其水-力特性时，必须考虑孔隙结构变化带来的影响，区别对待毛细水和吸附水的作用。

图 7-13 是 MX-80 和 FEBEX 两种膨润土在吸湿膨胀过程中的孔隙结构变化结果。由于富含蒙脱石粘性矿物，在初始非饱和状态下，MX-80 和 FEBEX 两种膨润土的孔隙结构部

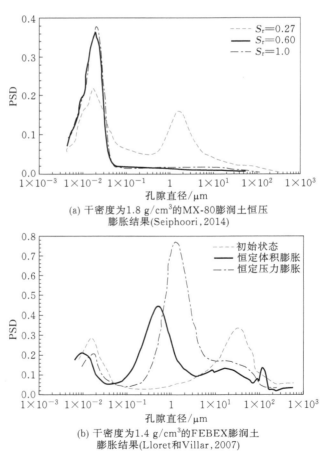

(a) 干密度为1.8 g/cm³的MX-80膨润土恒压
膨胀结果(Seiphoori, 2014)

(b) 干密度为1.4 g/cm³的FEBEX膨润土
膨胀结果(Lloret和Villar, 2007)

图 7-13　膨胀过程中的孔隙结构变化

分均呈双峰值分布。其中,右侧峰值对应大孔隙结构,即土颗粒间的宏观孔隙,左侧峰值对应微观孔隙结构,即粘性矿物内部的孔隙(包含晶片层间的孔隙)。由第 4 章的分析可知,在宏观孔隙中,毛细作用主导着储水过程,并且对土体的有效应力产生影响;而在微观孔隙中,吸附作用主导着储水过程,且对土体的宏观有效应力没有影响,而是通过改变聚集体的变形来实现对宏观结构的影响。

随着吸湿过程的进行,微观结构不断膨胀。在恒定体积情况下,整个试样的体积保持恒定,所以微观结构的膨胀将不断挤压或充填宏观结构的孔隙,使其孔隙直径不断减小。因此,双峰值孔隙结构分布曲线右侧的峰值将逐渐消失(图 7-13)。在饱和状态下,MX-80 膨润土的宏观结构孔隙几乎为 0[图 7-13(a)],而 FEBEX 膨润土仍保留一定体积的宏观孔隙[图 7-13(b)],这是由于 MX-80 膨润土的干密度较大,而 FEBEX 膨润土的干密度较小的缘故。采用第 4 章假定的 1 μm 直径的孔隙作为区分毛细所用和吸附作用的临界孔隙可知,在饱和状态下,干密度为 1.8 g/cm³ 的 MX-80 膨润土内的孔隙水全部是吸附水,而干密度为 1.4 g/cm³ 的 FEBEX 膨润土内孔隙水同时以吸附水和毛细水的形式存在,但吸附水的比例远大于毛细水。这表明二者在此时应采用的有效应力形式也不同。

在恒定压力膨胀的情况下,干密度为 1.4 g/cm³ 的 FEBEX 膨润土在饱和状态时的孔隙结构分布如图 7-13(b)所示。由于允许自由变形,微观结构在膨胀的过程中,除了部分填充宏观结构的孔隙外,还能改变宏观孔隙的结构形式,从而使其变得相对疏松。在饱和完成后,孔隙分布曲线呈单峰值分布,但是其峰值在 1 μm 左右。同时在大孔隙直径范围内,分布曲线拥有相对较高的 PSD 值,这表明此时的孔隙水中毛细水与吸附水的贡献几乎相等,并且毛细水略占据优势。对比相同干密度情况下,恒定体积膨胀变形后的孔隙分布曲线可知:① 恒定压力膨胀后的孔隙尺寸明显大于恒定体积膨胀后的孔隙尺寸;② 恒定压力膨胀后的孔隙分布曲线的峰值直径高于恒定体积膨胀后的孔隙分布曲线的峰值直径;③ 恒定压力膨胀后的微观体积比例小于恒定体积膨胀后的微观体积比例。

为进一步佐证上述结果,吸湿过程中的电镜扫描(SEM)结果如图 7-14 所示(图中膨润土的吸力值均较大,为 180 MPa 左右)。在初始状态时,膨润土颗粒间的宏观孔隙清晰可见,并且膨润土聚集体和晶片层的分布是杂乱无章的[图 7-14(a)]。在经过干湿循环后,微观孔隙发生膨胀,填充了宏观孔隙,宏观孔隙在 SEM 图中不再可见,并且膨润土晶片层的分布是均匀的,呈片状叠加结构[图 7-14(b)]。这一方面说明了膨润土中的蒙脱石为片状分布结构,另一方面说明了膨润土的吸湿膨胀是由于微观结构的吸湿膨胀引起的。另外,在同等吸力情况下,干湿循环后的膨润土孔隙结构与初始的膨润土孔隙结构不同,说明上述膨胀过程不可逆。因此,在宏观层面上,膨润土的膨胀压力和膨胀变形也是部分不可逆的,即是弹塑性的。

然而,很多学者对蒙脱石微观结构变形的研究结果表明(Montes 等,2003;Likos 和 Lu,2006):① 蒙脱石晶片层的膨胀变形是弹性的;② 蒙脱石晶片层的变形具有滞回性。因此,图 7-14 中所示的不可逆变形主要是由蒙脱石晶片层的分裂和重组引起的。另外,宏观结构在吸湿过程中的重排也会引起部分不可逆变形。

(a) 初始状态

(b) 恒定体系下干湿循环以后结果(Seiphoori,2014)

图 7-14　膨胀过程中的 SEM 扫描结果

## 7.2　膨润土的膨胀机理

　　Laird(2006)指出膨润土膨胀过程中存在六种膨胀机理,分别为晶片层(Crystalline)膨胀、双电子层(DDL)膨胀、晶片层和聚集体的分裂与组合、阳离子的分层(Demixing)作用、最小体积空间(Co-olume)膨胀和布朗(Brownian)膨胀。另外,从宏观结构上来讲,有效应力的变化也会引起膨润土的膨胀或压缩变形。以下将针对每种膨胀机理进行简单介绍。

　　晶片层膨胀发生在蒙脱石的晶片层之间,两个晶片层之间的距离可以在 $1\sim2$ nm 之间变化,1 nm 和 2 nm 分别对应 0 层水分子和 4 层水分子厚度。晶片层之间的膨胀是通过两个晶片之间的吸引力和排斥力平衡来实现的(Kittrick,1995),也可以用吸引势能和排斥势能平衡来描述(Laird,1995)。其中,吸引力主要为晶片表面的负电荷和层间水中阳离子所带的正电荷之间的库仑吸力,另外,两个相邻晶片层之间的范德华力也能贡献部分吸力。排斥力主要是层间阳离子和晶片表面的阴离子水化引起的,其水化过程依赖于层间阳离子的水化状态与自由水中的阳离子水化状态的不同,当二者平衡时,层间的阳离子不再发生水化过程。当自由水中离子浓度升高时,层间的阳离子水化状态将降低,其排斥力也将减小,从而导致了膨胀能力的降低,在宏观上体现为,随着离子浓度的增加,膨润土的膨胀应变和膨胀压力逐渐减小(图 7-5 和图 7-11)。层间膨胀变形是弹性的,并且具有滞回性(Laird 等,1995),同时由于水分子层只能整层的增加,导致晶片层膨胀变形是跳跃性的。但由于膨润土中蒙脱石晶片层随机分布,且具有结构性,所以宏观上观察到的膨胀变形是连续的。因此,从宏观的角度上可以假定晶片层间的膨胀是连续的,且是可逆的。由热动力分析可知,晶片层膨胀的平衡力 $p_{css}$ 与层间距 $d$ 有关,可用式(7-3)表示,

$$p_{css} = k \exp\left(-\frac{d}{l}\right) \tag{7-3}$$

式中,$k$ 和 $l$ 均为材料参数,与层间阳离子的种类有关。

与晶片层膨胀发生在蒙脱石晶片之间不同,双电子层膨胀发生在两个晶片聚集体之间。晶片聚集体的表面同样具有负电荷,其将吸附水中的阳离子形成双吸附层结构,如图 6-1(d)所示。当两个晶片聚集体的吸附层发生重叠时,由于静电场的作用,两个晶片聚集体之间将产生排斥力。排斥力的大小与晶片聚集体的间距和水中的离子浓度有关,其关系可采用 Gouy-Chapman 关系进行描述。这也进一步解释了离子浓度变化对膨胀势能的影响规律。Saiyouri 等(2004)发现在晶片层之间有两层水分子时,双电子层膨胀就开始发生,但是其贡献量并不大。只有当晶片层膨胀结束之后,双电子层膨胀才主导膨润土的膨胀过程。为了简化起见,可以假定双电子膨胀发生在晶片层膨胀结束之后。另外,双电子层膨胀也可以假定是弹性的(Komine 和 Ogata,2003;Liu,2013)。

当晶片层膨胀结束之后,且外界约束不大时(小于 $p_{css}$),更多的水会进入晶片层之间,从而使晶片层之间出现双吸附层,进而导致晶片层分裂,使一个晶片聚集体分裂成两个独立的晶片聚集体。对于钠基膨润土,在自由膨胀情况下,晶片聚集体可以仅含有两个晶片层,而钙基膨润土则具有较多的晶片层,这间接解释了图 7-9 中不同种类膨润土膨胀性能的不同。同样,当两个晶片聚集体靠得太近,并且它们之间的作用能够克服双电子层的排斥力时,它们可以重新组合为一个晶片聚集体。然而,由图 7-14 可知,在干湿循环过程中,晶片聚集体的分裂大于聚集作用,并且这个过程是不可逆的,从而导致了宏观上膨胀变形的不可逆。

由于钠基蒙脱石和钙基蒙脱石性质的不同,当膨润土中同时含有两类蒙脱石,或者试验用水中含有 $Na^+$ 和 $Ca^{2+}$ 时,蒙脱石的膨胀变形将对不同的离子表现出不同的膨胀特性,该过程是通过一个复杂的反馈过程实现的(Laird,2006)。这种离子选择作用会导致离子的分离,也就是说在某一个晶片之间只存有 $Na^+$,而在另一个晶片之间 $Ca^{2+}$ 占据主导地位。由于钠基蒙脱石晶片容易分裂,而钙基蒙脱石晶片比较稳定,所以上述离子分离过程会进一步影响整个膨润土的膨胀过程。

当膨润土处于胶体状态时,最小体积膨胀和布朗运动导致的膨胀将进一步影响膨润土的膨胀变形。但由于本章研究的膨润土为固态膨润土和压密的膨润土,因此,这两种膨胀作用对本章研究的膨胀性能几乎没有影响。另外,晶片层膨胀和双电子层膨胀是膨润土发生膨胀的根本原因,而晶片聚集体的分裂和重组作用以及离子的分离作用都是晶片层膨胀和双电子层膨胀的次生现象。

上述分析的膨胀机理均发生在微观孔隙结构尺度上,它们通过改变微观孔隙的结构来影响宏观结构的变形,从而实现了膨润土的膨胀变形和膨胀压力。宏观角度上,有效应力的降低也会引起膨润土的膨胀变形,其来源包括两个部分:外界施加荷载的降低和饱和度的增加。

综上所述,对于非饱和的膨润土颗粒和压实状态的膨润土,膨胀机理包括:晶片层膨胀、

双电子层膨胀、晶片聚集体的分裂与重组、离子的分离作用、饱和度的增加和外界施加荷载的降低。其中,离子的分离作用是通过改变晶片层膨胀和晶片聚集体的分裂与重组实现的,所以可以不单独考虑该作用的影响,而将其等效到晶片层膨胀和晶片聚集体的分裂与重组作用当中。因此,需要单独分析的膨胀机理总共包括五项,它们之间的关系如图 7-15 所示。其中,对角线上的元素是主要的膨胀机理,其他位置上的元素是不同膨胀机理之间相互作用方式,并遵循顺时针准则。比如,晶片层膨胀通过改变宏观结构的有效饱和度来影响有效应力的大小,而外界应力通过施加荷载边界来约束晶片层的膨胀。

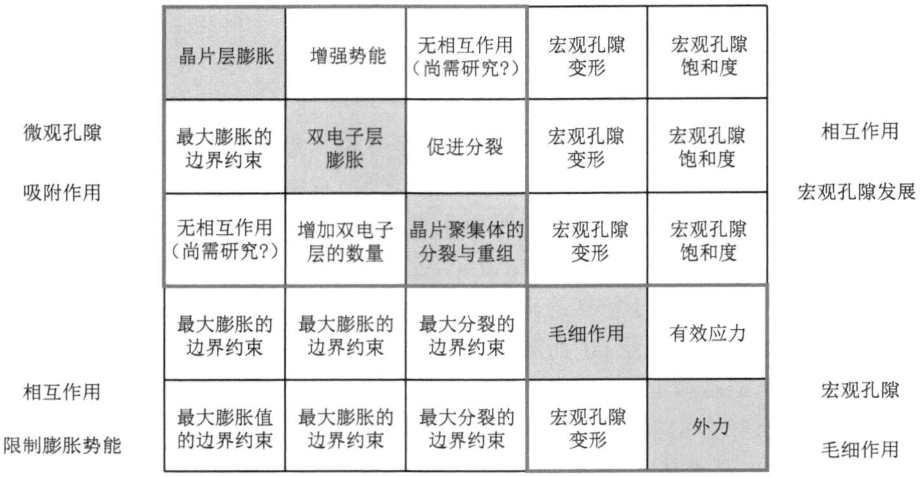

| | | | | |
|---|---|---|---|---|
| 晶片层膨胀 | 增强势能 | 无相互作用<br>(尚需研究?) | 宏观孔隙<br>变形 | 宏观孔隙<br>饱和度 |
| 最大膨胀的<br>边界约束 | 双电子层<br>膨胀 | 促进分裂 | 宏观孔隙<br>变形 | 宏观孔隙<br>饱和度 |
| 无相互作用<br>(尚需研究?) | 增加双电子<br>层的数量 | 晶片聚集体的<br>分裂与重组 | 宏观孔隙<br>变形 | 宏观孔隙<br>饱和度 |
| 最大膨胀的<br>边界约束 | 最大膨胀的<br>边界约束 | 最大分裂的<br>边界约束 | 毛细作用 | 有效应力 |
| 最大膨胀值<br>的边界约束 | 最大膨胀的<br>边界约束 | 最大分裂的<br>边界约束 | 宏观孔隙<br>变形 | 外力 |

微观孔隙

吸附作用

相互作用

限制膨胀势能

相互作用

宏观孔隙发展

宏观孔隙

毛细作用

图 7-15    膨润土的膨胀机理及简化分析

在微观结构尺度上,晶片层膨胀导致两个晶片聚集体间距离的减小,从而使双电子层膨胀能力增强。晶片层膨胀结束后,晶片聚集体会发生分裂和重组,它们之间的相互影响机理尚不清楚,还有待进一步研究确定。双电子层的膨胀会降低其对晶片层的约束,使晶片层发生进一步的膨胀,进而导致晶片聚集体的分裂。反过来,晶片聚集体的分裂使双电子层的数目增加,导致双电子层膨胀贡献的比例增加。上述过程中,孔隙水均是以吸附水的状态存在,所以在微观结构上吸附作用主导着膨胀过程。

在宏观结构尺度上,宏观孔隙饱和度的降低会导致有效应力的降低,从而发生膨胀变形,而外界施加荷载的增加则通过改变宏观孔隙结构来影响孔隙的毛细作用。总之,毛细作用和外界荷载主导着宏观结构上的膨胀过程。

微观结构的膨胀和压缩会改变整个土体的结构分布,进而使宏观结构发生变形,影响土体的毛细作用,并通过改变宏观孔隙的有效饱和度来实现对宏观结构的影响。宏观结构尺度上的有效应力是微观结构变形的边界约束条件,制约着微观结构的调整。其相互作用机理如图 7-15 所示。

如果忽略微观结构上三种膨胀机理间的相互作用,并进行水-力耦合分析,结果如图 7-16所示。微观结构的变形是弹塑性的,其中弹性变形通过晶片层膨胀和双电子层膨胀实现,塑性变形通过晶片层的分裂和重组实现,而上述两种变形的驱动力均是吸力。宏观结构的变形也是弹塑性的,主要通过有效应力的改变来实现。微观孔隙的储水机理是吸附作用,其持水特性需要采用吸附作用引起的土水特征曲线(AWRC)进行表述。宏观孔隙的储水机理是毛细作用,其持水特性需要采用毛细作用对应的土水特征曲线(CWRC)进行描述。宏观和微观结构的变形通过改变 CWRC 曲线的进气值以及 AWRC 曲线和 CWRC 曲线的分配比例(孔隙结构参数 ξ 的大小)来影响土体的储水过程。反过来,微观孔隙的储水过程通过膨胀机理来改变土体的变形,宏观孔隙的储水过程通过改变有效应力的大小来实现对土体结构的调整。

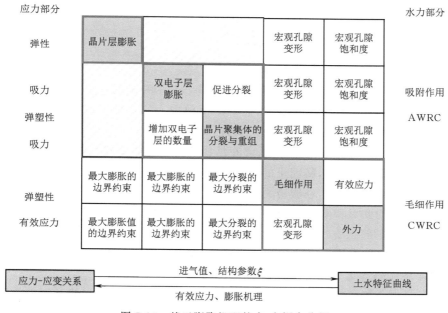

图 7-16　基于膨胀机理的水-力耦合分析

综上所述,为了完整地描述膨润土的水-力耦合特性,必须同时考虑微观结构和宏观结构变形和储水机理,以及它们之间的相互作用。本书第 5 章提出的区分毛细作用和吸附作用的土水特征曲线模型可以用于描述膨润土的水力学特性,第 5 章提出的全吸力范围内的有效应力模型则可以用来描述膨润土的应力应变特征。另外,为了描述微观的膨胀过程,还必须要构建相应的膨胀特性。同时,必须对宏观和微观之间的相互作用做进一步探讨。这些内容将在本章的后续内容进行讨论。

## 7.3　模型基本假定

本节基于图 5-1 所示的双孔隙结构的非饱和土本构模型框架,选用特定的力学本构模型分别描述微观结构和宏观结构的力学特性,并结合第 6 章提出的土水特征曲线模型,构建基于水-力耦合效应的膨润土膨胀模型。模型采用的基本假定如下。

(1)土体颗粒不可以压缩,膨润土的变形是微观孔隙和宏观孔隙变形的综合体现。其中土体的膨胀变形为负值,压缩变形为正值。

(2)膨润土的宏观孔隙比 $e_M$,微观孔隙比 $e_m$,以及整个土体的孔隙比 $e$ 的定义如下,

$$\begin{cases} e_{\mathrm{M}} = \dfrac{V_{\mathrm{M}}}{V_{\mathrm{s}}} \\[2mm] e_{\mathrm{m}} = \dfrac{V_{\mathrm{m}}}{V_{\mathrm{s}}} \\[2mm] e = \dfrac{V_{\mathrm{v}}}{V_{\mathrm{s}}} = e_{\mathrm{M}} + e_{\mathrm{m}} \end{cases} \quad (7\text{-}4)$$

$$\begin{cases} \varepsilon_{\mathrm{vol}}^{\mathrm{M}} = \dfrac{\Delta e_{\mathrm{M}}}{1+e} \\[2mm] \varepsilon_{\mathrm{vol}}^{\mathrm{m}} = \dfrac{\Delta e_{\mathrm{m}}}{1+e} \\[2mm] \varepsilon_{\mathrm{vol}} = \varepsilon_{\mathrm{vol}}^{\mathrm{M}} + \varepsilon_{\mathrm{vol}}^{\mathrm{m}} \end{cases} \quad (7\text{-}5)$$

式中，$\varepsilon_{\mathrm{vol}}^{\mathrm{M}}$、$\varepsilon_{\mathrm{vol}}^{\mathrm{m}}$ 和 $\varepsilon_{\mathrm{vol}}$ 分别为宏观孔隙、微观孔隙和整个土体的体积应变。

（3）微观孔隙的变形只有体积变形，而不产生剪应变等。试验测得的剪切强度等是宏观结构的力学特征响应，与微观结构的力学特征无关。

（4）由于膨润土双孔隙结构的特征，宏观结构的力学性质受双孔隙结构参数 $\xi$ 的影响。当 $\xi$ 值较小时，宏观孔隙较多，膨润土的结构性较强，屈服应力较大；当 $\xi$ 值较大时，微观孔隙较多，膨润土的结构性变弱，屈服应力较小。

（5）宏观孔隙的变形和微观孔隙的变形均是弹塑性的。作为初步分析，不考虑宏观孔隙和微观孔隙之间的转换。

（6）宏观孔隙中的水以毛细水的形式存在，而微观孔隙中的水以吸附水的形式存在，它们的存储规律遵循第 6 章提出的土水特征曲线模型。

（7）假定宏观孔隙和微观孔隙之间存在力平衡和水势平衡。但水势平衡的假定并不是恒定成立的，只有在很缓慢的湿化或干燥过程中成立，具体请参见 Alonso 等（2011）的相关研究。

## 7.4 模型方程及算法

### 7.4.1 微观结构的力学模型与土水特征曲线模型

由图 7-16 可知，微观结构的变形是弹塑性的，其中弹性变形是由晶片层的膨胀和双电子层的膨胀引起的，而塑性变形是由晶片聚集体的分裂引起的。考虑晶片层分布的随机性，可以假定微观结构的变形只有体积变形，而无剪切变形。因此，微观结构的力学模型可以采用平均有效应力和微观体积应变进行描述。

微观结构的平均有效应力 $p_{\mathrm{m}}'$ 为，

$$p_{\mathrm{m}}' = p - u_{\mathrm{g}} + s S_{\mathrm{r}}^{\mathrm{m}} = p_{\mathrm{net}} + s S_{\mathrm{r}}^{\mathrm{m}} \quad (7\text{-}6)$$

式中　$p$——外界施加平均应力；

　　　$u_{\mathrm{g}}$——孔隙气压力；

　　　$s$——基质吸力，其值为 $(u_{\mathrm{g}} - u_{\mathrm{w}})$；

　　　$S_{\mathrm{r}}^{\mathrm{m}}$——微观孔隙的饱和度；

$p_{net}$——净应力。

$p'_m$对应的应变量是微观体积应变$\varepsilon_{vol}^m$，其定义如式（7-5）所示。类比宏观各向等压条件的土体压缩曲线，微观结构的变形特征示意如图 7-17 所示。微观结构的弹性变形采用式（7-7）计算，

$$\Delta \varepsilon_{vol}^{m,e} = \frac{\kappa_m}{1+e_0} \frac{\Delta p'_m}{p'_m} = \frac{\Delta p'_m}{K_m} \tag{7-7}$$

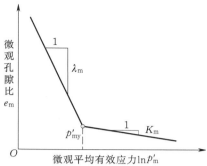

图 7-17 微观结构变形特征示意图

式中    $\Delta \varepsilon_{vol}^{m,e}$——微观结构的弹性应变增量；

$\kappa_m$——微观结构在$(e_m - \ln p'_m)$平面内的回弹指数；

$e_0$——膨润土的初始孔隙比；

$K_m$——微观结构的体积弹性模量。

$K_m$与平均有效应力$p'_m$成正比，故有，

$$K_m = K_{m,ref} \frac{p'_m}{p'_{m,ref}} \tag{7-8}$$

式中，$K_{m,ref}$是参考平均有效应力$p'_{m,ref}$下的微观结构体积弹性模量，本书取$p'_{m,ref} = 1$ MPa。

当微观孔隙完全饱和时，继续湿化会导致晶片聚集体开始分裂，微观结构出现塑性变形。这一现象与 Romero 等（2011）讨论的当微观孔隙饱和后，微观结构开始膨胀一致，但是他们未对该膨胀变形的弹塑性进行探讨。依据第 7.2 节的论述可知，该膨胀变形部分是不可逆变形。为了描述该塑性变形，本节采用弹塑性理论框架。微观结构的屈服面方程为，

$$f_m = p'_{my} - p'_m \tag{7-9}$$

式中，$p'_{my}$是微观结构的屈服平均有效应力，也是微观结构的中间硬化变量，其值随着微观塑性体积应变$\varepsilon_{vol}^{m,p}$不同而变化，且满足式（7-10），

$$p'_{my} = p'_{my0} \exp\left(\frac{e_m^p}{\lambda_m - \kappa_m}\right) = p'_{my0} \exp\left(\frac{1+e_0}{\lambda_m - \kappa_m} \varepsilon_{vol}^{m,p}\right) = p'_{my0} \exp(\beta_m \varepsilon_{vol}^{m,p}) \tag{7-10}$$

式中    $p'_{my0}$——初始的微观结构屈服平均有效应力；

$\beta_m$——微观结构塑性硬化参数；

$\lambda_m$——微观结构在$(e_m - \ln p'_m)$平面内的压缩指数，如图 7-17 所示。

由于微观屈服应力很难确定，本书假定其初始状态位于屈服边界上，故$p'_{my0}$的取值为，

$$p'_{my0} = p_{net} + s_0 S_r^m \tag{7-11}$$

式中，$s_0$和$S_r^m$分别是初始的吸力值和微观孔隙饱和度。

采用关联性流动准则，微观结构的塑性势函数$g_m$为，

$$g_m = f_m = p'_{my} - p'_m \tag{7-12}$$

微观结构的塑性体应变增量采用式（7-13）进行计算，

$$\Delta \varepsilon_{vol}^{m,p} = \chi_m \frac{\partial g_m}{\partial p'_m} \tag{7-13}$$

式中，$\chi_m$是微观结构塑性应变乘子，其值可以通过求解连续性方程获得。连续性方程为，

$$\Delta f_m = \Delta p'_{my} - \Delta p'_m = 0 \tag{7-14}$$

将式（7-10）、式（7-12）和式（7-13）代入式（7-14），并化简可得，

$$\chi_m = -\frac{\Delta p'_m}{\beta_m p'_{my}} \tag{7-15}$$

所以,微观结构的塑性变形为,

$$\Delta\varepsilon_{vol}^{m,p} = \frac{\Delta p'_m}{\beta_m p'_{my}}$$ 　　　　　[7-16(a)]

$$\Delta\varepsilon_{vol}^{m} = \Delta\varepsilon_{vol}^{m,e} + \Delta\varepsilon_{vol}^{m,p}$$ 　　　　　[7-16(b)]

微观结构发生塑性变形的能力与其所受的平均净应力有关,随着平均净应力的增加,微观结构发生塑性变形的能力降低。这可以从晶片层和双电子层的膨胀机理来说明。当平均净应力增加时,晶片层间的间距和双电子层的厚度均减小,使晶片聚集体发生分裂的可能性降低。这种规律也得到了宏观试验数据的验证,即等压情况下的吸湿膨胀变形随着外界施加压力的增大而逐渐减小,如图 7-18 所示。为了描述膨胀变形与外界施加压力的关系,采用式(7-17)进行拟合,得到了较好的结果(图 7-18)。

$$\varepsilon_{swell} = \varepsilon_{max}\left[1+\left(\frac{p}{a}\right)^{1/b}\right]^{b-1}$$ 　　　　　(7-17)

式中　　$\varepsilon_{swell}$——膨胀应变;

　　　　$\varepsilon_{max}$——最大的膨胀应变;

　　　　$p$——外界施加荷载;

　　　　$a$ 和 $b$——模型参数。

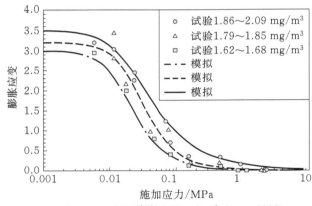

(a) Kunigel-V1膨润土(Komine和Ogata,2003)

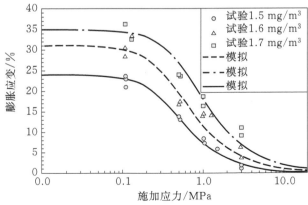

(b) FEBEX膨润土(Lloret和Villar,2007)

图 7-18　等压吸湿膨胀变形与施加压力之间的关系

类比宏观实测结果的规律,假定微观结构的塑性硬化参数 $\beta_m$ 也随 $p_{net}$ 变化而发生变化,且满足式(7-18)关系,

$$\beta_m = \beta_{m,min}\left[1+\left(\frac{p_{net}}{a}\right)^{1/b}\right]^{1-b} \tag{7-18}$$

式中,$\beta_{m,min}$ 是最小的塑性硬化参数。

微观孔隙水以吸附水的形式存在,其储水过程可以采用第 4 章构建的吸附作用对应的土水特征曲线模型 AWRC 进行描述,如图 7-19 所示。参数包括 $s_D^m$,$\alpha_m$,$\kappa^m$ 和 $\beta^m$。为了简化起见,此处不考虑 AWRC 曲线随微观孔隙结构的变化而发生变化,故其进气值 $s_D^m$ 是个定值。

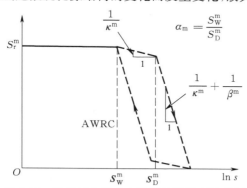

图 7-19 微观结构的土水特征曲线模型示意图

## 7.4.2 宏观结构的力学模型与土水特征曲线模型

膨润土的宏观结构变形是弹塑性的,且可发生剪切变形。为了描述其水-力耦合特性,本节以 ACMEG-s 模型(Eichenberger,2013)为基础,进行局部修正,构建膨润土宏观结构的水-力耦合模型。

宏观结构的有效应力为,

$$\sigma'_{ij} = \sigma_{ij} - u_g\mathbf{I} + sS_r^M\mathbf{I} = \sigma_{ij,net} + sS_r^M\mathbf{I} \tag{7-19}$$

宏观结构的总应变由弹性应变和塑性应变构成,其中宏观结构的弹性应变增量由式(7-20)计算,

$$\Delta\epsilon_{vol}^{M,e} = \frac{\Delta p'_M}{K_M} \tag{7-20(a)}$$

$$\Delta\epsilon_{dev}^{M,e} = \frac{\Delta q_M}{3G_M} \tag{7-20(b)}$$

式中 $\Delta\epsilon_{vol}^{M,e}$ 和 $\Delta\epsilon_{dev}^{M,e}$ ——宏观结构的体积应变增量和偏应变增量;

$\Delta p'_M$ 和 $\Delta q_M$ ——宏观结构的平均有效应力增量和剪应力增量。

由于微观结构不能承担剪应力,所以下文的 $q$ 均是指宏观结构的剪应力 $q_M$。

$K_M$ 和 $G_M$ 分别是宏观结构的体积弹性模量和剪切弹性模量,其值随有效应力的变化而变化,且满足式(7-21),

$$K_M = K_{M,ref}\left(\frac{p'_M}{p'_{M,ref}}\right)^n \tag{7-21(a)}$$

$$G_M = G_{M,ref}\left(\frac{p'_M}{p'_{M,ref}}\right)^n \tag{7-21(b)}$$

式中,$K_{M,ref}$和$G_{M,ref}$分别是参考应力$p'_{M,ref}$对应的体积弹性模量和剪切弹性模量。

采用修正剑桥模型的屈服面作为宏观结构的力学屈服面,则有,

$$f_M = q^2 + M^2 p'_M (p'_M - p'_{My}) = 0 \tag{7-22}$$

式中 $p'_{My}$——宏观结构的平均有效屈服应力;

$M$——临界状态线的斜率,可以采用式(7-23)计算,

$$M = \frac{6\sin\phi'}{3 - \sin\phi'} \tag{7-23}$$

式中,$\phi'$是宏观结构的有效摩擦角。

采用关联的流动性准则,模型的势函数$g_M$与屈服函数$f_M$相同。

$$g_M = q^2 + M^2 p'_M (p'_M - p'_{My}) = 0 \tag{7-24}$$

由于毛细作用的影响,$p'_{My}$不仅随着塑性应变发生变化,也随着吸力不同而发生变化。同时,$p'_{My}$的大小还与土体的结构性有关,随着结构参数$\xi$的增大,$p'_{My}$减小,随着$\xi$的减小,$p'_{My}$增大。基于Francois(2008)提出的平均屈服有效应力与吸力的关系式,并考虑结构参数$\xi$的影响,本书提出如式(7-25)关系式,

$$p'_{My} = \begin{cases} p'_{My0} \left(\dfrac{1}{1+\xi}\right)^m \exp(\beta_M \varepsilon_{vol}^{M,p}), & s \leqslant s_D^M \\ p'_{My0} \left(\dfrac{1}{1+\xi}\right)^m \left[1 + \gamma_s \lg\left(\dfrac{s}{s_D^M}\right)\right] \exp(\beta_M \varepsilon_{vol}^{M,p}), & s > s_D^M \end{cases} \tag{7-25}$$

式中 $p'_{My0}$——初始的宏观结构屈服应力;

$\beta_M$——宏观结构塑性硬化因子,本文假定其为定值;

$\varepsilon_{vol}^{M,p}$——宏观结构的塑性体积应变;

$s_D^M$——宏观结构的土水特征曲线CWRC的进气值;

$\gamma_s$——吸力对$p'_{My}$的影响参数;

$m$——结构性对$p'_{My}$的影响参数。

由式(7-24)和式(7-25)可知,屈服面的大小随着塑性体积应变$\varepsilon_{vol}^{M,p}$增大、吸力$s$的增大和结构参数$\xi$的减小而增大。当$\xi$恒定时,在$[\lg(s)\text{-}p'_{My}]$平面内,$p'_{My}$与$s$的关系曲线即是非饱和土中重要的加载湿陷曲线(LC),如图7-20所示。在LC曲线的上方,应力加载或干湿循环(AB段)引起的变形是弹性的。当应力路径与LC曲线相交时,塑性变形开始发生,并且LC曲线随着应力路径不断移动,如图7-20(a)中BC段所示。当$\xi$增大时,LC曲线向左移动,宏观结构性变弱;当$\xi$减小时,LC曲线向右移动,宏观结构性变强[图7-20(b)]。

根据流动性准则,宏观结构的塑性变形为,

$$\Delta \varepsilon_{vol}^{M,p} = \chi_M \frac{\partial g_M}{\partial p'_M} = \chi_M [M^2 (2p'_M - p'_{My})] \tag{7-26(a)}$$

$$\Delta \varepsilon_{dev}^{M,p} = \chi_M \frac{\partial g_M}{\partial q} = 2q\chi_M \tag{7-26(b)}$$

式中,$\chi_M$是宏观结构的塑性应变乘子,其值可以通过求解连续性方程而得。连续性方程为,

$$\Delta f_M = \frac{\partial f_M}{\partial \sigma'_{ij}} \Delta \sigma'_{ij} + \frac{\partial f}{\partial p'_{My}} \Delta p'_{My} = 0 \tag{7-27}$$

由式(7-25)可知,宏观结构屈服应力$p'_{My}$与吸力$s$、孔隙结构参数$\xi$和宏观结构的塑性

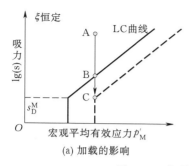
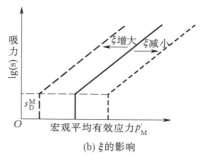

(a) 加载的影响　　　　　　　(b) $\xi$ 的影响

图 7-20　宏观结构变形的 LC 曲线

体积应变 $\varepsilon_{\mathrm{vol}}^{\mathrm{M,p}}$ 有关,其增量计算比较复杂。为了简化计算,选取应变 $\varepsilon_{ij}$ 和吸力 $s$ 作为加载因子。此时,在每个计算步骤中,吸力 $s$ 保持恒定不变,而孔隙结构参数 $\xi$ 亦可求出,故 $p_{\mathrm{My}}'$ 只与 $\varepsilon_{\mathrm{vol}}^{\mathrm{M,p}}$ 有关,与典型的土力学计算方法相同。宏观结构的有效应力增量与应变增量的关系为,

$$\Delta\sigma_{ij}' = D_{ijkl}(\Delta\varepsilon_{kl} - \Delta\varepsilon_{kl}^{\mathrm{m}} - \Delta\varepsilon_{kl}^{\mathrm{M,p}}) \tag{7-28}$$

式中　$D_{ijkl}$——四阶弹性张量;

　　　$\Delta\varepsilon_{kl}^{\mathrm{M,p}}$——由式(7-26)求得的塑性应变增量;

　　　$\Delta\varepsilon_{kl}^{\mathrm{m}}$——微观结构的应变增量,由式(7-29)计算,

$$\Delta\varepsilon_{kl}^{\mathrm{m}} = \frac{1}{3}\Delta\varepsilon_{\mathrm{vol}}^{\mathrm{m}}\delta_{kl} \tag{7-29}$$

将式(7-25)、式(7-26)、式(7-28)、式(7-29)代入式(7-27),可得,

$$\frac{\partial f_{\mathrm{M}}}{\partial\sigma_{ij}'}D_{ijkl}\Delta\varepsilon_{kl} + B\chi_{\mathrm{m}} + C = 0 \tag{7-30}$$

式中,等号左侧第一项的求解方法具体参见第 4.3.3 节,$B$ 和 $C$ 分别为,

$$
\begin{aligned}
B &= \frac{\partial f_{\mathrm{M}}}{\partial p_{\mathrm{My}}'}\frac{\partial p_{\mathrm{My}}'}{\partial\varepsilon_{\mathrm{vol}}^{\mathrm{M,p}}}\frac{\partial g_{\mathrm{M}}}{\partial p_{\mathrm{M}}'} - \frac{\partial f_{\mathrm{M}}}{\partial\sigma_{ij}'}D_{ijkl}\frac{\partial g_{\mathrm{M}}}{\partial\sigma_{kl}'} \\
&= M^4 p_{\mathrm{M}}' p_{\mathrm{My}}'\beta_{\mathrm{M}}(p_{\mathrm{My}}' - 2p_{\mathrm{M}}') - \frac{\partial f_{\mathrm{M}}}{\partial\sigma_{ij}'}D_{ijkl}\frac{\partial g_{\mathrm{M}}}{\partial\sigma_{kl}'}
\end{aligned} \tag{7-31}
$$

$$C = -\frac{\partial f_{\mathrm{M}}}{\partial\sigma_{ij}'}D_{ijkl}\Delta\varepsilon_{kl}^{\mathrm{m}} \tag{7-32}$$

式(7-30)是一个非线性方程,可以采用牛顿-辛普森算法进行求解,具体请参见第 3 章(图 3-3)。

宏观孔隙水以毛细水的形式存在,其储水过程可以采用第 4 章构建的毛细作用对应的土水特征曲线模型 CWRC 进行描述,如图 7-21 所示。其参数包括 $s_{\mathrm{D}}^{\mathrm{M}}$,$\alpha_{\mathrm{M}}$,$\kappa^{\mathrm{M}}$ 和 $\beta^{\mathrm{M}}$。CWRC 曲线的进气值 $s_{\mathrm{D}}^{\mathrm{M}}$ 随着宏观孔隙比 $e_{\mathrm{M}}$ 的变化而变化,如图 7-21 所示。当 $e_{\mathrm{M}}$ 减小时,$s_{\mathrm{D}}^{\mathrm{M}}$ 增大,整个 CWRC 曲线向右侧平移,而同等吸力下的饱和度由 A 点增加到 B 点。

为了描述 CWRC 曲线进气值的孔隙比依赖性,

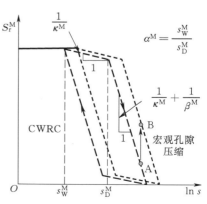

图 7-21　宏观结构的
土水特征曲线示意图

类比 Mašin(2013)提出的方法,假定 CWRC 曲线的进气值 $s_D^M$ 与宏观孔隙比 $e_M$ 的关系为,

$$s_D^M = s_{D0}^M \left(\frac{1+e_{M0}}{1+e_M}\right)^c \tag{7-33}$$

式中　$s_{D0}^M$——初始孔隙比 $e_{M0}$ 对应的进气值;

　　　$c$——材料参数。

由于采用应变为加载因子,所以在每次加载前,宏观孔隙比可以由总应变和微观体应变求出,从而确定该加载步的 CWRC 曲线。采用应变加载可以很好地避免力学模型与土水特征曲线之间的迭代,简化了模型算法。

### 7.4.3　数值算法

构建的膨润土膨胀模型涉及宏观结构的水-力耦合模型、微观结构的水-力耦合模型,以及它们之间的相互作用,其数值求解流程较为复杂,在此针对该模型的数值求解流程进行讨论。

采用应变增量 $\Delta\varepsilon_{ij}$ 和吸力增量 $\Delta s$ 作为基本的加载因子,其对应的应力增量 $\Delta\sigma_{ij}$、饱和度增量 $\Delta S_r$ 和结构参数增量 $\Delta\xi$ 的更新计算流程如图 7-22 所示。

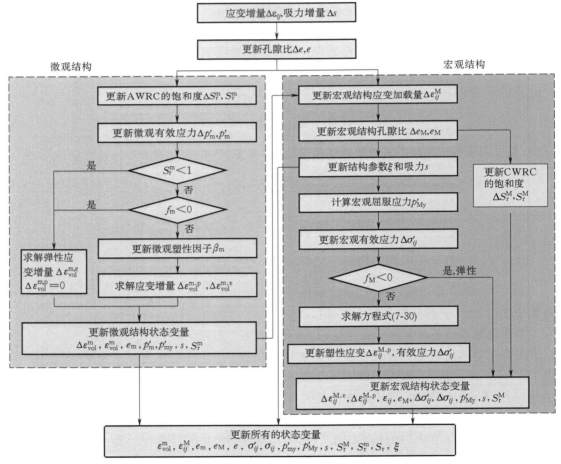

图 7-22　应变增量和吸力增量加载下的程序计算流程图

当通过控制应力和吸力进行加载时,其对应的数值计算流程如图 7-23 所示。首先,按照弹性本构关系,将应力增量转换为应变增量,然后按照应变增量和吸力增量的方式进行求解(图 7-22)。在得到更新的应力和吸力后,对比要求的应力和吸力加载量,当二者的误差满足要求时,计算结束;当二者的误差较大时,以二者之间的差值进行再次加载计算,直至二者的差值满足误差要求。

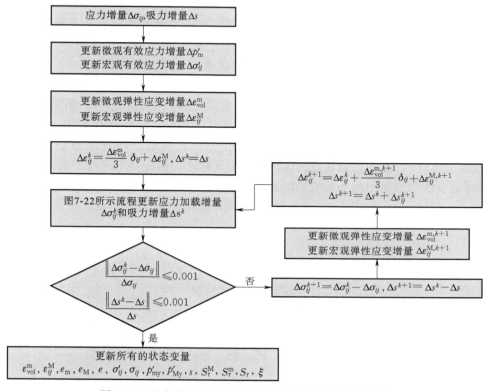

图 7-23　应力增量和吸力增量加载下的程序计算流程图

## 7.5　模型的响应特征

本章构建的模型命名为 STJ-DS(Double-structure Swelling)模型,能够模拟膨润土的各种膨胀特性,并能反映不同因素对膨润土膨胀性能的影响规律。本节从理论上论述 STJ-DS 模型的微观结构响应特征、等压膨胀条件的模型响应、等体积膨胀条件下的模型响应以及不同应力加载路径下的模型响应。

### 7.5.1　微观结构的响应特征

图 7-24 是微观结构模型在吸湿过程中的响应特征。由于微观结构采用有效应力式(7-6)作为应力变量,所以在净应力为 0 时,其有效应力并不为 0,而是如图 7-24 中 $(s-p'_{\mathrm{m}})$ 平面中的实曲线所示。当 $S_{\mathrm{r}}^{\mathrm{m}}<1$ 时,$(s-p'_{\mathrm{m}})$ 曲线呈非线性;当 $S_{\mathrm{r}}^{\mathrm{m}}=1$ 时,$(s-p'_{\mathrm{m}})$ 曲线呈 1:1 线性关系。实曲线左侧区域对应净应力小于 0 的区域,即受拉情况,本书不做讨论。实曲线

右侧区域为受压区域，且在恒定净应力下的吸湿应力路径（AA3，BB3）与图中实曲线平行。

应力路径 BB3 因其应力较大，且弹性模量较大，从而导致其弹性变形小于 AA3 过程中的变形，如图 7-24(a)中$(s-\varepsilon_{\text{vol}}^{\text{m}})$平面所示。当微观结构开始屈服时，其塑性变形的大小依赖于微观结构塑性硬化因子 $\beta_{\text{m}}$ 的大小，而 $\beta_{\text{m}}$ 与 $p_{\text{net}}$ 有关，且随着 $p_{\text{net}}$ 的增大，呈非线性快速增大，如式(7-18)所示。因此，AA3 路径的塑性变形大于 BB3 路径的塑性变形，且随着吸湿过程的进行，二者之间的差值越来越大。综上所述，净应力较小时（AA3）的湿化过程会引起较大的膨胀变形，且其塑性变形也较大，这与试验中观测到微观结构变形一致，即晶片层聚集体在外界荷载较小时更易分裂成较小的聚集体。另外，吸湿过程后的干燥过程只引起弹性压缩，故干湿循环加载会导致膨胀变形的积累。

不同初始吸力情况下的吸湿路径和对应的微观结构变形如图 7-24(b)所示。A 点和 B 点的初始微观饱和度均小于 1，它们的微观屈服应力分别为 $p'_{\text{mA}}$ 和 $p'_{\text{mB}}$。但由于 A 点的初始吸力较大，其膨胀变形将大于 B 点的变形，又因为二者的净应力相等，在较小吸力段二者的变形曲线相互平行。C 点的初始微观饱和度等于 1，其初始微观屈服应力为 $p'_{\text{mC}}$，且 $p'_{\text{mC}}<p'_{\text{mB}}$，所以以 C 点为初始状态的吸湿膨胀变形最小。因此，STJ-DS 中的微观结构模型能够很好地反映初始吸力对膨胀变形的影响。

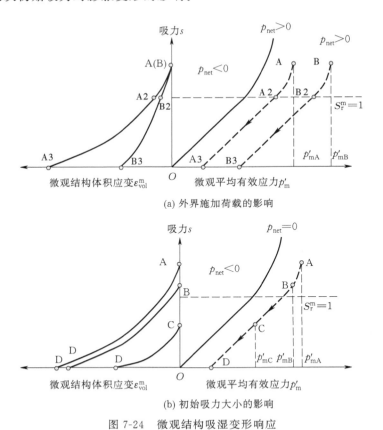

(a) 外界施加荷载的影响

(b) 初始吸力大小的影响

图 7-24　微观结构吸湿变形响应

图 7-25 是同等吸力情况下，卸载对微观结构变形的影响结果。A 点和 B 点的初始微观饱和度均等于 1，且其微观结构已经开始屈服。但 A 点和 B 点对应的净应力不相同

$(p_{\text{net,A}} < p_{\text{net,B}})$，导致了 $p'_{\text{mA}} < p'_{\text{mB}}$。应力卸载会导致微观结构有效应力的减小，应力路径向左移动，如图 7-25(a) 中 AC 段、BC 段所示。假定 A 点和 B 点初始时刻均处于屈服面上，则塑性变形随着卸载过程不断积累。由于 B 点的初始净应力偏大，所以其卸载导致的膨胀变形也较大，如图 7-25(b) 所示。

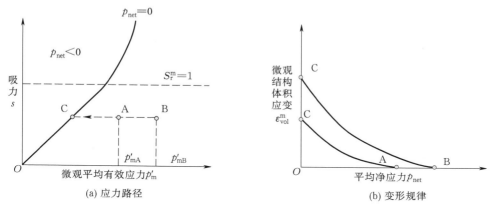

图 7-25　卸载对微观结构变形的影响

## 7.5.2　等压膨胀过程

图 7-26 是等压膨胀条件下的 STJ-DS 模型响应。试样的初始吸力状态如图 7-26(b) 中 A 点所示，其对应的微观饱和度小于 1，宏观饱和度为 0。在应力路径 AA2 过程中，微观孔隙逐渐饱和，并在 A2 点达到饱和状态，而宏观饱和度在此过程中均保持为 0。由式(7-19)可知，宏观结构有效应力等于其净应力，所以宏观结构的应力路径 AA2 竖直向下，如图 7-26(a) 中 $(s - p'_{\text{M}})$ 平面所示。因此，AA2 路径对应的试样变形等于微观结构的变形，如图 7-26(c) 所示。另外，在该过程中，结构参数 $\xi$ 不断增大，导致宏观屈服应力的减小如式(7-25)所示，因此，LC(加载湿陷)曲线向左移动[图 7-26(a)]。在 A2A3 路径中，微观结构的饱和度保持为 1，微观应力状态屈服，发生塑性膨胀变形；宏观结构的饱和度开始增加，导致其有效应力的增加。假定宏观结构的应力路径在整个过程中均在 LC 曲线的左侧，则宏观结构在 A2A3 阶段因宏观有效应力的增加而发生压缩变形。在 A3A4 路径中，微观结构继续膨胀，而宏观结构因为有效应力的降低[图 7-26(a)]，也发生膨胀变形。在该过程中，宏观结构也实现了水饱和，从而导致整个试样的饱和。因为宏观结构的应力路径始终位于 LC 曲线的左侧，且其初始有效应力(A 点)与结束时刻的有效应力(A4 点)相等，所以，宏观结构在整个应力路径 AA4 过程中，未产生变形积累。综上所述，试样在整个路径 AA4 中的变形如图 7-26(c) 中实线所示，图中虚线对应的是微观结构的变形结果，虚线与实线之间的差距是宏观结构的变形结果。

图 7-27 是不同应力下的膨胀路径和变形结果，其中 B 点的净应力大于 A 点的应力。由第 7.5.1 节的分析结果可知，AA3 路径下的微观结构膨胀变形大于 BB3 路径下的微观结构膨胀变形，如图 7-27(b) 中虚线所示。在微观结构膨胀过程中，LC 曲线不断向左移动。因为 A 点的净应力较小，其宏观结构的有效应力路径 AA3 始终位于 LC 曲线的左侧，所以AA3 路径中的宏观结构变形是弹性的，并且在整个过程中，没有弹性变形积累。而 B 点因其净应力过大，其宏观结构应力路径与 LC 曲线相交。相交后，宏观结构开始屈服，并产生

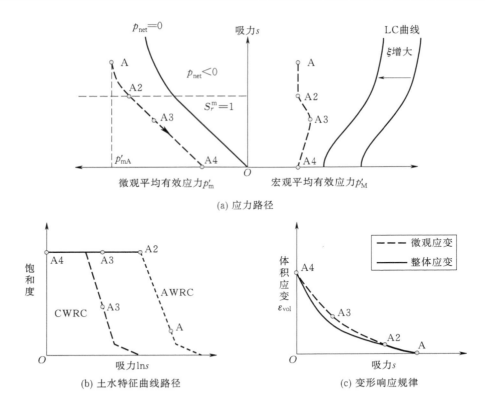

(a) 应力路径

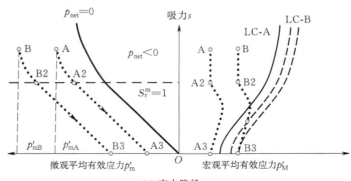

(b) 土水特征曲线路径

(c) 变形响应规律

图 7-26  恒定荷载下吸湿过程中的模型响应

(a) 应力路径

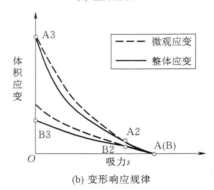

(b) 变形响应规律

图 7-27  外界施加荷载对膨胀变形的影响

相应的塑性压缩变形,LC 曲线随着宏观塑性压缩向右移动。因此,在 BB3 路径中,宏观结构的变形是弹塑性的,在 B3 状态下,有塑性压缩变形积累。AA3 和 BB3 路径下的试样变形结果如图 7-27(b)所示,较大应力下的膨胀变形较小,即随着施加荷载的增加,膨胀变形逐渐减小。因此,STJ-DS 模型能够很好地反映图 7-3 所示的试验规律。

图 7-28 是不同干密度试样的膨胀路径和变形结果。干密度较大的试样需要较大的外界荷载压缩制成,因此其对应的 LC 曲线位于干密度较小试样的 LC 曲线右侧,如图 7-28(a)中 $(s-p'_M)$ 平面所示。假定两个干密度不同试样的 $\beta_{m,min}$ 相等,则在吸湿路径 AA4 中,二者的微观结构变形是相同的,如图 7-28(b)中虚线所示。但由于干密度较小试样的 LC 曲线偏左,所以,宏观应力路径 AA4 可能与之相交[图 7-28(a)],进而导致在吸湿过程结束后,有宏观塑性压缩变形积累。而干密度较大试样的 LC 曲线偏右,其对应的宏观应力路径 AA4 位于弹性区域,吸湿结束后,没有宏观变形的积累。综上所述,不同干密度下的膨胀变形结果如图 7-28(b)所示,干密度较大试样的膨胀变形大于干密度较小的膨胀变形,这与图 7-2 所示的试验规律一致。

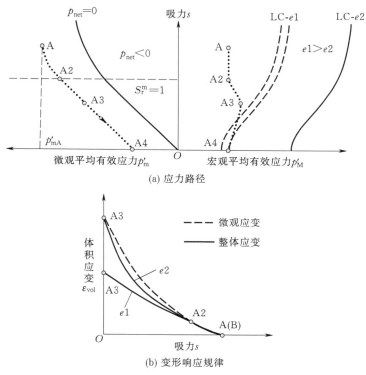

图 7-28 干密度对膨胀变形的影响

另外,相同体积试样的蒙脱石含量与干密度的大小也有关系,随着干密度的增大,同体积试样的蒙脱石含量也将增加。这表明干密度大的试样具有较强的微观膨胀能力,即 $\beta_{m,min}$ 较大。由第 7.2 节的分析可知,晶片层的分裂还与温度和水中的矿物质浓度有关,随着温度的升高和矿物质浓度的增大,其分裂能力降低,即 $\beta_{m,min}$ 减小。因此,$\beta_{m,min}$ 是温度 $t$、膨润土含量 $\alpha$、矿物质浓度 $c$ 和干密度 $\rho_{dry}$ 的函数,通过修正 $\beta_{m,min}$ 可以很好地反映第 7.1.1 节的变形规律。

### 7.5.3 等体积膨胀过程

当吸湿过程中的膨胀变形受到约束时,将产生对应的膨胀压力,图 7-29 是 STJ-DS 模型在等体积膨胀条件下的预测机理。图 7-29(a)是高压实情况下的模型响应。初始状态 A 点的净应力为 0,微观结构的饱和度小于 1,而宏观结构的饱和度为 0。在路径 AA3 中,微观结构发生膨胀,为了保持体积不变,宏观结构必须发生同等大小的压缩变形,因此宏观结构的有效应力必须增加,如图 7-29($s - p'_{\mathrm{M}}$)平面中 AA2 所示。在 AA2 过程中,宏观结构的饱和度始终为 0,所以有效应力路径和净应力路径重合。微观结构的应力路径因净应力的增加,不再平行于图中的实曲线,如图 7-29 中($s - p'_{\mathrm{m}}$)平面所示。同时,随着微观结构的膨胀变形和宏观结构的压缩变形,结构参数 $\xi$ 将不断增大,故 LC 曲线将不断向左移动。由于试样初始处于高压实状态,可以假定整个宏观有效应力路径 AA3 全部位于 LC 曲线的左侧,即宏观结构处于弹性阶段。由于毛细水的作用,在宏观饱和度大于 0 的情况下,宏观结构的有效应力大于其净应力,因此,在 A2A3 路径中,宏观结构的净应力路径位于有效应力路径的左侧。当吸力为 0 时,净应力路径与有效应力路径重合(A3 点),并且此时对应的应力即为膨胀压力。

当试样的初始压密状态较低时,即 LC 曲线偏左时,宏观结构的有效应力路径会与 LC 曲线相交,如图 7-29(b)所示。当应力路径与 LC 曲线相交时,宏观结构屈服,开始产生宏观结构的塑性压缩变形,所以较小的应力增量即可产生较大的压缩变形,宏观结构的有效应力

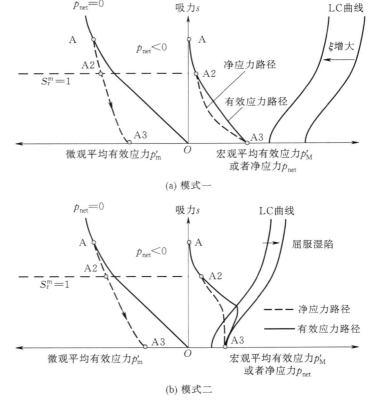

(a) 模式一

(b) 模式二

图 7-29　恒定体积膨胀下的模型效应

增加速率开始减缓。当宏观结构的塑性压缩速率大于微观结构的膨胀速率时,宏观结构的有效应力将出现减小的情况,如图 7-29(b)所示。由于毛细水作用的贡献,净应力在 A2A3 路径可能连续增加,也可能出现先增加后减小的趋势。

图 7-30 是不同初始吸力情况下的等体积膨胀结果。A 点的初始吸力较大,且其微观结构的饱和度小于 1,宏观结构的饱和度为 0;B 点的初始吸力较低,且其微观结构的饱和度等于 1,宏观结构的饱和度大于 0。假定在 AA2C 吸湿路径过程中,宏观结构的有效应力路径与 LC 曲线相交,则其应力路径模式与图 7-29(b)相同。但图 7-30 中所示的净应力路径却出现了先增加后减小然后又增加的趋势,这与宏观结构的饱和度变化有关。由于 B 点的初始宏观饱和度大于 0,所以其宏观结构有效应力路径的起点与净应力路径的起点不相同。但由于 B 点的初始吸力较小,其微观结构的变形有限,所以宏观结构的压缩变形也较小,进而导致宏观有效应力的增量并不大。整个吸湿过程中,宏观结构的有效应力路径全部位于 LC 曲线的左侧,即宏观结构的力学响应是弹性的。随着吸力的降低,毛细作用对有效应力的贡献量逐渐减小,因此宏观结构的净应力路径与有效应力路径之间的差距逐渐减小,在 C 点(吸力为 0)二者重合。所以,初始吸力较小的试样等体积膨胀产生的膨胀压力小于初始吸力较大的试样,这与试验结果一致。

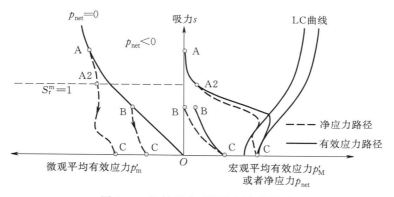

图 7-30 初始吸力对膨胀压力的影响

## 7.5.4 不同应力加载路径

图 7-31 是两种不同加载路径下的 STJ-DS 模型响应结果。路径 AA2A3A4 是先对试样进行自由吸湿膨胀加载,当吸力为 0 时,对试样进行恒定吸力下的应力加载。在自由吸湿膨胀情况下,试验发生较大的膨胀变形,并且在该过程中,LC 曲线向左移动到图 7-31(a)中的虚线位置。随后的应力加载路径 A3A4 将在 B 点与 LC 曲线相交,因此宏观结构的变形在 A3B 路径中是弹性的,而在 BA4 路径中是塑性的。微观结构在 A3A4 路径中发生弹性压缩变形。在整个加载路径 AA2A3A4 中,试样的变形趋势如图 7-31(b)所示。

路径 AA6A5A4 是先对试样进行恒定吸力情况下的应力加载,然后在该应力下进行等压条件下的吸湿饱和加载。在初始应力加载路径 AA6 中,宏观结构和微观结构的变形都是弹性的。因为吸湿过程 A6A5A4 中施加的净应力大于吸湿过程 AA2A3 中的净应力,由图 7-24(a)可知,A6A5A4 路径中微观结构的膨胀变形将小于 AA2A3 过程中的变形。另外,由于 AA6 的应力加载过程,使宏观结构的有效应力路径 A6A5A4 向右移动,靠近其 LC

曲线。所以,在湿化过程中,其应力路径可能与 LC 曲线相交,如图 7-31(a)中实线所示 LC 曲线。当应力路径与 LC 曲线相交后,宏观结构将出现较大的塑性压缩变形,从而进一步降低试样在该过程中的膨胀变形。由于 A6A5A4 过程是在较大的净应力下吸湿膨胀,其膨胀变形有限,而宏观结构的塑性变形却相对较大,所以,在 A6A5A4 路径中,试样的变形可能会出现先膨胀变形,后产生压缩变形的趋势,如图 7-31(b)所示。

虽然两个应力加载路径的起点和终点均相同,但是由于其加载顺序不同,模型的响应结果也不相同,这说明 STJ-DS 模型能够很好地反映应力加载路径对土体变形的影响。Enresa(2004)对 FEBEX 进行了不同应力路径的试验,得到了如图 7-31(c)所示的试验结果,进而验证了模型的正确性。

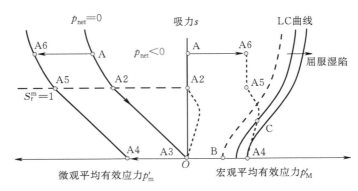

(a) 应力路径

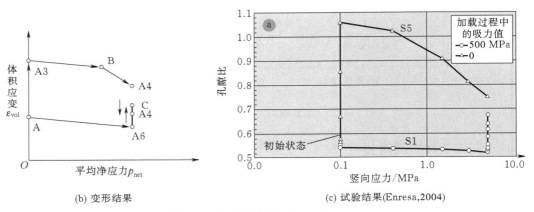

(b) 变形结果

(c) 试验结果(Enresa,2004)

图 7-31　不同应力路径下的模型响应

## 7.6　模型验证

本节采用室内试验结果对 STJ-DS 模型进行验证,验证的内容主要包括两个方面:① 等压条件下的膨胀变形验证;② 等体积条件下的膨胀压力验证。FEBEX 膨润土作为西班牙高放性核废料处置库选用的人工回填材料,从 21 世纪初,很多学者针对 FEBEX 膨润土的水-力耦合膨胀特性开展了大量的研究(Enresa,2000,2004;Villar 和 Lloret,2004;Lloret 和 Villar,2007;等等)。因此,本节选用 FEBEX 膨润土的试验数据对 STJ-DS 模型进行校验。

### 7.6.1　等压条件下的膨胀变形

CIEMAT 等(Enresa,2004)进行了 4 组不同水-力应力路径的加载试验。4 组试样的初始平均干密度为 1.70 g/cm³,初始吸力均为 125 MPa。首先,1 个试样被初始干燥到 500 MPa,然后,4 个试样别分别加载到竖向应力为 0.1 MPa、0.5 MPa、5 MPa 和 9 MPa。加载稳定后,保持竖向应力不变,进行试样吸湿试验,直至吸力降低为 0。不同试样的膨胀变形试验结果如图 7-32(a)所示。由于未找到干密度为 1.70 g/cm³试样在自由膨胀情况下的土水特征曲线,选用干密度为 1.75 g/cm³试样的试验数据[图 7-32(b)]进行近似校验。

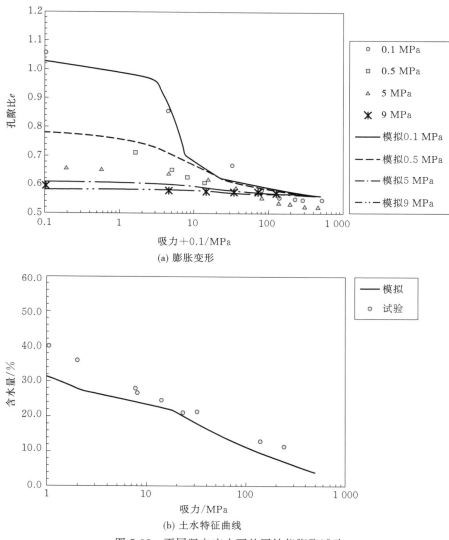

(a) 膨胀变形

(b) 土水特征曲线

图 7-32　不同竖向应力下的固结仪膨胀试验

根据试验数据进行反分析,确定 STJ-DS 的模型参数如表 7-1 所示。其中,微观结构的水力参数根据第 4 章的经验参数选取。微观结构力学塑性因子的关系式(7-18)的校验结果如图 7-18(b)所示,微观结构力学的弹性刚度根据高吸力值下的膨胀变形结果进行计算。宏观结构的土水特征曲线亦根据经验值选取，并根据数值结果进行了调整。宏观结构力学参数根据饱和 FEBEX 膨润土试样的压缩特性进行计算。STJ-DS 模型总共需要 20 个参数，包括微观结构计算需要的 7 个参数和宏观结构计算需要的 13 个参数。宏观结构力学计算的弹性参数包含 4 个，其是为了反映不同非线性弹性而设置的。如采用常规的非线性弹性（$n=1$，$p'_{M,ref}=1$ MPa），此处可减少 2 个参数，故 STJ-DS 模型最少需要 18 个计算参数。

表 7-1　FEBEX 膨润土的 STJ-DS 模型参数

| 参数 | 单位 | 数值 |
|---|---|---|
| 微观结构水力参数（AWRC） | | |
| $s_m^D$，$\alpha_m$，$\beta^m$ | [MPa]，[—]，[—] | 20，0.9，4.43 |
| 微观结构力学参数 | | |
| $K_{m,ref}$，$\beta_{m,min}$，$a$，$b$ | [MPa]，[—]，[MPa]，[—] | 125，20，0.6，0.7 |
| 宏观结构水力参数（CWRC） | | |
| $s_M^D$，$\alpha_M$，$\beta^M$，$c$ | [MPa]，[—]，[—]，[—] | 0.2，0.8，3.10，4.5 |
| 宏观结构力学参数 | | |
| $K_{M,ref}$，$G_{M,ref}$，$n$，$p'_{M,ref}$ | [MPa]，[MPa]，[—]，[MPa] | 144，72，1，1 |
| $M$，$\beta_M$，$m$，$\gamma_s$，$p'_{My0}$ | [—]，[—]，[—]，[—]，[MPa] | 1.2，18.825，1，0.15，13 |

注：假定 $\kappa^m=10\beta^m$，$\kappa^M=10\beta^M$。

模型的计算结果如图 7-32 所示。STJ-DS 模型能够较好地反映不同竖向应力下膨润土随吸力变化的膨胀趋势，模型的预测机理如图 7-24（a）所示。模型能够很好地再现 9 MPa 应力作用下的变形结果，但是在其他应力情况下，模型的计算结果与试验数值存在一定的误差。其中一个原因是图 7-18（b）的校验存在着部分误差，另一个原因是目前采用式（7-18）计算可能无法较好地反映微观结构塑性因子随外界施加应力的变化趋势，这有待进一步的试验验证。

图 7-32（b）是 0.1 MPa 应力作用下模型计算的土水特征曲线与自由膨胀试验情况下土水特征曲线的对比结果。由图可知，STJ-DS 模型能够很好地反映吸湿膨胀情况下的土水特征曲线的特征。但由于试验试样的干密度为 1.75 g/cm³，而模型计算试样的干密度为 1.70 g/cm³，所以二者在数值上存在一定的差值。模型计算结果位于试验结果的下方，这是因为干密度较大的试样具有较高的膨胀能力，因而能储存更多的水。

## 7.6.2　等体积条件下的膨胀压力

图 7-33 是干密度为 1.63 g/cm³ 的试样在等体积膨胀情况下的试验结果和数值模拟结果。试样的初始吸力为 150 MPa，饱和度约为 0.52。由于本试样的干密度较小，所以其宏观屈服应力较小。经过反分析，模型的参数如表 7-2 所示。

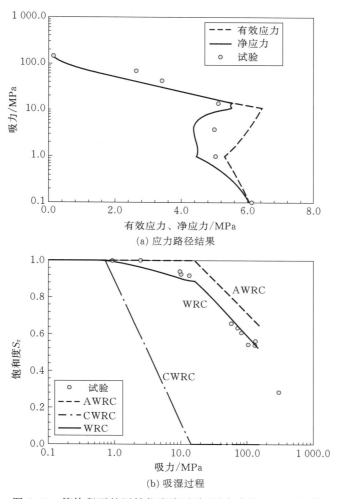

(a) 应力路径结果

(b) 吸湿过程

图 7-33  等体积下的固结仪膨胀试验(干密度为 1.63 g/cm³)

表 7-2  FEBEX 膨润土的 STJ-DS 模型参数

| 参数 | 单位 | 数值 |
|---|---|---|
| 微观结构水力参数(AWRC) | | |
| $s_m^D,\alpha_m,\beta^m$ | [MPa],[—],[—] | 18,0.9,6.35 |
| 微观结构力学参数 | | |
| $K_{m,ref},\beta_{m,min},a,b$ | [MPa],[—],[MPa],[—] | 125,20,0.6,0.7 |
| 宏观结构水力参数(CWRC) | | |
| $s_M^D,\alpha_M,\beta^M,c$ | [MPa],[—],[—],[—] | 0.6,0.8,3.10,4.5 |
| 宏观结构力学参数 | | |
| $K_{M,ref},G_{M,ref},n,p'_{M,ref}$ | [MPa],[MPa],[—],[MPa] | 144,72,1,1 |
| $M,\beta_M,m,\gamma_s,p'_{My0}$ | [—],[—],[—],[—],[MPa] | 1.2,18.825,1,0.15,8 |

由图 7-33(a)可知,STJ-DS 模型能够较好地反映 FEBEX 膨润土在吸湿过程中的净应力路径,并且能够很好地预测最终的膨胀压力。模型的预测机理如图 7-29 所示。随着吸湿过程的进行,微观结构不断膨胀,但由于试样的整个体积保持恒定,宏观结构必须产生同等大小的压缩,所以试样的宏观有效应力不断增加。当宏观有效应力路径与 LC 曲线相交时,宏观结构屈服,较小的有效应力增加即可引起较大的宏观结构压缩。加上此时的净应力较大,微观结构的膨胀能力受到约束,当膨胀变形小于宏观结构压缩变形时,宏观有效应力会出现降低的现象。

当宏观孔隙的饱和度为 0 时,根据式(7-19)可知,净应力路径与有效应力路径重合。但随着吸湿过程的进行,孔隙水会逐渐进入宏观孔隙,使其饱和度大于 0。由于毛细作用会增加土骨架的有效应力,所以净应力将小于有效应力,从而导致图 7-33(a)中净应力路径位于有效应力路径左侧的结果。

图 7-33(b)是模型计算的土水特征曲线与试验所得的土水特征曲线结果。由图可知,模型在趋势和数值上均能很好地再现膨润土的吸湿过程。图 7-33(b)中同时还绘制了微观结构土水特征曲线(AWRC)和宏观结构土水特征曲线(CWRC)。在初始吸湿过程中,宏观结构的饱和度为 0,吸湿过程主要发生在微观孔隙中。在微观孔隙饱和后,宏观孔隙开始饱和。由于在膨胀过程中,宏观孔隙不断被压缩,由式(7-32)可知,CWRC 曲线的进气值将不断增大,在试样饱和后,CWRC 曲线的进气值约为 1.0 MPa,如图 7-33(b)所示。

在等体积膨胀情况下,不同干密度试样的净应力路径如图 7-34 所示,随着干密度的增加,试样的最大膨胀压力不断增加。另外,由于不同试样的初始吸力也不相同,也可能导致膨胀压力的差异(图 7-30)。采用 STJ-DS 模型对四个试样进行模拟,结果如图 7-34 所示。模型参数如表 7-2 所示。由于不同干密度制备时所需的压力不同,所以其初始饱和屈服压力也不相同。干密度为 1.50 g/cm³,1.57 g/cm³ 和 1.65 g/cm³ 的饱和屈服压力分别为 2.0 MPa,4.4 MPa 和 4.0 MPa。

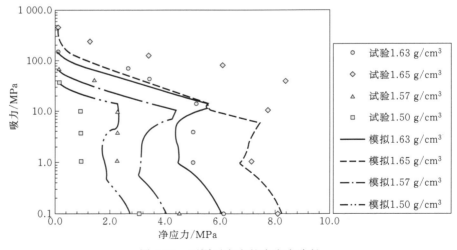

图 7-34　不同干密度的净应力路径

STJ-DS 模型预测的净应力路径在趋势上与试验结果一致,均呈现了先增大,然后保持恒定或减小,最后再增大的趋势,原因如图 7-28、图 7-29 和图 7-33(a)所示。虽然,模型计算的净应力路径与实际的应力路径存在数值上的差异,但模型能够很好地预测不同干密度的最终膨胀压力,这说明了 STJ-DS 模型在预测膨润土膨胀能力方面具有较高的能力。净应力路径差异的原因可能为:① 校核的参数未考虑不同干密度情况下最小微观塑性因子的变化;② 宏观孔隙土水特征曲线(CWRC)的参数有待进一步核实;③ 式(7-32)有待进一步验证。

# 参 考 文 献

Adachi T, Oka F. Constitutive equations for normally consolidated clay based on elasto-viscoplasticity[J]. Soils and Foundations, 1982, 22(4): 57-70.

Adachi T, Okano M. A constitutive equation for normally consolidated clay[J]. Soils and Foundations, 1974, 14(4): 55-73.

Adachi T, Oka F, Mimura M. Modeling aspects associated with time dependent behavior of soils[J]. Geotechnical Special Publication, 1996, 42(61): 61-95.

Akagi H. A physico-chemical approach to the consolidation mechanism of soft clays[J]. Soils and Foundations, 1994, 34(4): 43-50.

Alexandre. Contribution to the understanding of the undrained creep[D]. Rio de Janeiro: COPPE/UFRJ, 2006.

Alonso E E, Gens A, Josa, A. Constitutive model for partially saturated soils[J]. Geotechnique, 1990, 40(3): 405-430.

Alonso E E, Pereira J M, Vaunat J, et al. A microstructurally based effective stress for unsaturated soils[J]. Géotechnique, 2010, 60(12): 913-925.

Alonso E E, Romero E, Hoffmann C. Hydromechanical behaviour of compacted granular expansive mixtures: experimental and constitutive study[J]. Geotechnique, 2011, 61(4): 329-344.

Alonso E E, Vaunat J, Gens A. Modelling the mechanical behaviour of expansive clays[J]. Engineering Geology, 1999, 54(1): 173-183.

Anderson D G, Stokoe K H. Shear modulus: a viscous soil property[J]. Dynamic Geotechnical Testing, 1978, 654: 66-90.

Andrade M E S. Contribution to the study of soft clays from the city of Santos[D]. Rio de Janeiro: COPPE/UFRJ, 2009.

Augustesen A, Liingaard M, Lade P V. Evaluation of time-dependent behaviour of soils[J]. International Journal of Geomechanics, 2004, 4(3): 137-156.

Bao C, Gong B, Zhan L. Properties of unsaturated soils and slope stability for expansive soils[C]. In Proceedings of the 2nd International Conference on Unsaturated Soils, Beijing, China, 1998.

Bjerrum L. Engineering geology of Norwegian normally-consolidated marine clays as related to settlements of buildings[J]. Géotechnique, 1967, 17(2): 83-118.

Blight G E. Effective stress evaluation for unsaturated soils[J]. Journal of the Soil Mechanics and Foundations Division, 1967, 93(2): 125-148.

Borja R I, Tamagnini C. Cam-Clay plasticity Part III: extension of the infinitesimal model to include finite strains[J]. Computer Methods in Applied Mechanics and Engineering,1998,155(1):73-95.

Borja R I. Generalized creep and stress relaxation model for clays[J]. Journal of Geotechnical Engineering,1992,118(11):1765-1786.

Borja R I. On the mechanical energy and effective stress in saturated and unsaturated porous continua[J]. International Journal of Solids and Structures,2006,43(6):1764-1786.

Borja R I,Kavazanjian E. A constitutive model for the stress-strain-time behaviour of 'wet' clays[J]. Geotechnique,1985,35(3):283-298.

Borja R I,Koliji A. On the effective stress in unsaturated porous continua with double porosity[J]. Journal of the Mechanics and Physics of Solids,2009,57(8):1182-1193.

Boudali M. Comportement tridimensionnel et visqueux des argiles naturelles[D]. Ste-Foy:Université Laval,1995.

Boudali M,Leroueil S,Murthy B R S. Viscous behaviour of natural clays[C]. 13th International Conference on Soil Mechanics and Foundation Engineering, New Dehli, India. 1994.

Brooks R H,Corey A T. Hydraulic properties of porous media and their relation to drainage design[J]. Transactions of the ASAE,1964,7(1):26-28.

Bruch P G. A laboratory study of evaporative fluxes inhomogeneous and layered soils [D]. Saskatoon:University of Saskatchewan,1993.

Burger C A,Shackelford C D. Evaluating dual porosity of pelletized diatomaceous earth using bimodal soil-water characteristic curve functions[J]. Canadian Geotechnical Journal,2001a,38(1):53-66.

Burger C A,Shackelford C D. Soil-water characteristic curves and dual porosity of sand-diatomaceous earth mixtures[J]. Journal of Geotechnical and Geoenvironmental Engineering,2001b,127(9):790-800.

Burghignoli A,Desideri A,Miliziano S. A laboratory study on the thermomechanical behaviour of clayey soils[J]. Canadian Geotechnical Journal,2000,37(4):764-780.

Burghignoli A,Desideri A,Miliziano S. Deformability of clays under non isothermal conditions[J]. Revista Italiana di Geotecnica,1992,4(92):227-236.

Campanella R G,Mitchell J K. Influence of temperature variations on soil behavior [J]. Journal of Soil Mechanics and Foundations Division,1968,94(3):709-734.

Campanella R G,Vaid Y. Creep rupture of a natural saturated clay[C]. 6th International Conference on Rheology,Soil Mechanics Series No. 16, University of British Columbia, Vancouver,Canada,1972.

Carlsson, T. NMR-studies of pore water in bentonite/water/electrolyte[C]. In Scientific basis for nuclear waste management Ⅸ, Stockholm, Sweden, 1986.

Cekerevac C. Thermal effects on the mechanical behaviour of saturated clays:an experimental and constitutive study[D]. Lausanne:école Polytechnique Fédérale de Lausanne,2003.

Cekerevac C,Laloui L. Experimental study of thermal effects on the mechanical behaviour of a clay[J]. International Journal for Numerical and Analytical Methods in Geomechanics,2004,28(3):209-228.

Christensen R W,Wu T H. Analysis of clay deformation as a rate process[J]. Journal of Soil Mechanics and Foundations Division,1964,90(6):125-160.

Coussy O. Poromechanics[M].Hoboke:John Wiley & Sons, 2004.

Cui Y J, Le T T, Tang A M,et al. Investigating the time-dependent behaviour of Boom clay under thermomechanical loading[J]. Géotechnique,2009,59(4):319-329.

Cui Y J, Yahia-Aissa M, Delage P. A model for the volume change behavior of heavily compacted swelling clays[J]. Engineering Geology,2002,64(2):233-250.

De Gennaro V,Pereira J M. A viscoplastic constitutive model for unsaturated geomaterials[J]. Computers and Geotechnics,2013,54:143-151.

Delage P,Sultan N,Cui Y J. On the thermal consolidation of Boom clay[J]. Canadian Geotechnical Journal,2000,37(2):343-354.

Demars K R,Charles R D. Soil volume changes induced by temperature cycling[J]. Canadian Geotechnical Journal,1982,19(2):188-194.

Derjaguin B V. Some results from 50 years' research on surface forces[J]. Progress in Surface Science,1992,40(1):240-251.

Derjaguin B V,Karasev V V,Khromova E N. Thermal expansion of water in fine pores[J]. Journal of Colloid and Interface Science,1986,109(2):586-587.

Di Donna A. Thermo-mechanical aspects of energy piles[D]. Lausanne:école Polytechnique Fédérale de Lausanne,2014.

Di Donna A,Laloui L Numerical analysis of the geotechnical behaviour of energy piles [J]. International Journal for Numerical and Analytical Methods in Geomechanics,2015a, 39(8):861-888.

Di Donna A,Laloui L. Response of soil subjected to thermal cyclic loading:experimental and constitutive study[J]. Engineering Geology,2015b,190:65-76.

Dixon D,Chandler N,Graham J,et al. Two large-scale sealing tests conducted at Atomic Energy of Canada's underground research laboratory:the buffer-container experiment and the isothermal test[J]. Canadian Geotechnical Journal, 2002, 39(3): 503-518.

Edil T B,Fox P J, Lan L T. An assessment of one dimensional peat compression[C]. 8th International Conference on Soil Mechanics and Foundation Engineering,Rotterdam,1994.

Eichenberger J. Geomechanical modelling of rainfall-induced landslides in partially saturated slopes[D]. Lausanne:Swiss federal Institute of Technology in Lausanne, 2013.

Enresa. FEBEX II project final report on thermos-hydro-mechanical laboratory tests [R].Madrid:Technical Publication,2004.

Feda J. Creep of soils and related phenomena[M]. Amsterdam:Elsevier,1992.

Fodil A,Aloulou W,Hicher P Y. Viscoplastic behaviour of soft clay[J]. Géotechnique, 1997,47(3):581-591.

Fox P J,Edil T B. Effects of stress and temperature on secondary compression of peat

[J]. Canadian Geotechnical Journal,1996,33(3):405-415.

François B. Thermo-plasticity of fine-grained soils at various saturation states:application to nuclear waste disposal[D]. Lausanne:école Polytechnique Fédérale de Lausanne,2008.

Fredlund D G. The implementation of unsaturated soil mechanics into geotechnical engineering[J]. Canadian Geotechnical Journal,2000,37(5):963-986.

Fredlund D G,Rahardjo H. Soil mechanics for unsaturated soils[M]. Hoboken:John Wiley & Sons,1993.

Fredlund D G,Xing A. Equations for the soil-water characteristic curve[J]. Canadian Geotechnical Journal,1994,31(4):521-532.

Freitas T M B,Potts D M,Zdravkovic L. A time dependent constitutive model for soils with isotach viscosity[J]. Computer and Geotechnics,2011,38(6):809-820.

Garcia S G F. Relationship between secondary consolidation and stress relaxation of a soft clay[D]. Rio de Janeiro:COPPE/UFRJ,1996.

Garlanger J E. The consolidation of soils exhibiting creep under constant effective stress[J]. Géotechnique,1972,22(1):71-78.

Gens A,Alonso E E. A framework for the behaviour of unsaturated expansive clays [J]. Canadian Geotechnical Journal,1992,29(6):1013-1032.

Glasstone S,Laidler K,Eyring H. The theory of rate processes[M]. New York: McGraw-Hill,1941.

Kwong A K L.Soft Soil Engineering[M]//Graham J,Yin J H.On the time-dependent stress-strain behaviour of soft soils.London:Routledge,2001:13-23.

Graham J,Crooks J H A,Bell A L. Time effects on the stress-strain behaviour of natural soft clays[J]. Géotechnique,1983,33(3):327-340.

Graham J, Tanaka N, Crilly T, et al. Modified Cam-Clay modelling of temperature effects in clays[J]. Canadian Geotechnical Journal,2001,38(3):608-621.

Gratchev I B,Sassa K. Shear Strength of Clay at Different Shear Rates[J]. Journal of Geotechnical and Geoenvironmental Engineering,2015,141(5):1-3.

Gupta B. Creep of saturated soil at different temperatures[D]. Vancouver: University of British Columbia,1964.

Habibagahi K. Temperature effect and the concept of effective void ratio[J]. Indian Geotechnical Journal,1977,7(1):14-34.

Hanson J L,Edil T B,Fox P J. Stress-temperature effects on peat compression[C]. Soft Ground Technology,Geotechnical Special Publication,ASCE,2001.

Heeres O M,Suiker A S, De Borst R. A comparison between the Perzyna viscoplastic model and the consistency viscoplastic model[J]. European Journal of Mechanics-A/Solids, 2002,21(1):1-12.

Hillel D. Environmental soil physics:fundamentals, applications, and environmental considerations[M]. New York:Academic Press,1998.

Hinchberger S D,Rowe R K. Evaluation of the predictive ability of two elastic-viscoplastic constitutive models[J]. Canadian Geotechnical Journal,2005,42(6):1675-1694.

Holzer T L, Höeg K, Arulanandan K. Excess pore pressures during undrained clay creep[J]. Canadian Geotechnical Journal,1973,10(1):12-24.

Houlsby G T. The work input to an unsaturated granular material[J]. Géotechnique, 1997,47(1):193-196.

Huang W L, Bassett W A, Wu T C. Dehydration and hydration of montmorillonite at elevated temperatures and pressures monitored using synchrotron radiation[J]. American Mineralogist,1994,79(7/8):683-691.

Hueckel T, Baldi G. Thermoplasticity of saturated clays:experimental constitutive study[J]. Journal of Geotechnical Engineering,1990,116(12):1778-1796.

Hueckel T, Pellegrini R. Thermoplastic modeling of undrained failure of saturated clay due to heating[J]. Soils and Foundations,1991,31(3):1-16.

Hujeux J. Une loi de comportement pour le chargement cyclique des sols[J]. Génie Parasismique,Presses de l'Ecole Nationale des Ponts et Chaussées,Paris,1985:287-302.

Israelachvili J N, Adams G E. Measurement of forces between two mica surfaces in aqueous electrolyte solutions in the range 0~100 nm[J]. Journal of the Chemical Society Faraday Transactions 1: Physical Chemistry in Condensed Phases, 1978, 74: 975-1001.

Kabbaj M,Oka F,Leroueil S,et al. Consolidation of natural clays and laboratory testing[C]. ASTM Special Technical Publications,1986,892:378-404.

Kabbaj M,Tavenas F,Leroueil S. In situ and laboratory stress-strain relationships[J]. Géotechnique,1988,38(1):83-100.

Kaliakin V N,Dafalias Y F. Details regarding the elastoviscoplstic bounding surface model for isotropic cohesive soils[R]. Newark:Civil Engineering report,91-1,Univeristy of Delaware,1991.

Kang D H,Yun T S,Lau Y M,et al. DEM simulation on soil creep and associated evolution of pore characteristics[J]. Computers and Geotechnics,2012,39(1):98-106.

Karim R M,Gnanendran C T. Review of constitutive models for describing the time dependent behaviour of soft calys [J]. Geomechanics and Geoengineering, 2014, 9 (1): 36-51.

Kavazanjian E,Mitchell J K. A general stress-strain-time formulation for soils[C]. 9th International Conference on Soil Mechanics and Foundation Engineering,Tokyo,1977.

Keedwell M J. Rheology and soil mechanics[M]. London:Elsevier,1984.

Khalili N,Geiser F,Blight G E. Effective stress in unsaturated soils:review with new evidence[J]. International Journal of Geomechanics,2004,4(2):115-126.

Khalili N,Witt R,Laloui L,et al. Effective stress in double porous media with two immiscible fluids[J]. Geophysical Research Letters,2005,32(15):291-310.

Kittrick J A. Interlayer forces in montmorillonite and vermiculite[J]. Soil Science Society of America Journal,1969,33(2):217-222.

Koliji A,Laloui L,Vulliet L. Constitutive modeling of unsaturated aggregated soils

[J]. International Journal for Numerical and Analytical Methods in Geomechanics,2010,34 (17):1846-1876.

Komamura F, Huang R. New rheological model for soil behavior[J]. Journal of Geotechnical and Geoenvironmental Engineering,1974,100:807-824.

Komine H,Ogata N. New equations for swelling characteristics of bentonite-based buffer materials[J]. Canadian Geotechnical Journal,2003,40(2):460-475.

Komine H,Ogata N. Predicting swelling characteristics of bentonites[J]. Journal of Geotechnical and Geoenvironmental engineering,2004,130(8):818-829.

Komine H,Yasuhara K,Murakami S. Swelling characteristics of bentonites in a srtificial seawater[J]. Canadian Geotechnical Journal,2009,46:177-189.

Konrad J M,Lebeau M. Capillary-based effective stress formulation for predicting shear strength of unsaturated soils[J]. Canadian Geotechnical Journal, 2015, 52 (12): 2067-2076.

Kuhn M R,Mitchell J K. New perspectives on soil creep[J]. Journal of Geotechnical Engineering,1993,119(3):507-524.

Kuntiwattanakul P, Towhata I, Ohishi K, et al. Temperature effects on undrained shear characteristics of clay[J]. Soils and Foundations,1995,35(1):147-162.

Lacerda W A,Houston W N. Stress relaxation in soils[C]. 8th International Conference on Soil Mechanics and Foundation Engineering,Moscow,1973.

Laird D A. Influence of layer charge on swelling of smectites[J]. Applied Clay Science,2006,34(1):74-87.

Laird D A,Shang C,Thompson M L. Hysteresis in crystalline swelling of smectites [J]. Journal of Colloid and Interface Science,1995,171(1):240-245.

Laloui L,Cekerevac C. Thermo-plasticity of clays:an isotropic yield mechanism[J]. Computers and Geotechnics,2003,30(8):649-660.

Laloui L,François B. ACMEG-T:soil thermoplasticity model[J]. Journal of Engineering Mechanics,2009,135(9):932-944.

Laloui L, Klubertanz G, Vulliet L. Solid-liquid-air coupling in multiphase porous media[J]. International Journal for Numerical and Analytical Methods in Geomechanics, 2003, 27(3): 183-206.

Laloui L, Leroueil S,Chalindar S. Modelling the combined effect of strain rate and temperature on one-dimensional compression of soils[J]. Canadian Geotechnical Journal, 2008,45(12):1765-1777.

Leong E C, Rahardjo H. Permeability functions for unsaturated soils[J]. Journal of Geotechnical and Geoenvironmental Engineering, 1997, 123(12): 1118-1126.

Le T M,Fatahi B,Khabbaz H. Viscous behaviour of soft clay and inducing factors[J]. Geotechnical and Geological Engineering,2012,30(5):1069-1083.

Lefebvre G. Fourth Canadian Geotechnical Colloquium:strength and slope stability in Canadian soft clay deposits[J]. Canadian Geotechnical Journal,1981,18(3):420-442.

Leonards G A, Altschaeffl A G. Compressibility of clay[J]. Journal of the Soil Mechanics and Foundations Division, 1964, 90(5): 133-156.

Leonards G A, Ramiah B. Time effects in the consolidation of clays[C]. Symposium on Time Rate of Loading in Testing Soils, ASTM, 1960.

Leroueil S, Soares Marques M E. Importance of strain rate and temperature effects in geotechnical engineering[J]. Geotechnical Special Publication, 1996, 6(61): 1-59.

Leroueil S, Kabbaj M, Tavenas F, et al. Stress-strain-strain rate relation for the compressibility of sensitive natural clays[J]. Géotechnique, 1985, 35(2): 159-180.

Leroueil S, Perret D, Locat J. Strain rate and structuring effects on the compressibility of a young clay[J]. Geotechnical Special Publication, 1996, 61(61): 137-150.

Li X S. Thermodynamics-based constitutive framework for unsaturated soils 1: theory [J]. Géotechnique, 2007, 57(5): 411-422.

Liingaard M, Augustesen A, Lade P V. Characterization of models for viscous behavior of soils[J]. International Journal of Geomechanics, 2004, 4(3): 157-177.

Likos W J, Lu N. Pore-scale analysis of bulk volume change from crystalline interlayer swelling in $Na^+$-and $Ca^{2+}$-smectite[J]. Clays and Clay Minerals, 2006, 54(4): 515-528.

Liu L. Prediction of swelling pressures of different types of bentonite in dilute solutions[J]. Colloids and Surfaces A: Physicochemical and Engineering Aspects, 2013, 434: 303-318.

Lloret A, Villar M V. Advances on the knowledge of the thermo-hydro-mechanical behaviour of heavily compacted "FEBEX" bentonite[J]. Physics and Chemistry of the Earth, 2007, 32(8/14): 701-715.

Lloret-Cabot M, Sánchez M, Wheeler S J. Formulation of a three-dimensional constitutive model for unsaturated soils incorporating mechanical-water retention couplings[J]. International Journal for Numerical and Analytical Methods in Geomechanics, 2013, 37 (17): 3008-3035.

Lo K Y, Morin J P. Strength anisotropy and time effects of two sensitive clays[J]. Canadian Geotechnical Journal, 1972, 9(3): 261-277.

Loret B, Khalili N. An effective stress elastic-plastic model for unsaturated porous media[J]. Mechanics of Materials, 2002, 34(2): 97-116.

Lu N, Likos W J. Unsaturated soil mechanics [M]. Hoboken: John Wiley & Sons, 2004.

Manca D. Hydro-chemo-mechanical characterization of sand/bentonite mixtures with a focus on the water and gas transport properties[D]. Lausanne: école Polytechnique Fédérale de Lausanne, 2015.

Manca D, Ferrari A, Laloui L. Fabric evolution and the related swelling behaviour of a sand/bentonite mixture upon hydro-chemo-mechanical loadings[J]. Géotechnique, 2015, 66 (1): 41-57.

Marques M E S, Leroueil S, Soares de Almeida M D S. Viscous behaviour of St-Roch-de-l'Achigan clay,Quebec[J]. Canadian Geotechnical Journal,2004,41(1):25-38.

Martins I S M. Fundamentals of a behavioral model for saturated clayey soils[D]. Rio de Janeiro:COPPE/UFRJ,1992.

Mašín D. Double structure hydromechanical coupling formalism and a model for unsaturated expansive clays[J]. Engineering Geology,2013,165:73-88.

Mason G,Morrow N R. Capillary behavior of a perfectly wetting liquid in irregular triangular tubes[J]. Journal of Colloid and Interface Science,1991,141(1):262-274.

McKee C R, Bumb A C. Flow-testing coal bed methane production wells in the presence of water and gas[J]. SPE Formation Evaluation, 1987, 2(4): 599-608.

McKee C R,Bumb A C. The importance of unsaturated flow parameters in designing a hazardous waste site[C]. In Hazardous Waste and Environmental Emergencies, Hazardous Materials Control Research Institute National Conference, Houston, 1984.

Mesri G. Primary compression and secondary compression[J]. Geotechnical Special Publication,2003:122-166.

Mesri G,Choi Y K. The uniqueness of the end-of-primary (EOP) void ratio-effective stress relationship[C]. 11th International Conference on Soil Mechanics and Foundation Engineering,Rotterdam,1985.

Mesri G, Godlewski P M. Time and stress-compressibility interrelationship [J]. Journal of the Geotechnical Engineering Division,1977,103(5):417-430.

Mesri G,Shahien M,Feng T W. Compressibility parameters during primary consolidation[C]. International Symposium on Compression and Consolidation of Clayey Soils, Hiroshima,1995.

Mitchell J K. Shearing resistance of soils as a rate process[J]. Journal of the Soil Mechanics and Foundations Division,1964,90(1):29-62.

Mitchell J K. The fabric of natural clays and its relation to engineering properties[J]. Highway Research Board Proceedings,1956,35:693-713.

Mitchell J K,Campanella R G,Singh A. Soil creep as a rate process[J]. Journal of the Soil Mechanics and Foundations Division,1968,94(1):231-253.

Mitchell J,Soga K. Fundamentals of soil behavior[M]. Hoboken:John Wiley and Sons,2005.

Mitchell R J. On the yielding and mechanical strength of Leda clays[J]. Canadian Geotechnical Journal,1970,7(3):297-312.

Modaressi H,Laloui L. A thermo-viscoplastic constitutive model for clays[J]. International Journal for Numerical and Analytical Methods in Geomechanics, 1997, 21 (5): 313-335.

Montes H G, Duplay J, Martinez L, et al. Swelling-shrinkage kinetics of MX80 bentonite[J]. Applied Clay Science,2003,22(6):279-293.

Morin R,Silva A J. The effects of high pressure and high temperature on some physical properties of ocean sediments[J]. Journal of Geophysical Research, 1984, 89 (B1):

511-526.

Murad M A,Guerreiro J N,Loula A F. Micromechanical computational modeling of secondary consolidation and hereditary creep in soils[J]. Computer Methods in Applied Mechanics and Engineering,2001,190(15-17):1985-2016.

Murayama S. Effect of temperature on elasticity of clays[R]. Highway Research Board Special Report,1969,103:194-202.

Murayama S,Shibata T. On the rheological characters of clay part 1[R]. Bulletins-Disaster Prevention Research Institute,Kyoto University,1958,26:1-43.

Naghdi P M,Murch S A. On the mechanical behavior of viscoelastic/plastic solids[J]. Journal of Applied Mechanics,1963,30(3):321-328.

Nakagawa K,Soga K,Mitchell J K,et al. Soil structure changes during and after consolidation as indicated by shear wave velocity and electrical conductivity measurements[C]. Compression and Consolidation of Clayey Soils,IS-Hiroshima,Balkema,Rotterdam,1995.

Navarro V,Asensio L,Morena D L G,et al. Differentiated intra- and inter-aggregate water content models of MX-80 bentonite[J]. Applied Clay Science,2015,118:325-336.

Novy R A,Toledo P G,Davis H T,et al. Capillary dispersion in porous media at low wetting phase saturations[J]. Chemical Engineering Science,1989,44(9):1785-1797.

Nuth M,Laloui L. Advances in modelling hysteretic water retention curve in deformable soils[J]. Computers and Geotechnics,2008a,35(6):835-844.

Nuth M,Laloui L. Effective stress concept in unsaturated soils:clarification and validation of a unified framework[J]. International Journal for Numerical and Analytical Methods in Geomechanics,2008b,32(7):771-801.

Olszàk W,Perzyna P. Stationary and nonstationary viscoplasticity[C]. Inelastic Behaviour of Solids, McGraw-Hill,1970.

Olszak W,Perzyna P. The constitutive equations of the flow theory for a nonstationary yield condition[C]. 11th International Congress of Applied Mechanics,Berlin,1966.

Or D,Tuller M. Liquid retention and interfacial area in variably saturated porous media:upscaling from single-pore to sample-scale model[J]. Water Resources Research,1999,35(12):3591-3605.

Paaswell R E. Temperature effects on clay soil consolidation[J]. Journal of the Soil Mechanics and Foundations Division,1967,93(3):9-22.

Paunov V N,Dimova R I,Kralchevsky P A,et al. The hydration repulsion between charged surfaces as an interplay of volume exclusion and dielectric saturation effects[J]. Journal of Colloid and Interface Science,1996,182(1):239-248.

Perzyna P. Fundamental problems in viscoplasticity[J]. Advances in Applied Mechanics,1966(9):243-377.

Philibert A. Etude de la résistance au cisaillement d'une argile Champlain[D]. Québec:Université de Sherbrooke,1976.

Plum R L,Esrig M I. Some temperature effects on soil compressibility and pore water pressure[R]. Highway Research Board Special Report,1969.

Prager W. Recent developments in the mathematical theory of plasticity[J]. Journal of Applied Physics,1949,20(3):235-241.

Pusch R,Karnland O,Hökmark H. GMM-a general microstructural model for qualitative and quantitative studies of smectite clays[R]. Swedish Nuclear Fuel and Waste Management,1990.

Puzrin A M,Houlsby G T. A thermomechanical framework for rate-independent dissipative materials with internal functions[J]. International Journal of Plasticity,2001,17(8):1147-1165.

Puzrin A M,Houlsby G T. Rate-dependent hyperplasticity with internal functions[J]. Journal of Engineering Mechanics,2003,129(3):252-263.

Qiao Y,Ferrari A,Laloui L,et al. Nonstationary flow surface theory for modeling the viscoplastic behaviours of soils[J]. Computers and Geotechnics,2016,76:105-119.

Raude S,Laigle F,Giot R,et al. A unified thermoplastic/viscoplastic constitutive model for geomaterials[J]. Acta Geotechnica,2016,11(4):849-869.

Romero E,Vecchia G D,Jommi C. An insight into the water retention properties of compacted clayey soils[J]. Géotechnique,2011,61(4):313-328.

Roscoe K H,Burland J B. On the generalised stress-strain behaviour of wet clay[R]. Cambridge:Cambridge University Press,1968.

Rowe R K,Hinchberger S D. The significance of rate effects in modelling the Sackville test embankment[J]. Canadian Geotechnical Journal,1998,35(3):500-516.

Saiyouri N,Tessier D,Hicher P Y. Experimental study of swelling in unsaturated compacted clays[J]. Clay Minerals,2004,39(4):469-479.

Sällfors G. Preconsolidation pressure of soft high plastic clays[D]. Gothenburg:Chalmers University of Technology,1975.

Sánchez M,Gens A,Do Nascimento Guimarães L,et al. A double structure generalized plasticity model for expansive materials[J]. International Journal for Numerical and Analytical Methods in Geomechanics,2005,29(8):751-787.

Seiphoori A. Thermo-hydro-mechanical characterisation and modelling of MX-80 Granular bentonite[D]. Lausanne:école Polytechnique Fédérale de Lausanne,2014.

Seiphoori A,Ferrari A,Laloui L. Water retention behaviour and microstructural evolution of MX-80 bentonite during wetting and drying cycles[J]. Géotechnique,2014,64(9):721-734.

Sekiguchi H. Macrometric approaches-static-intrinsically time dependent constitutive laws of soils[C]. 11th International Conference on Soil Mechanics and Foundation Engineering,San Francisco,1985.

Sekiguchi H. Rheological characteristics of clays[C]. 9th International Conference on Soil Mechanics and Foundation Engineering,Tokyo,1977.

Sekiguchi H. Theory of undrained creep rupture of normally consolidated clay based on elasto-viscoplasticity[J]. Soils and Foundation,1984,24(1):129-147.

Shahrour I,Meimon Y. Calculation of marine foundations subjected to repeated loads by means of the homogenization method[J]. Computers and Geotechnics,1995,17(1): 93-106.

Sheahan L,Ladd C C,Germaine J T,et al. Time-dependent triaxial relaxation behavior of a resedimented clay[J]. Geotechnical Testing Journal,1994,17(4):444-452.

Sheahan T C. A soil structure index to predict rate dependence of stress-strain behavior[C]. First Japan-U.S. Workshop on Testing, Modeling, and Simulation Boston, 2003.

Sheahan T C,Kaliakin V N. Microstructural considerations and validity of the correspondence principle for cohesive soils[C]. 13th Conference Engineering Mechanics,ASCE,1999.

Sheahan T C,Watters P J. Experimental verification of CRS consolidation theory[J]. Journal of Geotechnical and Geoenvironmental Engineering,1997,123(5):430-437.

Sheahan T C,Ladd C C,Germaine J T. Rate-dependent undrained shear behavior of saturated clay[J]. Journal of Geotechnical Engineering,1996,122(2):99-108.

Sheng D,Sloan S W,Gens A. A constitutive model for unsaturated soils:thermomechanical and computational aspects[J]. Computational Mechanics,2004,33(6):453-465.

Shuai F,Fredlund D G. Model for the simulation of swelling pressure measurements on expansive soils[J]. Canadian Geotechnical Journal,1998,35(1):96-114.

Silvestri V,Soulie M,Touchan Z,et al. Triaxial relaxation tests on a soft clay[J]. ASTM Special Technical Publications,1988,977:321-337.

Singh A,Mitchell J K. General stress-strain-time function for soils[J]. Journal of the Soil Mechanics and Foundations Division,1968,94(1):21-46.

Singhal S,Houston S L,Houston W N. Swell pressure,matric suction,and matric suction equivalent for undisturbed expansive clays[J]. Canadian Geotechnical Journal,2015,52 (3):356-366.

Sridharan A,Rao G V. Shear strength behaviour of saturated clays and the role of the effective stress concept[J]. Géotechnique,1979,29(2):177-193.

Stoicescu J T,Haug M D,Fredlund D G. The soil-water characteristics of sand-bentonite mixtures used for liners and covers[C]. In Proceedings of the 2nd International Conference on Unsaturated Soils,Beijing,China,1998.

Suklje L. The analysis of the consolidation process by the isotaches method[C]. 4th International Conference on Soil Mechanics and Foundation Engineering,London,1957.

Sultan N. Etude du comportement thermos-mecanique de l'argile de Boom: experiences et modelisation[D]. Paris:Ecole Nationale des Ponts et Chaussees,1997.

Sun D A,Matsuoka H. An elasto-plastic model for unsaturated soil in three-dimensional stresses[J]. Soils and Foundations,2000,40(3):17-28.

Sun D A,Sheng D,Xu Y. Collapse behaviour of unsaturated compacted soil with different initial densities[J]. Canadian Geotechnical Journal,2007,44(6):673-686.

Sun D A,Zhang L, Li J,et al. Evaluation and prediction of the swelling pressures of

GMZ bentonites saturated with saline solution[J]. Applied Clay Science,2015,105:
207-216.

Sun W,Sun D A. Coupled modelling of hydro-mechanical behaviour of unsaturated
compacted expansive soils[J]. International Journal for Numerical and Analytical Methods
in Geomechanics,2012,36(8):1002-1022.

Tatsuoka F,Ishihara M,Benedetto H D,et al. Time-dependent shear deformation
characteristics of geomaterials and their simulation[J]. Soils and Foundations,2002,42
(2):103-129.

Tavenas F,Leroueil S. Effects of stresses and time on yielding of clays[C]. 9th Inter-
national Conference on Soil Mechanics and Foundation Engineering. Tokyo,1977.

Tavenas F,Des Rosiers J P,Leroueil S,et al. The use of strain energy as a yield and
creep criterion for lightly overconsolidated clays[J]. Géotechnique,1979,29(3):285-303.

Tavenas F,Leroueil S,Rochelle P L,et al. Creep behaviour of an undisturbed lightly
overconsolidated clay[J]. Canadian Geotechnical Journal,1978,15(3):402-423.

Taylor D W. Research on consolidation of clays[R]. Massachusetts Institute of Tech-
nology,Department of Civil and Sanitation Engineering,1942.

Taylor D W,Merchant W. A theory of clay consolidation accounting for secondary
compressions[R]. Massachusetts Institute of Technology, Department of Civil and
Sanitary Engineering,1940.

Terzaghi K V. The shearing resistance of saturated soils and the angle between the
planes of shear[C]. Cambridge:Harvard University Press,1936.

Towhata I,Kuntiwattanaku P,Seko I,et al. Volume change of clays induced by
heating as observed in consolidation tests[J]. Soils and Foundations,1993,33(4):170-183.

Tsutsumi A,Tanaka H. Combined effects of strain rate and temperature on consolida-
tion behavior of clayey soils[J]. Soils and Foundations,2012,52(2):207-215.

Tsutsumi A,Tanaka H. Compressive behaviour during the transition of strain rates
[J]. Soils and Foundations,2011,51(5):813-822.

Tuller M,Or D,Dudley L M. Adsorption and capillary condensation in porous media:
Liquid retention and interfacial configurations in angular pores[J]. Water Resources Re-
search,1999,35(7):1949-1964.

Vaid Y P,Campanella R G. Viscous behavior of undisturbed clay[J]. Journal of the
Geotechnical Engineering Division,1977,103(7):693-709.

Van Genuchten M T. A closed-form equation for predicting the hydraulic conductivity
of unsaturated soils[J]. Soil Science Society of America Journal,1980,44(5):892-898.

Vanapalli S K,Fredlund D G,Pufahl D E,et al. Model for the prediction of shear
strength with respect to soil suction[J]. Canadian Geotechnical Journal, 1996, 33 (3):
379-392.

Vecchia G D,Romero E. A fully coupled elastic-plastic hydromechanical model for
compacted soils accounting for clay activity[J]. International Journal for Numerical and

Analytical Methods in Geomechanics,2013,37(5):503-535.

Vecchia G D,Dieudonné A C,Jommi C,et al. Accounting for evolving pore size distribution in water retention models for compacted clays[J]. International Journal for Numerical and Analytical Methods in Geomechanics,2015,39(7):702-723.

Vega A,McCartney J S. Cyclic heating effects on thermal volume change of silt[J]. Environmental Geotechnics,2015,2(5):257-268.

Vialov S S,Skibitsky A M. Problems of the rheology of soils[C]. 5th International Conference on Soil Mechanics and Foundation Engineering,Paris,1961.

Villar M V,Lloret A. Influence of temperature on the hydro-mechanical behaviour of a compacted bentonite[J]. Applied Clay Science,2004,26(1-4):337-350.

Walker L K. Secondary compression in the shear of clays[J]. Journal of the Soil Mechanics and Foundations Division,1969,95(1):167-188.

Wang W M,Sluys L J,De Borst R. Viscoplasticity for instabilities due to strain softening and strain-rate softening[J]. International Journal for Numerical Methods in Engineering,1997,40(20):3839-3864.

Wheeler S J,Sivakumar V. An elasto-plastic critical state framework for unsaturated soil[J]. Géotechnique,1995,45(1):35-53.

Wheeler S J,Sharma R S,Buisson M S R. Coupling of hydraulic hysteresis and stress-strain behaviour in unsaturated soils[J]. Géotechnique,2003,53(1):41-54.

Williams J,Prebble R E,Williams W T,et al. The influence of texture,structure and clay mineralogy on the soil moisture characteristic[J]. Soil Research,1983,21(1):15-32.

Witteveen P,Ferrari A,Laloui L. An experimental and constitutive investigation on the chemo-mechanical behaviour of a clay[J]. Géotechnique,2013,63(3):244-255.

Yashima A,Leroueil S,Oka F,et al. Modelling temperature and strain rate dependent behaviour of clays:one dimensional consolidation[J]. Soils and Foundations,1998,38(2):63-73.

Ye W M,Wan M,Chen B,et al. Temperature effects on the swelling pressure and saturated hydraulic conductivity of the compacted GMZ01 bentonite[J]. Environmental Earth Sciences,2013,68(1):281-288.

Yin J H. Non-linear creep of soils in oedometer tests[J]. Géotechnique,1999,49(5):699-707.

Yin J H,Graham J. Elastic viscoplastic modelling of the time-dependent stress-strain behaviour of soils[J]. Canadian Geotechnical Journal,1999,36(4):736-745.

Yin J H,Graham J. Viscous-elastic-plastic modelling of one-dimensional viscous behaviour of clays[J]. Canadian Geotechnical Journal,1989,26(2):199-209.

Yin J H,Zhu J G,Graham J. A new elastic viscoplastic model for time-dependent behaviour of normally and overconsolidated clays:theory and verification[J]. Canadian Geotechnical Journal,2002,39(1):157-173.

Yin Z Y,Chang C S,Karstunen M,et al. An anisotropic elastic-viscoplastic model for soft clays[J]. International Journal of Solids and Structures,2010a,47(5):665-677.

Yin Z Y,Karstunen M,Hicher P Y. Evaluation of the influence of elasto-viscoplastic scaling functions on modelling viscous behaviour of natural clays[J]. Soils and Foundations, 2010b,50(2):203-214.

Yong R N, Pusch R, Nakano M. Containment of high-level radioactive and hazardous solid wastes with clay barriers[M]. CRC Press, 2009.

Yoshikuni H,Kusakabe O,Okada M,et al. Mechanism of one-dimensional consolidation[C]. Compression and Consolidation of Clayey Soils,1995.

Yoshikuni H,Nishiumi H,Ikegami S,et al. The creep and effective stress-relaxation behavior on one-dimensional consolidation[C]. 29th Japan National Conference on Soil Mechanics and Foundation Engineering,1994.

Zhou A,Sheng D. Yield stress,volume change,and shear strength behaviour of unsaturated soils:validation of the SFG model[J]. Canadian Geotechnical Journal,2009,46(9): 1034-1045.

Zhou A,Huang R Q,Sheng D. Capillary water retention curve and shear strength of unsaturated soils[J]. Canadian Geotechnical Journal,2016,53(6):974-987.

Zhou H,Hu D,Zhang F,et al. A thermo-plastic/viscoplastic damage model for geo-materials[J]. Acta Mechanica Solida Sinica,2011,24(3):195-208.

Zhu C M,Ye W M,Chen Y G,et al. Influence of salt solutions on the swelling pressure and hydraulic conductivity of compacted GMZ01 bentonite[J]. Engineering Geology, 2013,166:74-80.

Zhu H,Ye B,Cai Y,et al. An elasto-viscoplastic model for soft rock around tunnels considering overconsolidation and structure effects[J]. Computer and Geotechnics,2013,50 (5):6-16.

Zhu J G. Experimental study and elastic visco-plastic modelling on the viscous stress-strain behaviour of Hong Kong marine deposits[D]. Hong Kong:Hong Kong Polytechnic University,1999.

包承纲. 非饱和土的形状及膨胀土边坡稳定问题[J]. 岩土工程学报, 2004,26(1):1-15.

崔素丽,张虎元,梁健,等. 膨润土-砂的膨胀特性与蒙脱石质量比率[J]. 水文地质工程地质,2009,36(4):95-99.

范庆忠,高延法,崔希海,等. 软岩非线性蠕变模型研究[J]. 岩土工程学报,2007,29 (4):505-509.

黄义,张引科. 非饱和土本构关系的混合物理论(I)——非线性本构方程和场方程[J]. 应用数学和力学,2003,24(2):111-113.

李舰. 膨胀性非饱和土的本构模型的研究[D]. 北京:北京交通大学,2014.

李培勇. 非饱和土的理论探讨及膨润土加砂混合物的实验研究[D]. 大连:大连理工大学,2007.

廖红建,俞茂宏,赤石胜,等. 粘性土的弹粘塑性本构方程及其应用[J]. 岩土工程学报, 1998,20(2):41-44.

缪林昌. 非饱和土的本构模型研究[J]. 岩土力学,2007,28(5):855-860.

刘泉声,王志俭. 砂-膨润土混合物膨胀力影响因素的研究[J]. 岩石力学与工程学报,2002,21(7):1054-1058.

苗天德,王正贵. 考虑微结构失稳的湿陷性黄土变形机理[J]. 中国科学 B 辑,1990,20(1):88-98.

钱丽鑫. 高放废物深地质处置库缓冲材料——高庙子膨润土基本特性研究[D]. 上海:同济大学,2007.

沈珠江. 广义吸力和非饱和土的统一变形理论[J]. 岩土工程学报,1996,18(2):1-9.

徐卫亚,杨圣奇,褚卫江. 岩石非线性黏弹塑性流变模型(河海模型)及其应用[J]. 岩石力学与工程学报,2006,25(3):433-447.

徐永福,董平. 非饱和土的水分特征曲线的分形模型[J]. 岩土力学,2002,23(4):400-405.

杨婷,刘晓东,朱国平,等. 缓冲/回填材料-压实高庙子钠基膨润土的胀缩性试验研究[J]. 辐射防护,2013,33(1):16-20.

殷建华,朱俊高. 软土弹粘塑性固结模拟[J]. 岩土工程学报,1999,21(3):360-365.

殷宗泽,周建,赵仲辉,等. 非饱和土本构关系及变形计算[J]. 岩土工程学报,2006,28(2):137-146.

赵成刚,张雪东. 非饱和土中功的表述以及有效应力与相分离原理的讨论[J]. 中国科学,2008,38(9):1453-1463.

周敏娟. 新疆阿尔泰膨润土持水特性及微观结构特征研究[D]. 绵阳:西南科技大学,2011.

朱赞成. 基于晶层间水化模型膨胀土的物理和变形以及持水特性研究[D]. 上海:上海大学,2015.